普 通 高 等 教 育 规 划 教 材

AutoCAD 2021
实用教程

郝坤孝　寇保福　主　编

武学峰　副主编

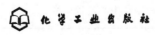

化学工业出版社

·北京·

内 容 简 介

本书从实际应用出发，较为详细地介绍了 AutoCAD 2021 中文版的绘图及其他实用功能。

全书共分为 7 章，其中第 1 章、第 2 章主要介绍 AutoCAD 2021 的工作界面、文件管理、命令调用、基本操作、绘图环境设置、图层设置和管理、图形辅助功能的使用、坐标和数据输入以及视口显示；第 3 章、第 4 章介绍二维图形的绘制、图形对象的选择、二维图形的编辑、文字注释与编辑、参数化绘图以及查询图形对象信息；第 5 章为零件图的表达，主要介绍图案填充、尺寸标注样式的创建与修改、尺寸的标注与编辑以及图块的应用；第 6 章介绍零件图绘制及装配图的绘制方法；第 7 章介绍设计中心的应用及图形的输出。每章之后配有思考题和典型绘图操作练习题。

本书配有用于多媒体教学的 PPT 课件，第 1～2 章的思考和练习题详细的录屏解答，第 3～7 章的思考和练习题中部分典型性的练习题录屏解答，免费提供给本书的学习者。如有需要，请发电子邮件至 cipedu@163.com 获取，或登录 www.cipedu.com.cn 免费下载。

本书可作为高等院校工程类专业及各类 AutoCAD 绘图培训班的教学用书，也可作为工程技术人员及计算机爱好者的自学用书。

图书在版编目（CIP）数据

AutoCAD 2021 实用教程/郝坤孝，寇保福主编. —
北京：化学工业出版社，2021.11（2024.2 重印）
普通高等教育规划教材
ISBN 978-7-122-39698-3

Ⅰ.①A⋯　Ⅱ.①郝⋯　②寇⋯　Ⅲ.①AutoCAD 软
件-高等学校-教材　Ⅳ.①TP391.72

中国版本图书馆 CIP 数据核字（2021）第 156754 号

责任编辑：高　钰　　　　　　　　　　装帧设计：刘丽华
责任校对：田睿涵

出版发行：化学工业出版社（北京市东城区青年湖南街 13 号　邮政编码 100011）
印　　装：北京虎彩文化传播有限公司
787mm×1092mm　1/16　印张 18¾　字数 467 千字　2024 年 2 月北京第 1 版第 2 次印刷

购书咨询：010-64518888　　　　　　　　售后服务：010-64518899
网　　　址：http://www.cip.com.cn
凡购买本书，如有缺损质量问题，本社销售中心负责调换。

定　　价：58.00 元

前言

AutoCAD 是美国 Autodesk 公司研发的计算机辅助绘图与设计软件。AutoCAD 自 1982 年问世以来，以其强大的功能和友好易用的界面得到了全世界用户的喜爱，迅速成为最受欢迎和普及面最广的绘图与设计软件，广泛地应用于机械、建筑、航天、轻工及军事等工程设计领域，并成为大、中专院校工程类专业学生必须掌握的重要绘图与设计工具。从某种意义上讲，掌握了 AutoCAD，就掌握了更先进、更标准的"工程语言工具"。

本书在章节安排上充分考虑了读者的认知规律，着意由浅入深，循序渐进。在图例的选择上，尽量选用基础课上遇到的典型图例，有很多是学生在手工绘制时不容易处理好的图。书中无论是对该软件相关概念及使用方法的介绍，还是对软件应用技巧的见解，都融合了编者多年的教学经验，归纳起来有以下几个特点。

1. 采用新的 AutoCAD 2021 版本和最新的国家标准，介绍了 AutoCAD 2021 的各项功能及常用命令的基本操作。此外，还对命令的各个选项进行了详细介绍。

2. 把手工作图中的图例和 CAD 绘图结合起来，使《技术制图》与《机械制图》的国家标准得到了进一步的执行，更加规范了作图。

3. 书中"注意"、"提示"、"说明"都是向读者推荐的有益的经验和技巧，便于读者边学边用，学用结合。

4. 每章之后都有上机练习题，内容涵盖了本章学习过程中的重点和难点，以及一些绘图技巧。完成这些练习，既有助于读者加深对该章内容的理解，也有益于提高绘图操作的技巧和方法。

本书的内容已制作成用于多媒体教学的 PPT 课件。为使学习者迅速掌握该软件的文件管理、命令调用、基本操作、绘图环境设置、图层设置等基本应用，编者对第 1～2 章的思考和练习题全部进行了详细的录屏解答；为了提高绘图速度，掌握不同的绘图技巧，经认真筛选、反复推敲，在第 3～7 章的思考和练习题中选择部分操作命令覆盖面广又极具典型性的练习题进行了录屏解答，免费提供给本书的学习者。如有需要，请发电子邮件至 cipedu@163.com 获取，或登录www. cipedu. com. cn 免费下载。

本书由郝坤孝、寇保福主编，武学峰任副主编，其中第 1 章、第 2 章由寇保福编写，第 3 章、第 4 章由武学峰编写，第 5 章和附录由郝坤孝编写，第 6 章和第 7 章由王鹏锦编写，全书由吕安吉统稿。

由于时间仓促，加上编者水平有限，书中难免存在不足之处，恳请读者批评指正。

编　者

2021 年 5 月

目录

AutoCAD 2021的基础知识

1.1 初识 AutoCAD

1.1.1 AutoCAD 概述

AutoCAD 是由美国 Autodesk 公司于 20 世纪 80 年代初为微机上应用 CAD 技术而开发的绘图程序软件包，经过不断地完善，现已经成为国际上广为流行的绘图工具。AutoCAD 具有良好的用户界面，通过交互菜单或命令行方式便可以进行各种操作。它的多文档设计环境，让非计算机专业人员也能很快地学会使用，在不断实践的过程中更好地掌握它的各种应用和开发技巧，从而不断提高工作效率。

AutoCAD 具有广泛的适应性，它可以在各种操作系统支持的微型计算机和工作站上运行，并支持分辨率由 320×200 到 2048×1024 的各种图形显示设备 40 多种，以及数字仪和鼠标器 30 多种，绘图仪和打印机数十种，这就为 AutoCAD 的普及创造了条件。

AutoCAD 软件具有如下特点。

① 具有完善的图形绘制功能。

② 有强大的图形编辑功能。

③ 可以采用多种方式进行二次开发或用户定制。

④ 可以进行多种图形格式的转换，具有较强的数据交换能力。

⑤ 支持多种硬件设备。

⑥ 支持多种操作平台。

⑦ 具有通用性、易用性，适用于各类用户。从 AutoCAD 2000 开始，又增添了许多强大的功能，如 AutoCAD 设计中心（ADC）、多文档设计环境（MDE）、Internet 驱动、新的对象捕捉功能、增强的标注功能以及局部打开和局部加载的功能，从而使 AutoCAD 系统更加完善。

1.1.2 CAD 的发展

CAD（Computer Aided Drafting）诞生于 20 世纪 60 年代，是美国麻省理工大学提出的交互式图形学的研究计划，由于当时硬件设施的昂贵，只有美国通用汽车公司和美国波音航空公司使用自行开发的交互式绘图系统。

20 世纪 70 年代，小型计算机费用下降，美国工业界才开始广泛使用交互式绘图系统。

20 世纪 80 年代，由于 PC 机的应用，CAD 得以迅速发展，出现了专门从事 CAD 系统开发的公司。当时 VersaCAD 是专业的 CAD 制作公司，所开发的 CAD 软件功能强大，但由于其价格昂贵，故不能普遍应用。而当时的 Autodesk 公司是一个仅有员工数人的小公司，其开发的 AutoCAD 系统虽然功能有限，但因其可免费拷贝，故在社会上得以广泛应用。同时，由于该系统的开放性，因此，该 CAD 软件升级迅速。

现行的 CAD 是计算机辅助设计（Computer Aided Design）的英文简写，它并不是指一个 CAD 软件，更不是指 AutoCAD，而泛指使用计算机进行辅助设计的技术。

常用的 CAD 软件如下。

机械类：UG、Pro/E、Inventor、MDT、SolidWorks、SolidEdge、AutoCAD 等；

建筑类：Revit、ADT、ABD、天正、中望、圆方、AutoCAD 等。

1.1.3　AutoCAD 版本的发展历程

1982 年 12 月，美国 Autodesk 公司首先推出 AutoCAD 的第一个版本，AutoCADV1.0 版。

1983 年 4 月——V1.2 版　　　　　　2004 年 3 月——AutoCAD 2005 版

1983 年 8 月——V1.3 版　　　　　　2005 年 3 月——AutoCAD 2006 版

1983 年 10 月——V1.4 版　　　　　2006 年 3 月——AutoCAD 2007 版

1984 年 10 月——V2.0 版　　　　　2007 年 3 月——AutoCAD 2008 版

1985 年 5 月——V2.1 版　　　　　　2008 年 3 月——AutoCAD 2009 版

1986 年 6 月——V2.5 版　　　　　　2009 年 3 月——AutoCAD 2010 版

1987 年 4 月——V2.6 版　　　　　　2010 年 3 月——AutoCAD 2011 版

1987 年 9 月——R9.0 版　　　　　　2011 年 5 月——AutoCAD 2012 版

1988 年 10 月——R10.0 版　　　　　2012 年 4 月——AutoCAD 2013 版

1990 年 10 月——R11.0 版　　　　　2013 年 3 月——AutoCAD 2014 版

1992 年 6 月——R12.0 版　　　　　2014 年 5 月——AutoCAD 2015 版

1994 年 10 月——R13.0 版　　　　　2015 年 4 月——AutoCAD 2016 版

1997 年 2 月——R14 版　　　　　　2016 年 3 月——AutoCAD 2014 版

1999 年 3 月——AutoCAD 2000 版　2017 年 3 月——AutoCAD 2018 版

2000 年 7 月——AutoCAD 2000i 版　2018 年 3 月——AutoCAD 2019 版

2001 年 7 月——AutoCAD 2002 版　2019 年 3 月——AutoCAD 2020 版

2003 年 3 月——AutoCAD 2004 版　2020 年 3 月——发布 AutoCAD 2021 版

1.1.4　AutoCAD 的功用

(1) 平面绘图

能以多种方式创建直线、圆、椭圆、多边形、样条曲线等基本图形对象。

绘图辅助工具：AutoCAD 提供了栅格、正交、对象捕捉、极轴追踪、捕捉追踪等绘图辅助工具。正交功能使用户可以很方便地绘制水平、竖直直线，对象捕捉可帮助拾取几何对象上的特殊点，而追踪功能使画斜线及沿不同方向定位点变得更加容易。

图案填充：可对指定的图形区域进行。

有缩放、平移等动态观察功能，并具有透视、投影、轴测图、着色等多种图形显示方式。

(2) 编辑图形

AutoCAD 具有强大的编辑功能，可以移动、复制、旋转、阵列、拉伸、延长、修剪、缩放对象等。

标注尺寸：可以创建多种类型尺寸，标注外观可以自行设定。

书写文字：能轻易在图形的任何位置、沿任何方向书写文字，可设定文字字体、倾斜角度及宽度缩放比例等。

图层管理功能：使用图层管理器管理不同专业和类型的图线，可以根据颜色、线型、线宽分类管理图线，并可以控制图形的显示或打印与否。

提供块及属性等功能提高绘图效率。对于经常使用到的一些图形对象组可以定义成块并且附加上从属于它的文字信息，需要的时候可反复插入到图形中，甚至可以仅仅修改块的定义便可以批量修改插入进来的多个相同块。

(3) 三维绘图

可创建 3D 实体及表面模型，能对实体本身进行编辑，并可以对其提取几何和物理特性。

AutoCAD 还具有以下功能。

查询功能：可以方便地查询绘制好的图形的长度、面积、体积、力学特性等。

定制功能：具备强大的用户定制功能，用户可以方便地将软件改造得更易自己使用。

网络功能：可将图形在网络上发布，或是通过网络访问 AutoCAD 资源。

数据交换：AutoCAD 提供了多种图形图像数据交换格式及相应命令。

软件交融：提供多种软件的接口，可方便地将设计数据和图形在多个软件中共享，进一步发挥各个软件的特点和优势。

二次开发：AutoCAD 允许用户定制菜单和工具栏，并能利用内嵌语言 Autolisp、Visual Lisp、VBA、ADS、ARX 等进行二次开发。

1.1.5 AutoCAD 的应用领域

工程制图：建筑工程、装饰设计、环境艺术设计、水电工程、土木施工等。

工业制图：精密零件、模具、设备等。

服装加工：服装制版。

电子工业：印刷电路板设计。

AutoCAD 已广泛应用于机械设计、土木建筑、电子电路、航空航天、船舶制造、石油化工、装饰装潢、城市规划、园林设计、冶金、农业、气象、纺织、轻工业等领域。在中国，AutoCAD 已成为工程设计领域中应用最为广泛的计算机辅助设计软件之一。

在不同的领域中，Autodesk 开发了相应的专用版本和插件。

在机械设计与制造领域中开发了 AutoCADMechanical 版本。

在电子电路设计领域中开发了 AutoCADElectrical 版本。

在勘测、土方工程与道路设计开发了 Autodesk Civil 3D 版本。

而学校里教学、培训中所用的一般都是 AutoCADSimplified 版本。

一般没有特殊要求的服装、机械、电子、建筑行业用的都是 AutoCADSimplified 版本，所以 AutoCADSimplified 基本上算是通用版本。

1. 1. 6 AutoCAD 2021 的运行环境

目前，包括专用工具集的 AutoCAD 2021 和 AutoCAD LT 2021 必须安装在 Microsoft 当前支持的 64 位版本的 Windows 上。如果 Microsoft 结束对 Windows 版本的支持，那么对在该 Windows 版本上运行的 Autodesk 产品的支持就会结束。请先安装最新的 Windows 更新，然后再安装 Autodesk 产品。其对计算机的硬件配置都有较高的要求，如表 1-1-1 所示。

表 1-1-1 AutoCAD 2021 对软件和硬件配置的要求

配置项目	配置需求
操作系统	64 位 Microsoft® Windows® 8.1 和 Windows 10。有关支持信息，请参见 Autodesk 的产品支持生命周期
网络	通过部署向导进行部署 许可服务器以及运行依赖网络许可的应用程序的所有工作站都必须运行 TCP/IP 协议。可以接受 Microsoft® 或 Novell TCP/IP 协议堆栈。工作站上的主登录可以 Netware 或 Windows 除了应用程序支持的操作系统外，许可服务器还将在 Windows Server® 2012 R2、Windows Server 2016 和 Windows Server 2019 各版本上运行
处理器	基本要求：2.5～2.9GHz 处理器 建议：3＋GHz 处理器 多处理器：受应用程序支持
内存	基本要求：8GB；建议：16GB
显示器分辨率	传统显示器： 1920×1080 真彩色显示器 高分辨率和 4K 显示器： 在 Windows 10,64 位系统（配支持的显卡）上支持高达 3840×2160 的分辨率
磁盘空间	7.0GB 安装空间
指针设备	Microsoft 鼠标兼容的指针设备
.NET Framework	.NET Framework 版本 4.8 或更高版本
显卡	基本要求：1GB GPU，具有 29GB/s 带宽，与 DirectX 11 兼容 建议：4GB GPU，具有 106GB/s 带宽，与 DirectX 11 兼容

1. 1. 7 AutoCAD 2021 中文版的安装

AutoCAD 2021 中文版软件的安装方法与上一版本的基本相同。在 Windows 10 操作系统下安装 64 位的 AutoCAD 2021 中文版软件步骤如下：

① 下载安装程序后，打开所在文件夹，双击安装程序进行解压，如图 1-1-1、图 1-1-2 所示。

② 点击安装 AutoCAD 2021 即可；阅读软件许可协议，勾选"我接受"，如图 1-1-3、1-1-4 所示。

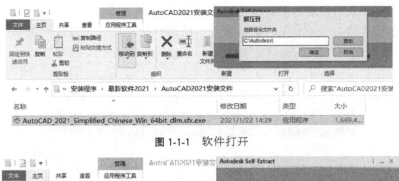

图 1-1-1　软件打开

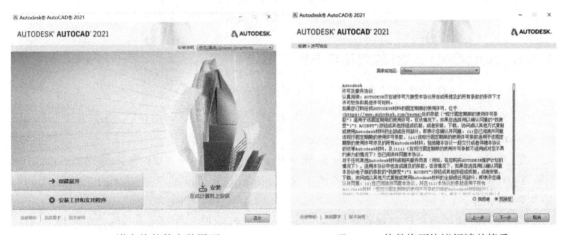

图 1-1-2　软件解压

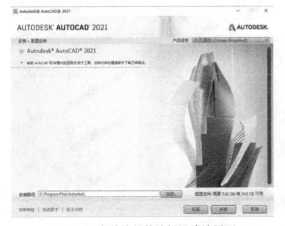

图 1-1-3　进入软件的安装界面

图 1-1-4　软件许可协议阅读并接受

③ 选择软件安装位置，可点击浏览自行更换安装位置，如图 1-1-5 所示。

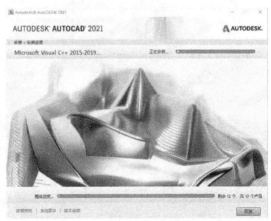

图 1-1-5　安装路径的选择及确认界面

图 1-1-6　启动后的安装过程界面

④ 点击"安装"后，进入安装过程界面，如图 1-1-6 所示。

⑤ 安装过程大约 20～40min，电脑配置不同则时间不同；完成后点击"完成"按钮即可完成安装。如图 1-1-7 所示。

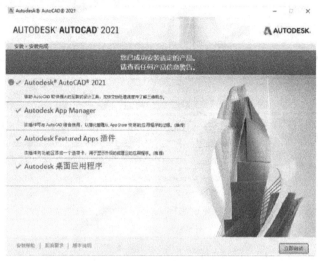

图 1-1-7　完成软件安装

1.1.8　AutoCAD 2021 的启动与退出

启动 AutoCAD 2021 中文版工作界面的方法有三种。

① 双击桌面上的"AutoCAD 2021-简体中文（Simplified Chinese）"快捷方式图标；启动 AutoCAD 2021 中文版。

② 单击"开始＞从 A 字母打头的程序中选择 AutoCAD 2021-简体中文（Simplified Chinese）文件包＞AutoCAD 2021-简体中文（Simplified Chinese）"，启动 AutoCAD 2021 中文版，如图 1-1-8 所示。

③ 双击电脑磁盘中已经存在的任意一个 AutoCAD 图形文件（＊＊.dwg 文件）。

启动 AutoCAD 2021 软件时，系统会弹出初始化启动界面，如图 1-1-9 所示。

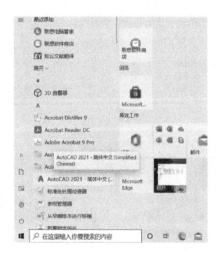

图 1-1-8　"开始"菜单启动 AutoCAD 2021

图 1-1-9　系统启动初始化界面

启动 AutoCAD 2021 软件后，系统会自动打开待使用状态的界面，如图 1-1-10 所示。在该界面中，可以新建文件，也可以打开电脑文件夹中已有的文件。如果新建文件，则可以从该界面的左侧"快速入门"中选择第一项"开始绘制"，点击"开始绘制"之前，可以通过点击"开始绘制"右下角的倒置的小三角，从中选择想要的模板，如图 1-1-11 所示。如果需要打开电脑中已有文件，则选择第二项"打开文件"，然后从弹出的对话框中选择所要打开的文件，在对话框的右侧可以预览图纸大致轮廓，如图 1-1-12 所示。

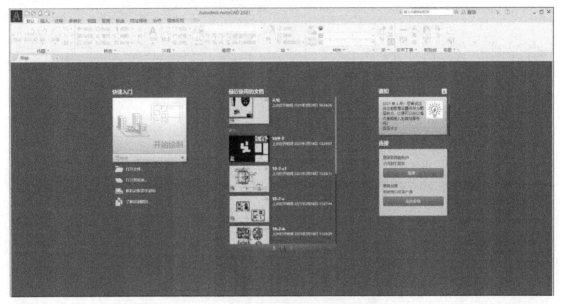

图 1-1-10　软件启动后的待使用状态界面

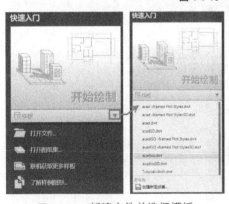
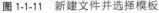

图 1-1-11　新建文件并选择模板

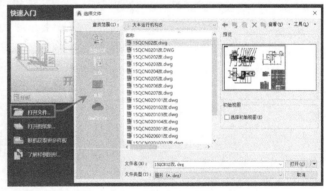

图 1-1-12　打开电脑中的已有文件

选择新建文件后，即可进入 AutoCAD 2021 操作界面，如图 1-1-13 所示。

注意：在绘图窗口右击打开快捷工具栏，点选"选项"；在打开的选项对话框中选择"显示"面板，选择"颜色主题"为："明"（安装时默认为"暗"）。

退出 AutoCAD 2021 中文版工作界面的方法有三种。

① 单击 AutoCAD 2021 工作界面右上角的"关闭"按钮即可退出，如图 1-1-14 所示。

② 单击 AutoCAD 2021 工作界面左上角的"应用程序"按钮，在弹出的应用程序菜单界面中，单击"退出 AutoCAD 2021"按钮即可退出，如图 1-1-15 所示。

③ 在命令行输入命令 QUIT 后，按回车键 Enter 即可退出，如图 1-1-16 所示。

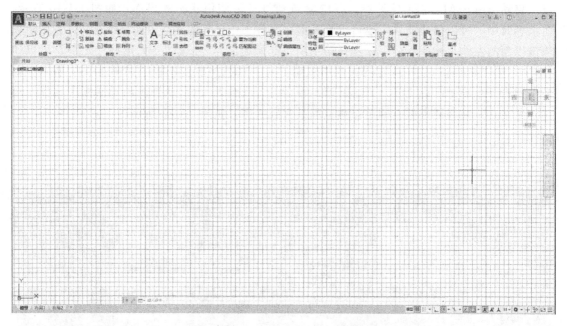

图 1-1-13　AutoCAD 2021 操作界面

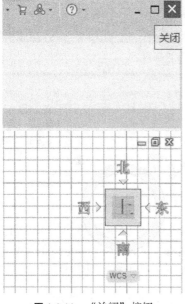

图 1-1-14　"关闭"按钮

图 1-1-15　应用程序菜单

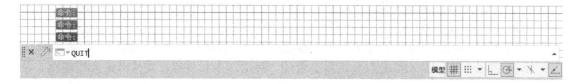

图 1-1-16　命令行输入 QUIT 命令

另外，Alt＋F4 组合键可快速退出；桌面状态栏中，右击 AutoCAD 软件图标，在弹出的快捷菜单中，选择"关闭"命令，也可退出软件。

1.2　AutoCAD 2021 工作界面（或称工作空间）

AutoCAD 2021 默认启动的为"草绘与注释"工作界面。该工作界面包括标题栏、应用程序菜单、快速访问工具栏、功能区、绘图区、命令窗口、快捷菜单和状态栏等，如图 1-2-1 所示。

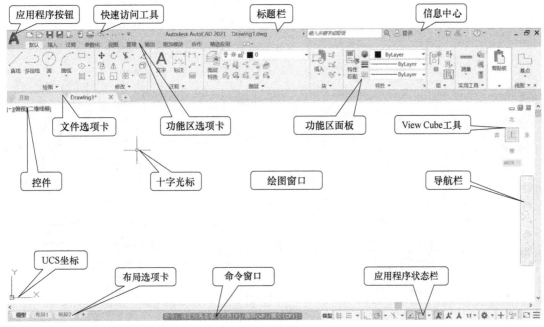

图 1-2-1　AutoCAD 2021 的"草绘与注释"工作界面

1.2.1　应用程序菜单

应用程序菜单是提供快速文件管理和图形发布以及选项设置的快捷路径方式。单击工作界面左上角的"应用程序"按钮 **A**，在弹出的应用程序菜单中，用户可以对图形进行新建、打开、保存、输出、发布、打印和关闭操作，如图 1-2-2 所示。在应用程序菜单中，带有 ▶ 符号的，表示该命令带有级联菜单，如图 1-2-3 所示。当命令以灰色显示，表示该命令不可用。

1.2.2　快速访问工具栏

快速访问工具栏默认位于工作界面的左上方。在该工具栏中放置了一些常用命令的快捷方式，例如"新建"、"打开"、"保存"、"打印"、"放弃"等快捷按钮。初次使用时，需要用鼠标点击图 1-2-4 中箭头所指的按钮▼，单击快速访问工具栏右侧的"工作空间"下拉按钮，可在下拉菜单中选择需要的工作空间，也可对工作空间进行设置，如图 1-2-5 所示。单击"工作空间"右侧的按钮▼，打开的下拉列表如图 1-2-4 所示，在此列表中，勾选或取消勾选

图 1-2-2　应用程序菜单　　　　　　　　图 1-2-3　应用程序菜单的级联菜单

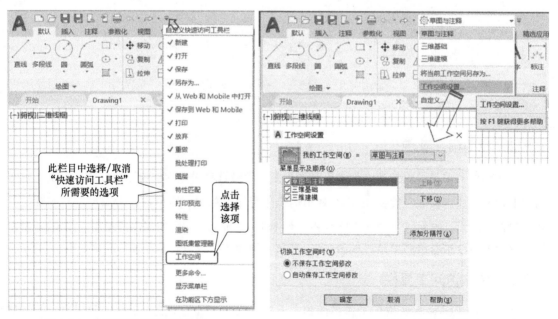

图 1-2-4　自定义快速访问工具栏　　　　图 1-2-5　工作空间的选择

某项命令，即可在快速访问工具栏中自定义显示或取消显示该命令的快捷按钮；在该列表中，点击"在功能区上（下）方显示"选项，可以改变快速访问工具栏的位置，如图 1-2-6 所示；在该列表中，点击"显示菜单栏"选项，显示 AutoCAD 主菜单。

图 1-2-6　快速访问工具栏位于功能区下方

1.2.3　标题栏

AutoCAD 2021 的标题栏位于工作界面的顶部，如图 1-2-7 所示。

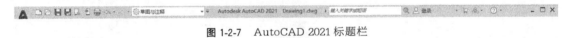

图 1-2-7　AutoCAD 2021 标题栏

标题栏左侧依次显示的是"应用程序"按钮、快速访问工具栏和工作空间切换下拉列表（默认下）；标题栏中间则显示当前运行程序的名称的文件名等信息；标题栏右侧依次显示的是"搜索"、"登录"、"交换"、"保持连接"、"帮助"以及窗口控制按钮。

提示：标题栏中间未命名的图形文件均以"Drawing N.dwg"（N 为数字）为默认显示。

1.2.4　功能区

AutoCAD 2021 的功能区位于标题栏下方，绘图区上方。功能区集中了 AutoCAD 2021 软件的所有绘图命令选项。分别为"默认"、"插入"、"注释"、"视图"、"管理"、"输出"、"附加模块"、"协作"、"精选应用"选项卡，并显示该命令包含的面板，用户可在这些面板中选择要执行的操作命令，如图 1-2-8 所示。点击绘图命令选项最右边的"循环浏览所有项"按钮，功能区的显示状态就会在"最小化为面板按钮"、"最小化为面板标题"、"最小化为选项卡"和"显示完整的功能区"之间循环变化，如图 1-2-9、图 1-2-10 所示。

图 1-2-8　AutoCAD 2021 完整的功能区

图 1-2-9　功能区状态　　　　　　图 1-2-10　功能区最小化为选项卡

1.2.5　绘图区

　　绘图区类似于手工绘图时的图纸，是用户用 AutoCAD 2021 绘图并显示所绘图形的工作区域。该区域位于功能区下方，命令窗口的上方。绘图区的左下方为坐标系（默认为世界坐标 WCS）；左上方的"控件"包括"视口控件"、"视图控件"和"视觉样式控件"，显示并可设置当前工作界面的视口数、视图名称和视觉样式，如图 1-2-11～图 1-2-13 所示；右侧有"视图方位显示（ViewCube）"及"导航栏"，如图 1-2-14、图 1-2-15 所示。"视图方位显示（ViewCube）"可以方便地将视图按不同的方位显示，但对于二维绘图此功能作用不大；"导航栏"有平移、缩放、动态观察等工具。

图 1-2-11　视口控件　　　　　　　图 1-2-12　视图控件　　　　　　　

图 1-2-13　视觉样式控件

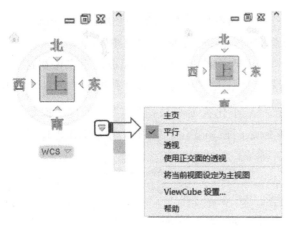

图 1-2-14　视图方位显示

图 1-2-15　导航栏

1.2.6　命令窗口

默认情况下，AutoCAD 2021 的命令窗口位于绘图区的下方。用户可根据需要将其移至其他合适的位置。命令窗口用于输入系统命令或显示命令提示信息，如图 1-2-16 所示。显示命令提示信息的文本窗口可以通过 F2 按键打开或关闭。

图 1-2-16　命令窗口

1.2.7　状态栏

AutoCAD 的状态栏位于操作界面的最底部。状态栏用于显示当前用户的工作状态，如图 1-2-17 所示。状态栏左侧显示光标所在位置的坐标值；模型空间用来调控当前图形选择模型空间或布局空间；绘图辅助工具用来辅助快捷作图；靠右侧的绘图辅助工具用于快捷开关相应的选择功能，其中包括"显示/隐藏线宽"、"显示/隐藏透明度"、"循环选择"、"三维对象捕捉"、"动态 UCS"、"选择对象过滤"、"控件选择"等；注释工具可显示注释比例及可见性；工作空间可用来快速切换工作环境；注释监视器用于显示/关闭注释；图形单位用来设置当前图形的单位量级；快捷特性用来显示/关闭对象特性信息；隔离对象是控制对象是否在当前图形中显示；硬件加速可用来改善软件使用性能；该菜单栏最右侧为"全屏显示"和"自定义"按钮，点击"全屏显示"按钮，则操作界面将以全屏显示。

图 1-2-17　AutoCAD 2021 的状态栏

1.2.8　快捷菜单

一般情况下，快捷菜单是隐藏的，用户只需在坐标系、绘图区、功能区等处右击，即会弹出快捷菜单。该菜单中显示的命令与右击对象及当前状态相关，如图 1-2-18～图 1-2-20 所示。

1.2.9　AutoCAD 2021 的工作空间

工作空间是用户在绘制图形时使用到的各种工具和功能面板的集合。AutoCAD 2021 提供了 3 种工作空间，分别为"草绘与注释"、"三维基础"、"三维建模"。"草绘与注释"为默认工作空间，见图 1-2-21 所示。

图 1-2-18 右击坐标系弹出的快捷菜单

图 1-2-19 右击绘图区弹出的快捷菜单

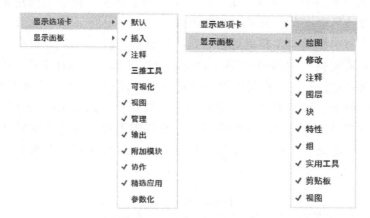

图 1-2-20 右击功能区弹出的快捷菜单

图 1-2-21 默认工作空间

(1) 工作空间的切换

工作空间的切换方法是：单击快速访问工具栏中的"工作空间"下拉按钮，在打开的下拉列表中选择所需的空间即可切换工作空间，见图 1-2-4 所示；或通过单击状态栏右侧的"切换工作空间"按钮，在弹出的列表中选择所需空间即可切换工作空间，如图 1-2-22 所示；也可以在菜单栏通过执行"工具＞工作空间"命令来切换工作空间，如图 1-2-23 所示。3 种工作空间如图 1-2-24～图 1-2-26 所示。

图 1-2-22　工作空间切换

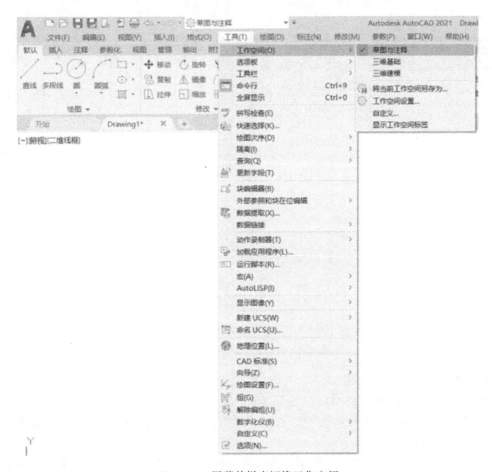

图 1-2-23　用菜单栏来切换工作空间

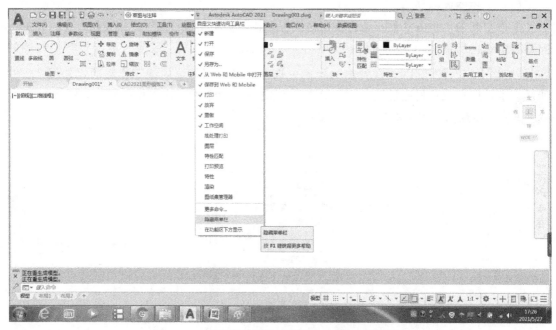

图 1-2-24 显示菜单栏的"草绘与注释"工作空间

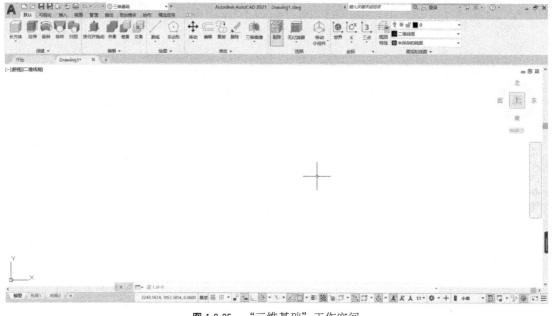

图 1-2-25 "三维基础"工作空间

（2）创建或删除工作空间

用户可以创建自己的工作空间，还可以修改默认工作空间。具体操作步骤如下。

① 在"工作空间"下拉列表中，选择"将当前工作空间另存为"选项，如图 1-2-27 所示。

② 在"保存工作空间"对话框中，输入所要保存的空间名称，单击"保存"按钮，即可完成当前工作空间的保存，如图 1-2-28 所示。

图 1-2-26　"三维建模"工作空间

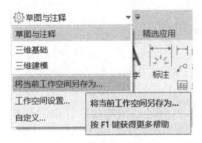

图 1-2-27　"工作空间另存为"选项

图 1-2-28　设置工作空间名称

③ 再次打开"工作空间"下拉列表，显示新创建的工作空间-"My 工作空间"，如图 1-2-29 所示。

④ 删除多余的工作空间，可在"工作空间"下拉列表中选择"自定义"选项，如图 1-2-30 所示。

图 1-2-29　"My 工作空间"建成

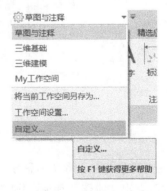

图 1-2-30　选择"自定义"选项

⑤ 在"自定义用户界面"对话框中，右击所要删除的工作空间名称，在快捷菜单中选择"删除"命令，即可将其删除，如图 1-2-31 所示。

图 1-2-31　删除工作空间

(3) 定制工作空间

用户可根据需要对 AutoCAD 2021 的工作空间进行改动，以满足绘图的要求，以"草绘与注释"工作空间为例介绍操作方法。

① 选项卡显示的设定。

a. 默认情况下，"草绘与注释"工作空间的中文选项卡有 10 个，若要添加或取消某一个选项卡，只需在功能区右键单击，弹出快捷菜单，根据位置不同有三种，如图 1-2-32 所示。

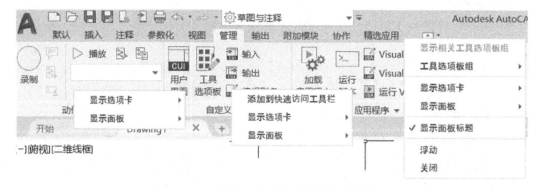

图 1-2-32　功能区不同位置的右键快捷菜单

b. 在快捷菜单中，将光标移至"显示选项卡"位置，显示出其级联菜单，如图 1-2-33 所示。此时点击"协作"选项，则"协作"选项卡消隐，如图 1-2-34 所示。

若要恢复"协作"选项卡的显示，重复上述操作即可，如图 1-2-33 所示。

图 1-2-33　显示选项卡的级联菜单　　　　　　　图 1-2-34　"级联"选项卡消隐

提示："显示选项卡"的级联菜单中，有勾选符号"√"者，表示该选项卡显示，无者表示消隐。

② 面板显示的设定。不同的选项卡中有不同的面板，且数量各不相同。如图 1-2-35 所示，"可视化"选项卡有 10 个面板，"管理"选项卡有 5 个面板。

图 1-2-35　不同的选项卡中有不同的面板名称与数量

若要添加或取消某一个选项卡中的某一面板，操作方法与选项卡显示的设定方法相同，只是将光标移至快捷菜单的"显示面板"的级联菜单中进行点选即可，如图 1-2-35 所示。

③ 自定义工作界面。用户可对工作界面的功能区进行自定义，操作方法如下。

a. 功能区"管理"选项卡"自定义设置"面板中，单击"用户界面"按钮 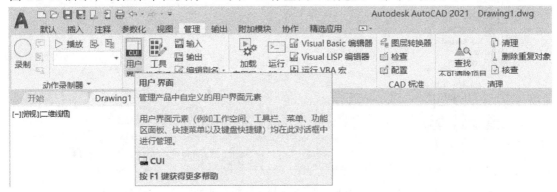，如图 1-2-36 所示；或在菜单栏执行"工具＞工作空间＞自定义"命令，如图 1-2-37 所示。

图 1-2-36　"管理"选项卡"自定义设置"面板"用户界面"按钮

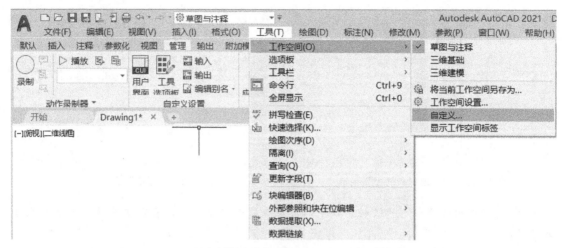

图 1-2-37 工具菜单栏工作空间级联菜单中的"自定义"命令

b. 在打开的"自定义用户界面"对话框中，单击"自定义"选项卡，如图 1-2-38 所示，

图 1-2-38 "自定义用户界面"对话框

在"所有文件中的自定义设置"选项组中，单击"工具栏"前面的加号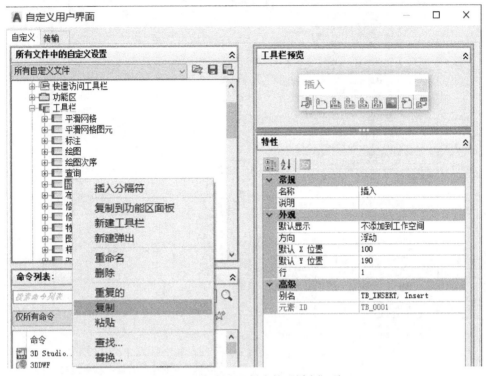，在工具栏的所有展开项找到"插入"项，对其右击，在弹出的快捷菜单中点击"复制"命令，如图 1-2-39 所示。

图 1-2-39 复制工具栏中的"插入"项

c. 单击"功能区"前面的加号，对"面板"右击，选择快捷菜单中的"粘贴"命令，如图 1-2-40 所示，此时"面板"所有展开项的最下方增加了"插入"项，如图 1-2-41 所示，单击"确定"按钮，关闭"自定义用户界面"对话框。

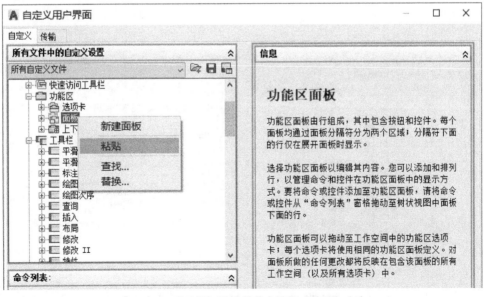

图 1-2-40 "面板"快捷菜单中选择"粘贴"命令

图 1-2-41 "面板"最下方增加了"插入"项

　　d. 再次打开"自定义用户界面"对话框，找到"面板"中的"插入"项，在其右键快捷菜单中选择"复制"命令；点开"选项卡"所有项，在"管理"选项卡的右键快捷菜单中，单击"粘贴"命令，如图 1-2-42 所示，此时，"管理"选项卡中增加了"插入"项，如图 1-2-43 所示。

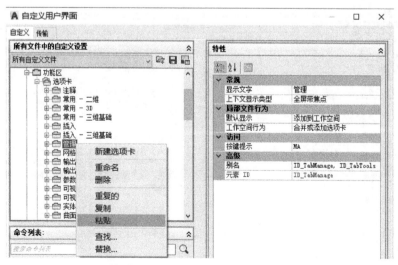

图 1-2-42 "管理"选项卡的右键快捷菜单选择"粘贴"命令

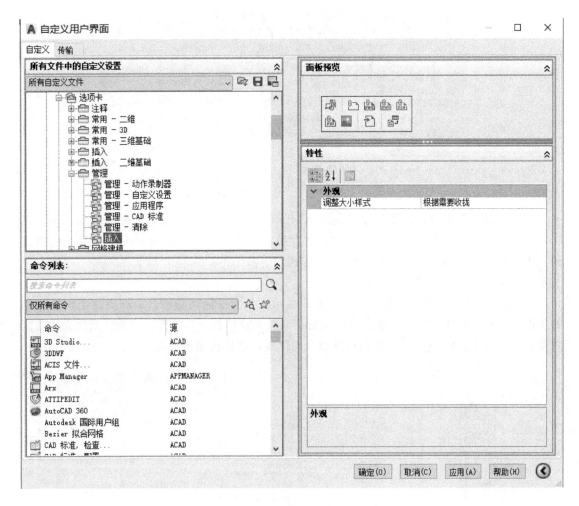

图 1-2-43　"管理"选项卡中增加了"插入"项

e. 在如图 1-2-43 所示的对话框中，单击"确定"按钮，退出"自定义用户界面"，此时，功能区"管理"选项卡中显示出新增加的"插入"面板，如图 1-2-44 所示。

图 1-2-44　"管理"选项卡中增加了"插入"面板

④"导航栏"和"视图方位显示"图标的显示与消隐。在功能区"视图"选项卡"视口工具"面板中，点击"导航栏"按钮![按钮]，如图 1-2-45 所示，则绘图区右边的"导航栏"消隐。如此再次点选"导航栏"，则绘图区右边的"导航栏"显示。单击"导航栏"上方的关闭按钮![按钮]，亦可关闭之，如图 1-2-46 所示。

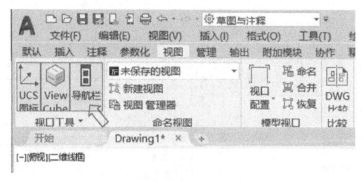

图 1-2-45 "导航栏"的消隐与显示

在"导航栏"下方点击菜单按钮 ▣，打开菜单栏，在"固定位置"的级联菜单中，点击"左上"命令，如图 1-2-47 所示，此时"导航栏"和"视图方位显示"图标移至绘图区的左上方位置处，如图 1-2-48 所示。亦可点选左下或右下，以使"导航栏"和"视图方位显示"图标移至绘图区的左下或右下。

⑤ 完全消隐功能区与功能区以浮动方式显示。要完全消隐功能区，需要在菜单栏显示的情况下进行，操作方法是：在菜单栏执行"工具＞选项板＞功能区"命令，则隐去功能区选项板，如图 1-2-49 所示；再次执行该命令则恢复功能区选项板的显示。

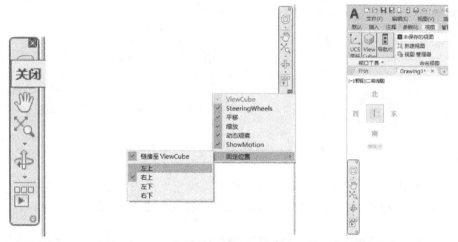

图 1-2-46 "导航栏"关闭按钮　图 1-2-47 "导航栏"菜单及其级联菜单　图 1-2-48 "导航栏"移位

图 1-2-49 隐去功能区选项板

　　功能区以浮动方式显示的操作方法是：在功能区选项卡名称所在行的任意位置右击，于弹出的快捷菜单中选择"浮动"命令即可，如图 1-2-50 所示。此时，功能区以浮动方式显示，如图 1-2-51 所示，通过拖拽可将浮动的功能区回复原位。

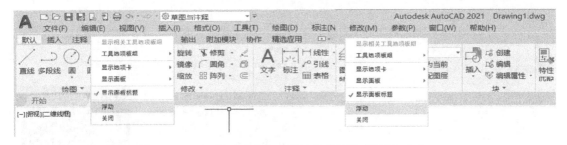

图 1-2-50　选项卡所在位置右键快捷菜单的"浮动"命令

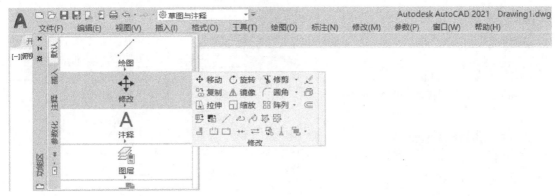

图 1-2-51　功能区选项板以浮动方式显示

1.3　AutoCAD 2021 的图形文件管理

　　为避免操作不当导致图形文件意外丢失，在绘图操作过程中需随时对当前文件进行保存。

1.3.1　创建新的图形文件

　　启动 AutoCAD 2021 后，系统将自动新建一个空白文件。通常新建文件的方法有五种。

　　① 通过应用程序菜单新建文件。在应用程序菜单中执行"新建＞图形"命令，如图 1-3-1 所示，在打开的"选择样板"对话框中选择好样本文件，单击"打开"按钮即可，如图 1-3-2 所示。

　　② 利用快速访问工具栏新建文件。在快速访问工具栏中单击"新建"按钮，如图 1-3-3 所示，打开"选择样板"对话框并选择样本文件，即可完成新建文件操作。

　　③ 利用菜单栏新建图形文件。在菜单栏执行"文件＞新建"命令，在 AutoCAD 2021 弹出的"选择样板"对话框中选择所需样板文件，单击"打开"即可完成文件的新建操作。

图 1-3-1 选择"新建> 图形"命令

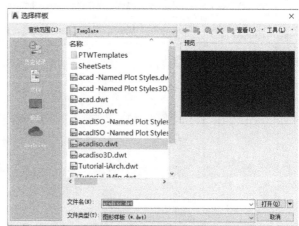

图 1-3-2 "选择样板"对话框

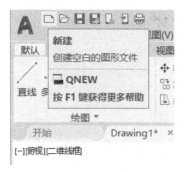

图 1-3-3 单击"新建"按钮

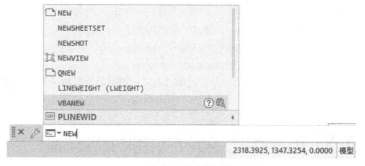

图 1-3-4 命令行命令创建新文件

④ 利用命令行新建文件。在命令行中输入 NEW，按 Enter 键，如图 1-3-4 所示，在弹出的"选择样板"对话框选择并完成文件的新建操作。

⑤ 使用快捷键 Ctrl＋N 新建文件。

另外，用户可根据自己的需要，通过设置 AutoCAD 的系统变量，在打开的"创建新图形"对话框中来创建新的图形文件，步骤如下：

① 键盘输入 startup，按 Enter 键；设置其新值为 1，按 Enter 键；

② 键盘输入 filedia，新值也设置为 1，按 Enter 键；

③ 键盘输入 NEW，按 Enter 键，即可打开"创建新图形"对话框，如图 1-3-5 所示。单击第二个按钮"从草图开始"或单击第三个按钮"使用样板"，如图 1-3-6 所示；或单击第四个按钮"使用向导"，如图 1-3-7 所示，如此皆可创建新的图形文件。

注意：

① 使用 NEW 命令时，对话框中的第一个按钮"打开图形"不可用。

② 系统变量修改后，在启动 AutoCAD 2021 时，就会出现如图 1-3-8 所示的"启动"对

图 1-3-5　从草图开始创建新图形

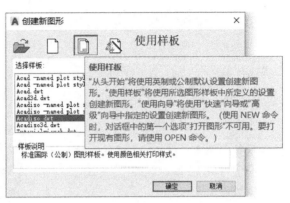

图 1-3-6　使用样板创建新图形

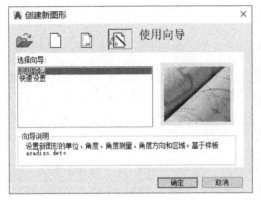

图 1-3-7　使用向导创建新图形

图 1-3-8　"启动>打开图形"对话框

话框，用户此时可以在该对话框中点击"打开图形"按钮选择已有图形，或者单击"浏览"按钮指定已有图形；或者选择其他三个按钮创建新的图形文件。

③"从草图开始"或"使用样板"或"使用向导"创建新图形，打开的工作界面有些许差别，学用者请自行研究。

1.3.2　打开图形文件

进入 AutoCAD 2021 工作界面后，打开图形文件的方法有以下四种。

① 通过应用程序菜单打开。在应用程序菜单中执行"打开>图形"命令，在"选择文件"对话框中选择所需文件，单击"打开"按钮即可，如图 1-3-9、图 1-3-10 所示。

② 利用快速访问工具栏打开图形文件。在快速访问工具栏中单击"打开"按钮，在打开的"选择文件"对话框中选择所需文件，单击"打开"按钮即可，如图 1-3-10 所示。

③ 通过菜单栏打开图形文件。在菜单栏执行"文件>打开…"命令，在打开的"选择文件"对话框中选择所需文件，单击"打开"按钮即可。

④ 通过命令行打开图形文件。在命令行输入 OPEN 按 Enter 键，在打开的"选择文件"对话框中选择所需文件并打开即可。

另外，用户也可以在设置新的系统变量后，通过图 1-3-8 所示的"启动>打开图形"对话框，直接选择文件或点击该界面的"浏览"按钮找到所需图形文件并打开。

图 1-3-9 "打开＞图形"命令

图 1-3-10 "选择文件"对话框

1.3.3 保存图形文件

在 AutoCAD 2021 中，保存图形文件的命令有两种，分别为"保存"、"另存为"。

对于新建的图形文件，在应用程序菜单中执行"保存"命令，如图 1-3-11 所示，或在快速访问工具栏中单击"保存"按钮，或在菜单栏执行"文件＞保存"，或在命令行输入"QSAVE"，按 Enter 键，将弹出"图形另存为"对话框，如图 1-3-12 所示，指定文件名和保存路径后单击"保存"按钮，即可将文件保存。

图 1-3-11 执行"保存"命令

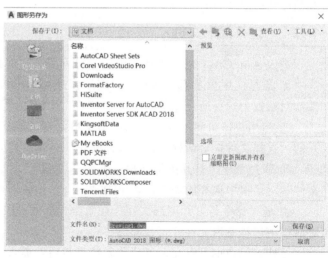

图 1-3-12 "图形另存为"对话框

对于已经存在的图形文件，在改动后只需执行应用程序菜单中的"保存"命令，或在快速访问工具栏中单击"保存"按钮，或在菜单栏执行"文件＞保存"，或在命令行输入"QSAVE"命令，按 Enter 键，即可用当前的图形文件替换早期的图形文件。如果要保留原来的图形文件，可以在改动后，执行应用程序菜单中的"另存为"命令，或在快速访问工具栏中单击"另存为"按钮，或在菜单栏执行"文件＞另存为"，或在命令行输入"SAVE"命令，按 Enter 键，在打开的"图形另存为"对话框中进行相应的文件名和保存路径的设置并单击保存，此时将生成一个新的图形文件或称为副本文件，副本文件为当前文件，即改动后的图形文件，原图形文件被保留。

注意：

① 为了便于在 AutoCAD 早期版本中打开在 AutoCAD 2021 中绘制的图形，保存图形文件时，只需在弹出的"图形另存为"对话框中，单击"文件类型"右侧的下拉按钮，如图 1-3-13 所示，在打开的下拉列表中包含有 16 种文件类型，用户选择其中较早类型之一并单击"保存"按钮，就可以保存为所需的较早文件类型。

② AutoCAD 的图形文件格式有：图形（*.dwg）、图形标准（*.dws）、DXF（*.dxf）和图形样板（*.dwt）4 种格式。

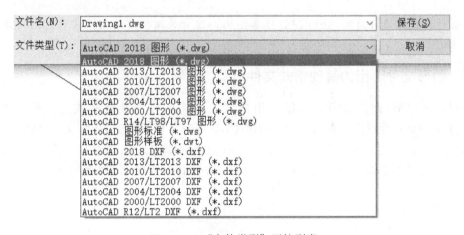

图 1-3-13 　"文件类型"下拉列表

1.3.4　关闭图形文件

在 AutoCAD 2021 中，使用以下方法关闭图形文件。

① 通过"关闭"按钮关闭。绘图完毕并保存后，单击绘图区右上角的"关闭"按钮，即可关闭当前文件，如图 1-3-14 所示。

② 通过应用程序菜单的关闭命令关闭。在应用程序菜单中执行"关闭＞当前图形"命令，即可关闭当前图形文件；或执行"关闭＞所有图形"命令，即可关闭打开的全部图形文件，如图 1-3-15 所示。

如果当前图形文件没有进行保存操作，在执行关闭命令操作时，系统将自动打开提示框，单击"是"按钮，即保存当前文件；若单击"否"按钮，则取消保存并关闭当前文件。

③ 通过菜单栏执行"文件＞关闭"命令，关闭当前图形文件。

④ 在命令行输入 CLOSE，按 Enter 键，关闭当前图形文件。

图 1-3-14 "关闭"按钮

图 1-3-15 执行"关闭> 当前图形"命令

注意：关闭图形与关闭 AutoCAD 根本不同，前者关闭当前的图形文件，后者退出 AutoCAD 程序。

1.3.5 图形文件输出为其他格式文件

绘制好的 CAD 图形文件，可根据用户需求将其保存为其他格式的文件，如 PNG、BMP、JPG、DXF 等格式。下面介绍如何将 CAD 图形文件保存为 PNG 文件格式。

① 打开（或绘制）要保存的图形文件，在命令行中输入 PNGOUT，如图 1-3-16 所示。

② 输入完成后，按 Enter 键，弹出"创建光栅文件"对话框，如图 1-3-17 所示。

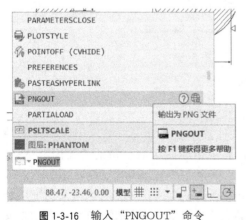

图 1-3-16 输入"PNGOUT"命令

图 1-3-17 "创建光栅文件"对话框

③ 在"创建光栅文件"对话框中，设置好保存路径以及保存的文件名，单击"保存"按钮，如图 1-3-17 所示。

④ 根据系统提示，在绘图区框选所需保存的图形文件后，按 Enter 键，即可完成图形的保存操作，如图 1-3-18 所示。

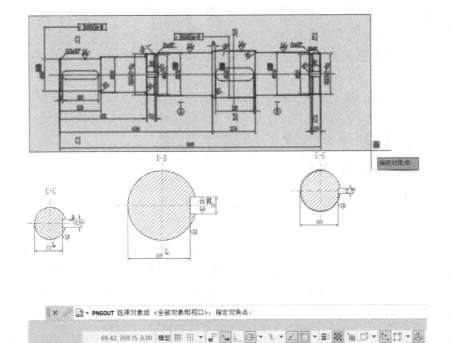

图 1-3-18　框选图形文件

提示：在菜单栏执行"文件＞输出"命令或命令行输入"EXPORT"，按 Enter 键，打开"输出数据"对话框。可输出的文件类型有："三维 DWF"、"三维 DWFx"、"图元文件"、"ACIS"、"平版印刷"、"封装 PS"、"DXX 提取"、"位图"及"块"、"V8 DGN"、"V7 DGN"、"IGES"等。

同样，在菜单栏执行"文件＞输入"命令或命令行输入"IMPORT"，按 Enter 键，或在功能区"插入"选项卡"输入"面板点击输入图标 输入，可打开"输入数据"对话框。系统允许输入的文件类型有"图元文件"、"ACIS"、"3D Studio"、"CATIA V4（V5）"、"Pro-E"、"SolidWorks"等。

1.4 AutoCAD 2021 的命令调用方法和系统变量

在 AutoCAD 中，调用命令的方法大致为：通过菜单栏调用、功能区调用和命令行调用。

各种命令的执行大多是通过光标（鼠标）的移动、点击和选取操作来完成。光标在不同情况下有不同的显示状态。在绘图窗口，光标通常显示为"十"字线形式 或 。当光标移至菜单选项、工具或对话框内时，它会变成一个箭头 。无论光标是"十"字线形式还是箭头形式，当单击或者按动鼠标键时，都会执行相应的命令或动作。在 AutoCAD 中，鼠标键是按照下述规则定义的。

◆ 拾取键：通常指鼠标左键，用于指定屏幕上的点，也可以用来选择 Windows 对象、AutoCAD 对象、工具栏按钮和菜单命令等。

◆ 回车键：指鼠标右键，相当于 Enter 键，用于结束当前使用的命令，此时系统将根据当前绘图状态而弹出不同的快捷菜单。

◆ 弹出菜单：当使用 Shift 键和鼠标右键的组合时，系统将弹出一个快捷菜单，用于设置捕捉点的方法。

◆ 控制图形显示键：对于 3 键鼠标，通过中间按钮的操作可以控制图形显示状态。点按中键变成 "手" 型，可以移动图形；向上或向下滚动中键，可以以光标为中心放大或缩小图形；双击中键，可以令所有图形完全显示在绘图窗口中。

1.4.1 通过菜单栏调用命令

通过菜单栏中各个菜单的下拉列表选择所需命令。下面以调用 "多边形" 命令为例介绍如何通过菜单栏调用命令。

① 单击快速访问工具栏右侧的下拉按钮 ，在打开的下拉列表中，选择 "显示菜单栏" 选项，如图 1-4-1 所示。完成后，在标题栏下面、功能区的上面显示有 "文件"、"编辑"、"视图"、"插入"、"格式"、"工具"、"绘图"、"标注"、"修改"、"参数"、"窗口"、"帮助" 等十多个选项的菜单栏，如图 1-4-2 所示。

图 1-4-1 选择 "显示菜单栏" 选项

② 在显示的菜单栏中，执行 "绘图＞多边形" 命令，即可调用该命令，如图 1-4-2 所示。

图 1-4-2　调用"多边形"命令

1.4.2　通过功能区调用命令

功能区是 AutoCAD 软件所有绘图命令集中所在的区域。在执行绘图命令时，用户直接单击功能区中相应面板上的命令即可。例如，要调用"直线"命令时，单击"默认"选项卡"绘图"面板中"直线"按钮，如图 1-4-3 所示。此时在命令行提示执行直线命令的相关信息，如图 1-4-4 所示。

图 1-4-3　单击"直线"按钮

图 1-4-4　直线命令提示信息

默认情况下，功能区显示的是一些常用命令，而在制图过程中，会用到一些专业性较强的命令，例如"制造业"、"电气工程"、"土木工程"等工具选项板的命令。下面以"制造业"工具选项板为例，介绍如何调用不在功能区显示的命令。

① 在功能区空白处右击，选择"工具选项板组"命令，如图 1-4-5 所示。

② 在"工具选项板组"的级联菜单中，选择需要调用的工具选项板名称——"制造业"，如图 1-4-6 所示。

图 1-4-5　选择"工具选项板组"

图 1-4-6　选择工具选项板名称——"制造业"

③ 再次右击功能区空白处，选择"显示相关工具选项板组"选项，如图 1-4-7 所示。此时，系统调出"制造业"工具选项板，用户可在该选项板中选择相关命令，如图 1-4-8 所示。

图 1-4-7　显示相关工具选项板组

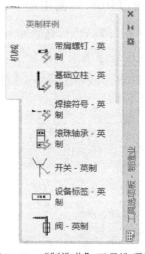

图 1-4-8　"制造业"工具选项板

初次用上述功能，若调不出"工具选项板组"命令时，则需要先点击功能区选项卡中的"视图"，从功能区面板中找到"工具选项板"，然后右击选择"添加到快速访问工具栏"。此时，则可以按照以上步骤进行操作了。

1.4.3　通过命令窗口调用命令

当命令窗口中的当前行提示为"▭▾ *键入命令*"时，表示当前处于命令接收状态。此时通过键盘键入某一命令后，按 Enter 键或按空格键，即可执行对应的命令，而后 Auto-CAD 2021 会给出提示或弹出对话框，要求用户执行对应的后续操作。

例如，输入 C（圆命令 CIRCLE 的开头字母）后，按空格键（或按 Enter 键），此时在命令行中会显示当前命令的操作提示信息，按照提示信息执行操作即可，如图 1-4-9 所示。

在命令行左方，单击"最近使用的命令"按钮▭▾，如图 1-4-10 左侧所示，在打开的列表中，同样可以调用命令。

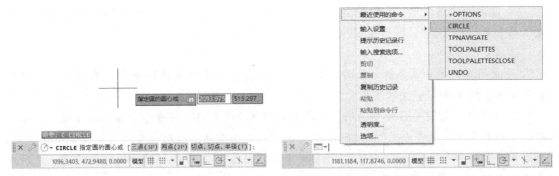

图 1-4-9　命令行中显示命令操作信息　　　图 1-4-10　"最近使用的命令"按钮与命令窗口快捷菜单

在命令窗口除"最近使用的命令"按钮▭▾以外的任何位置右键单击，弹出快捷菜单，选择"最近使用的命令"的级联菜单中的命令，即可调用命令，如图 1-4-10 右侧所示。

提示：键盘输入的一般为命令的别名，即命令的简写。通过编辑 acad.pgp 文件，可以修改、删除或添加命令别名。在 AutoCAD 2021 的菜单栏执行"工具＞自定义＞编辑程序参数"命令；或在功能区单击"管理"选项卡"自定义设置"面板中的"编辑别名"命令，即可显示用记事本打开的 acad.pgp 文件，用户可以浏览、编辑它。注意 acad.pgp 文件中也定义了 Windows 和 DOS 外部命令的别名。

1.4.4　命令的重复操作

绘图时经常会遇到要重复多次执行同一个命令的情况，如果每次都要输入命令会很麻烦，此时用户可以使用以下方法进行命令的重复操作。

① 通过空格键和 Enter 键：执行某项命令后，若需重复使用该命令，用户只需点按空格键或 Enter 键，即可重复执行该命令的操作。

② 通过"最近使用的命令"按钮或绘图区快捷菜单的"最近的输入"：在命令行中，单击"最近使用的命令"按钮，选择所需重复的命令，便可进行重复操作，如图 1-4-11 所示。

在绘图区空白处，单击鼠标右键，在弹出的快捷菜单中选择"最近的输入"选项，在展开的命令列表中选择需重复的命令，即可重复执行操作，如图 1-4-12 所示。

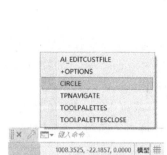

图 1-4-11　选择最近使用命令

图 1-4-12　快捷菜单"最近的输入"选项

图 1-4-13　"重复"命令

③ 使用快捷键菜单：在绘图区空白处，鼠标右键单击，在打开的快捷菜单中选择"重复（命令名称）"选项，即可重复执行操作，如图 1-4-13 所示。

注意：

① 使用第一种和第三种方法时，只限于重复最近一次使用过的命令，而不管上一个命令是完成了还是按 Esc 被取消了。

② 关于 MULTIPLE 命令说明。在命令行输入 MULTIPLE 命令，按 Enter 键，命令行提示"输入要重复的命令名"，此时依据提示输入需要重复执行的命令即可连续执行该命令，直到用户取消该命令为止。MULTIPLE 命令可以与除 PLOT 命令以外的任何绘图、修改和查询命令组合。MULTIPLE 命令只是重复命令名，所以每次都必须重新指定命令的所有参数。

1.4.5　命令的取消与重做

(1) 命令的取消

在命令执行的任何时刻都可以放弃和终止。启用"取消"命令有以下五种方法。

① 快捷键：点按键盘左上角的按键 Esc。

② 单击快速访问工具栏的"放弃"按钮 。

③ 菜单栏："编辑＞放弃（命令名称）"。

④ 右键快捷菜单：取消。

⑤ 命令行：UNDO。

(2) 命令的重做

已被取消的命令还可以恢复重做，而要恢复的是最后一个命令。启用"重做"命令常用以下三种方法。

① 单击快速访问工具栏的"重做"按钮 。

② 菜单："编辑＞重做"。

③ 命令行：REDO。

注意：快速访问工具栏的"放弃"和"重做"命令可以一次执行多重放弃和重做操作。单击快速访问工具栏的 或 按钮右侧的箭头按钮 ，可以在下拉列表中选择要放弃或重做的多个操作，如图 1-4-14、图 1-4-15 所示。

图 1-4-14　多重放弃

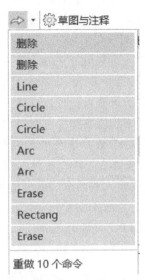

图 1-4-15　多重重做

1.4.6　透明命令操作

在 AutoCAD 中，透明命令是指当一个命令还没有结束时，中间插入另一个命令，执行后再继续完成前一个命令。此时，插入的命令被称为透明命令。插入透明命令的目的是为了更方便地完成第一个命令。

透明命令一般多为修改图形设置或打开辅助绘图工具的命令。常见的有："视图缩放"、"视图平移"、"系统变量设置"、"对象捕捉"、"对象捕捉追踪"、"正交"、"极轴追踪"等命令。

以绘制矩形中线为例，介绍如何使用透明命令。

① 执行"直线"命令，单击状态栏中的"对象捕捉"按钮，使其处于开启状态，如图 1-4-16 所示。

② 将光标移至绘制好的矩形内，捕捉矩形两侧的中点分别为直线的起点和端点，完成中线的绘制，如图 1-4-17 所示。

提示：当光标为执行命令状态┼时，键盘输入"'＋透明命令"，按 Enter 键，亦可进行透明命令操作。

图 1-4-16　打开"对象捕捉"模式

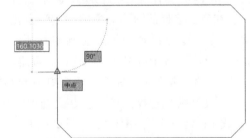

图 1-4-17　捕捉矩形侧边的中点

1.4.7　使用系统变量

在 AutoCAD 中，系统变量用于控制某些功能和设计环境、命令的工作方式，它可以打开或关闭捕捉、栅格或正交等绘图模式，设置默认的填充图案，或存储当前图形和 Auto-CAD 配置的有关信息。

系统变量通常是 6～10 个字符长的缩写名称。许多系统变量有简单的开关设置。例如 GRIDMODE 系统变量用来显示或关闭栅格，当在命令行的"输入 GRIDMODE 的新值 <1>："提示下输入 0 时，可以关闭栅格显示；输入 1 时，可以打开栅格显示。有些系统变量则用来存储数值或文字，例如 DATE 系统变量用来存储当前日期。

可以在对话框中修改系统变量，也可以直接在命令行中修改系统变量。例如要使用 ISOLINES 系统变量修改曲面的线框密度，可在命令行提示下输入该系统变量名称并按 Enter 键，然后输入新的系统变量值并按 Enter 键即可，详细操作如下。

命令：ISOLINES ↙

输入 ISOLINES 的新值<4>：32（输入系统变量的新值）

1.5　AutoCAD 2021 的基本操作

1.5.1　选择图形对象的常用方法

在对图形进行编辑操作之前，首先需要选择要编辑的对象，被选对象构成一个选择集。在 AutoCAD 中，提供了多种构造选择集的方法。默认情况下，用户可以通过点选图形方式和框选图形方式选择一个对象或选择多个对象。框选方式分为两种：矩形窗口和交叉窗口。

① 点选图形方式：点选方式较简单，用户只需直接选择图形对象即可。当用户在选择某图形时，将光标移至该图形上，此时该图形高亮显示并加粗（可降低错选或误选），单击即可选中该图形，如图 1-5-1 所示。图形被选中后，会显示该图形的夹点（图 1-5-1 所示的蓝色方块）。如果选择多个图形，只需再单击其他图形即可。此法的缺点是精确度不高，较复杂的图形易于出现误选或漏选现象。

② 矩形窗口选择图形：该方式选中完全在窗口内的实体。首先在绘图区空白处（一般在需要选择的图形对象的左侧）点击鼠标，在命令行出现"指定对角点或［栏

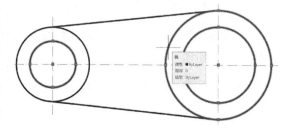

图 1-5-1　点选图形对象

选（F）/圈围（WP）/圈交（CP）：＊取消＊"提示时，自左向右移动鼠标给出矩形窗口的另一个对角点并单击，完全处于窗口内的实体将被选中，如图 1-5-2 所示。

③ 交叉窗口选择图形：该方式选中完全和部分在窗口内的所有实体。在出现"指定对角点或［栏选（F）/圈围（WP）/圈交（CP）：＊取消＊"提示时，自右向左拖动鼠标给出矩形窗口的两对角点，完全和部分处于窗口内的所有实体都将被选中，如图 1-5-3 所示。

④ 给选择集添加或删除图形对象：编辑过程中，用户构造选择集常常不能一次完成，需向选择集添加或删除图形对象。在添加时，可以直接点选或利用矩形窗口、交叉窗口选择要加入的图形元素。若有删除对象，可先按住 Shift 键，再从选择集中选择要删除的图形元素。

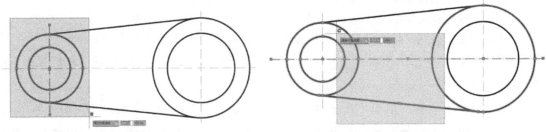

图 1-5-2　矩形窗口选择图形　　　　　　图 1-5-3　交叉窗口选择图形

提示： 以上为十字形鼠标光标选择对象的示例。编辑时，如果先点击编辑命令，则鼠标光标显示为正方形的拾取框□。用拾取框选择图形对象的操作方法同上，只是被选中的对象显示为虚线，不会出现夹点。

1.5.2　图形对象的删除

ERASE 命令用来删除图形对象。

若要删除一个对象，用户可以用鼠标光标选择该对象，然后单击"修改"面板上的删除按钮 ，或键入命令 ERASE（命令简称 E）并右键单击或按 Enter 键或空格键即可。也可先点击删除命令，再用拾取框选择要删除的对象并确定。

提示： 要删除的对象选择完成后，直接按键盘上的按钮 Delete，亦可删除对象。

1.5.3　缩放图形及平移图形

在 AutoCAD 2021 中，用户可以很方便地进行图形缩放和平移图形，以便快捷地显示并控制图形。绘图时，经常在功能区"视图"选项卡的"二维导航"面板中单击"范围"按钮 、平移按钮 ，或在导航栏上单击"范围缩放"按钮 、平移按钮 ，或执行菜单命令"视图＞缩放（或平移）＞范围（实时）"，或命令行输入 ZOOM（命令简称 Z）、PAN 命令，或通过鼠标中键滚轮来完成此两项操作。另外，无论 AutoCAD 命令是否运行，单击鼠标右键，在弹出的快捷菜单上选择"缩放"、"平移"命令亦可实现同样的操作。

① 缩放图形：在导航栏上单击"范围缩放"按钮 下方的下拉按钮 ，在弹出的下拉列表中选择"实时缩放"命令，如图 1-5-4 所示，此时系统进入实时缩放状态，光标显示为放大镜形态 ，按住鼠标左键向上或向下移动光标，即可放大或缩小视图。要退出实时缩放状态，可以按 Esc 键、Enter 键、空格键或鼠标右键单击，在打开的快捷菜单中选择"退出"命令。

对于三键鼠标，无论鼠标光标是何种形态（十字形、正方形拾取框、箭头或手形等形态），都可以直接利用中键滚轮向前或向后滚动，即时实现图形的放大或缩小。

如图 1-5-4 所示，亦可在下拉列表中选择其他缩放命令完成相应的图形缩放操作。

范围缩放：将所有图形对象最大限度地显示在绘图窗口中。

窗口缩放：将用户选择的矩形内的图形对象最大化显示在绘图窗口中。

缩放上一个：将图形缩放至上一个视图。

全部缩放：按指定的比例对当前图形整体进行缩放。

动态缩放：以动态矩形方框选择图形区域进行的缩放视图操作。

比例缩放：按指定的比例对当前图形进行的缩放操作。

中心缩放：指定中心点和缩放比例，对当前图形进行的缩放操作。

缩放对象：将用户依据系统提示所选择的图形对象最大化显示在绘图窗口中。

放大（缩小）：用系统默认的固定比例因子 2，使窗口图形以当前窗口中点位置为基点进行放大（缩小）。

② 平移图形：在导航栏单击平移按钮，如图 1-5-5 所示，系统进入实时平移状态，光标显示为手的形态，此时按住鼠标左键或中键移动手形光标，即可实现图形的平移。按 Esc 键、Enter 键、空格键或鼠标右键单击，在打开的快捷菜单中选择"退出"命令，即可退出实时平移。

对于三键鼠标，无论鼠标光标是何种形态，用户都可以直接按住鼠标中键滚轮，光标显示为手的形态，此时移动手形鼠标，实现图形的即时平移。

图 1-5-4　实时缩放

图 1-5-5　点取"平移"

1.5.4　将图形全部显示在窗口中

如果要将所绘制的图形充满整个绘图窗口全部显示，可以双击鼠标中键。

单击导航栏的"范围缩放"按钮，或在功能区"视图"选项卡的"二维导航"面板中单击"范围"按钮，即可将全部图形显示在窗口中。

单击鼠标右键，选择"缩放"命令，此时鼠标光标显示为放大镜形态，再次单击鼠标右键，选择"范围缩放"即可。

1.5.5　重画与重生成图形

在绘图过程中，有时视图中会出现一些残留的光标点或其他影像，为了擦除这些多余的影痕，用户可以使用重画与重生成功能。

① 重画：重画用于从当前窗口中删除编辑命令留下的三维点标记，同时还可以编辑图形留下的点编辑，是对当前窗口中图形的刷新操作。

在菜单栏执行"视图＞重画"命令，或在命令行中输入 REDRAW 或 REDRAWALL，按 Enter 键，即可实现重画操作。

注意： REDRAW 与 REDRAWALL 的区别。REDRAW 命令是刷新当前视口中的显示；REDRAWALL 命令是刷新所有视口中的显示。

② 重生成：重生成用于在视图中进行图形的重生成操作，即可以重生成屏幕，包括生成图形、计算坐标及创建新索引等。在当前视口中重生成整幅图形并重新计算所有对象的坐标、重新创建图形数据库索引，从而优化显示和对象选择的性能。

重生成命令有以下两种形式：选择"视图＞重生成"命令（REGEN）可以更新当前视区；选择"视图＞全部重生成"命令（REGENALL），可以同时更新所有视口。

③ 自动重新生成图形：自动重新生成图形功能用于自动生成整个图形，它与重生成图形不同。编辑图形时，在命令行中输入 REGENAUTO 命令，按 Enter 键，即可自动再生成整个图形，确保屏幕上的显示能反映图形的实际状态，保持视觉的真实度。

1.5.6　预览打开的文件及在文件间切换

AutoCAD 是一个多文档系统环境，用户可以同时打开多个图形文件，可以预览打开的文件以及在各文件间切换，并显示出所有打开文件的预览图。显示结果如图 1-5-6 所示，打开 5 个文件，显示了 5 个文件的预览图形，单击其中之一，即可切换到该图形。

在功能区"视图"选项卡的"用户界面"面板中点击切换窗口按钮，显示出所有打开的图形文件的路径，点选其中之一即可实现文件的切换。另外使用 Ctrl＋F6 组合键或 Ctrl＋Tab 组合键，亦可实现在打开的文件间切换。

打开多个图形后，可执行菜单命令"窗口＞层叠（或水平平铺、垂直平铺等）"，以便控制多个文件的显示方式。如图 1-5-6 所示，绘图窗口为 3 个文件的水平平铺显示（其中的 1 个文件为最小化显示）。

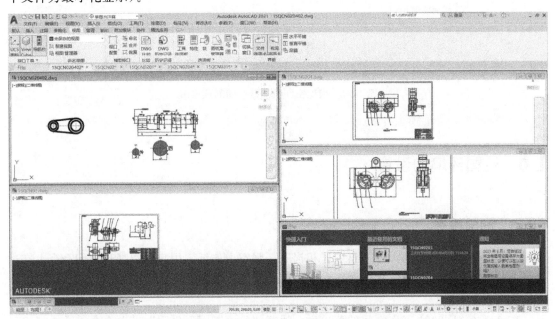

图 1-5-6　预览打开的文件及在文件间切换

AutoCAD 的多文档环境具有 Windows 窗口的剪切、复制和粘贴功能，因此可以快捷地在打开的各个图形文件之间进行复制、移动对象的操作。如果复制的对象需要在其他图形中准确定位，则可在复制对象的同时指定基准点，这样在执行粘贴操作时，就可以根据基准点将图元放置在所需的正确位置。

1.5.7 在当前文件的模型空间及图纸空间切换

AutoCAD 提供了两种绘图环境：模型空间和布局空间，布局空间即图纸空间。默认情况下，AutoCAD 的绘图环境是模型空间。打开图形文件后，程序窗口中仅显示出模型空间中的图形。鼠标移至布局选项卡中的"模型"、"布局1"、"布局2"的位置，可查看"模型"、"布局1"、"布局2"3 个预览图，如图 1-5-7 所示。它们分别代表模型空间中的图形、"图纸 1"上的图形、"图纸 2"上的图形。单击其中之一，就切换到相应的图形。

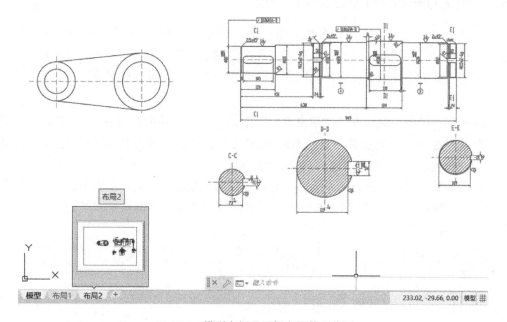

图 1-5-7 模型空间及图纸空间的预览图

1.6 绘图环境的设置

1.6.1 图幅设置

图幅是指绘图区域的大小。绘图区相当于一张空白的纸，用户可以通过绘图命令，在这张纸上绘制图形。由于要绘制的图形大小不同，所以在绘制前需要指定图幅的大小。下面介绍设置图幅的方法。

在 AutoCAD 2021 工作空间的菜单栏，执行"格式＞图形界限"菜单命令，命令行提示如下：

命令:'_limits

重新设置模型空间界限:

指定左下角点[开(ON)关(OFF)]<0.0000,0.0000>:↙

指定右上角点<420.0000,297.0000>:

输入左下角和右上角的坐标设置绘图界限,系统默认为 A3 幅面。

图形界限限制显示栅格点的范围、视图缩放命令的比例选项、显示的区域和视图缩放命令的"全部"选项显示的最小区域。

图形界限设置完成后,输入 Z,按 Enter 键,输入 A,按 Enter 键,或双击鼠标中键,以便将所设图形界限全部显示在屏幕上。

在"动态输入"模式下,绘图区带命令的光标附近也会出现相关提示,可根据提示进行相关操作,完成图幅大小的设置。

1.6.2　绘图单位设置

对任何图形而言,总有其大小、精度以及采用的单位。在 AutoCAD 中,屏幕上显示的只是屏幕单位,但屏幕单位应该对应一个真实的单位。不同的单位其显示格式是不同的。同样也可以设定或选择角度类型、精度和方向。

在 AutoCAD 2021 工作空间的菜单栏,执行"格式>单位"命令,如图 1-6-1 所示。系统打开"图形单位"对话框,如图 1-6-2 所示。

图 1-6-1　选择"单位"命令

图 1-6-2　"图形单位"设置对话框

在"长度"选项组中选择单位类型和精度,系统默认一般使用"小数"和"0.0000"。

在"角度"选项组中选择单位类型和精度,系统默认一般使用"十进制度数"和"0"。系统默认角度测量的正方向为逆时针方向。

在"用于缩放插入内容的单位"下拉列表框中选择图形单位,可以控制插入至当前图形中的块和图形的测量单位,系统默认为"毫米"。

"光源"用于控制当前图形中光源强度的测量单位。

单击"图形单位"对话框中"方向"按钮，系统打开"方向控制"对话框，如图 1-6-3 所示，可在其中选择基准角度的起点，系统默认为"东"。

提示：用户也可以在命令行中输入 UNITS 后按 Enter 键，同样打开"图形单位"对话框。

1.6.3 绘图比例设置

绘图比例用于设置布局视口、页面布局和打印可用的缩放比例。模型空间绘图大多用 1：1 的比例。

绘图比例与绘制图形的精确度有很大关系，比例设置得越大，绘图精度越精确。这里介绍如何设置绘图比例。

① 在菜单栏执行"格式＞比例缩放列表＞选择所需比例值"命令，如图 1-6-4 所示。在弹出的"编辑图形比例"对话框的"比例列表"中，选择所需比

图 1-6-3　"方向控制"选项卡

例值单击"确定"按钮即可。也可以鼠标点击最底部的应用程序状态栏中的 1:1 ▾ 按钮，选择所需的比例值。如图 1-6-5 所示。

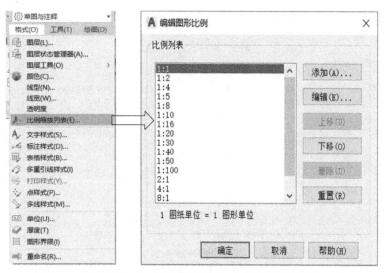

图 1-6-4　执行"格式＞比例缩放列表＞选择所需比例值"命令

图 1-6-5　状态栏选比例

② 如果列表中没有合适的比例值，可以单击图 1-6-4 中的"添加"按钮，在"添加比例"对话框的"显示在比例列表中的名称"文本框中，输入所需比例值，然后设置好"图纸单位"和"图形单位"的等量关系，单击"确定"按钮，如图 1-6-6 所示。

③ 返回"编辑图形比例"对话框，选中新添加的比例值，单击"确定"按钮即可，或通过鼠标点击最底部的应用程序状态栏中的按钮，选择新添加的比例值。如图 1-6-7 所示。

提示：在"编辑图形比例"对话框中点选"比例列表"任意比例值，可以对其进行"编辑"、"删除"操作，也可对"比例列表"的比例值进行"重置"。

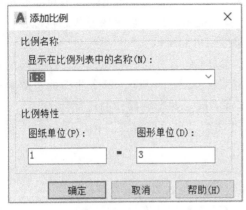

图 1-6-6　添加比例值

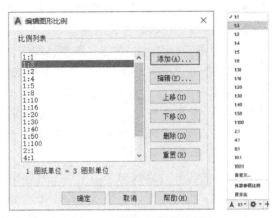

图 1-6-7　选择新添加的比例值

1.6.4　基本参数的设置（"选项"的设置）

每个用户的绘图习惯都不相同，绘图前对一些基本参数进行正确的设置能够提高绘图效率。

在应用程序菜单中单击"选项"按钮，或在菜单栏执行"工具＞选项"命令，或绘图区右键单击在快捷菜单点选"选项"，或在命令行点击自定义按钮 🔧 ，选取"选项"，或在命令行右击，在弹出的快捷菜单中选取"选项"，或在命令行输入 OPTIONS，按 Enter 键，在打开的"选项"对话框中，点选 10 个不同选项卡的其中之一，用户即可对所需参数进行设置，如图 1-6-8 所示。

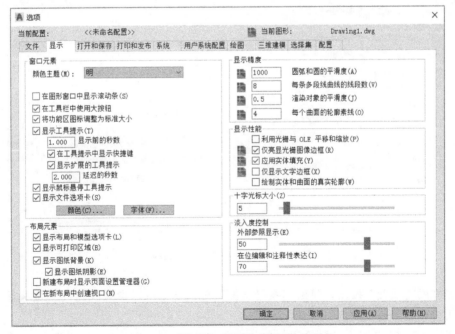

图 1-6-8　"选项"对话框"显示"选项卡

"选项"对话框各选项卡说明如下。

◆ 文件：该选项卡用于确定系统搜索支持文件、驱动程序文件、菜单文件和其他文件。

◆ 显示：该选项卡用于设置窗口元素、显示精度、显示性能、十字光标大小和参照编辑的颜色等参数。比如是否显示滚动条、是否显示工具栏提示、是否显示图形状态栏以及设置 AutoCAD 图形窗口和文本窗口的颜色和字体等，如图 1-6-8 所示。

通过修改"十字光标大小"文本框中光标与屏幕大小的百分比，可以调整十字光标的尺寸。"显示精度"和"显示性能"选项组用于设置渲染对象的平滑度、每个曲面的轮廓素线的数量等。所有这些设置均会影响系统的刷新速度和时间，并影响操作的流畅性。

◆ 打开和保存：该选项卡用于设置系统保存文件类型、自动保存文件的时间、文件安全措施以及维护日志等参数。

◆ 打印和发布：该选项卡用于设置打印输出设备。

◆ 系统：该选项卡用于设置三维图形的显示特性、定点设备以及常规等参数。

◆ 用户系统配置：该选项卡用于设置优化 AutoCAD 系统工作方式的相关选项。包括"Windows 标准操作"、"坐标数据输入的优先级"、"插入比例"、"关联标注"以及"超链接"等选项组，如图 1-6-9 所示。

"插入比例"选项组中的"源内容单位"选项用于设置在没有指定单位时，被插入到图形中的对象的单位，"目标图形单位"选项用于设置在没有指定单位时，当前图形中对象的单位，如图 1-6-9 所示。

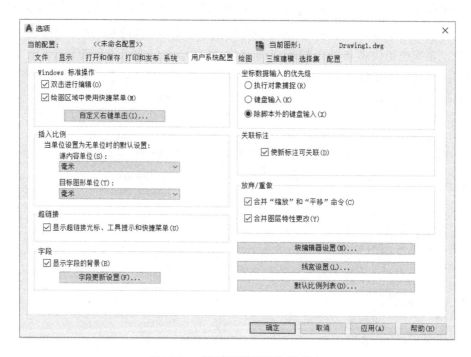

图 1-6-9 "用户系统配置"选项卡

单击"线宽设置"按钮，弹出"线宽设置"对话框，可以设置线宽的单位和显示比例，同时还可以设置当前线宽，如图 1-6-10 所示。

◆ 绘图：该选项卡用于设置绘图对象的相关操作。包括"自动捕捉设置"、"AutoTrack设置"、"自动捕捉标记大小"、"靶框大小"以及"对象捕捉选项"等选项组。自动追踪设置包括"显示极轴追踪矢量"、"显示全屏追踪矢量"和"显示自动追踪工具提示"3 个复选框，如图 1-6-11 所示。

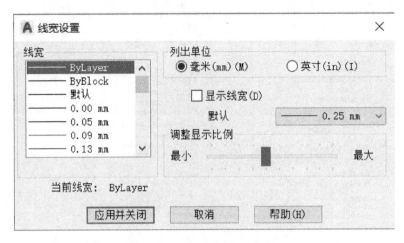

图 1-6-10　"线宽设置"对话框

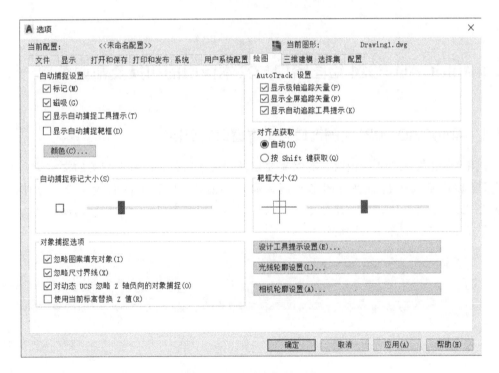

图 1-6-11　"绘图"选项卡

◆ 三维建模：该选项卡用于创建三维图形时的参数设置。包括"三维十字光标"、"三位对象"、"在视图中显示工具"以及"三维导航"等选项组。

◆ 选择集：该选项卡用于设置选择工具和选择对象的相关特性。包括"拾取框大小"、"夹点尺寸"、"选择集模式"、"夹点"、"预览"以及"功能区选项"等选项组，如图 1-6-12 所示。

◆ 配置：该选项卡用于设置系统配置文件的创建、重命名以及删除等操作。

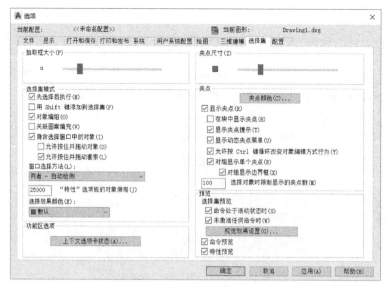

图 1-6-12 "选择集"选项卡

1.7 AutoCAD 2021 绘图窗口与文本窗口的切换及帮助菜单

1.7.1 AutoCAD 2021 绘图窗口与文本窗口的切换

使用 AutoCAD 2021 绘图时，有时需要切换到文本窗口，以观看相关的文字信息，有时又需要再转换到绘图窗口进行图形绘制，通过功能键 F2 可实现上述切换。此外，利用 TEXTSCR 命令和 GRAPHSCR 命令也可以分别实现绘图窗口向文本窗口切换以及文本窗口向绘图窗口切换，如图 1-7-1 所示。

图 1-7-1 绘图与文本窗口的切换

1.7.2　AutoCAD 2021 的帮助菜单

AutoCAD 2021 提供了强大的帮助功能，用户在绘图或开发过程中可以随时通过该功能得到相应的帮助。

调用帮助系统的方法主要有以下几种：

① 单击"信息中心">"帮助"按钮 ⑦ ▾

② 按 F1 键

③ 菜单栏执行"帮助>帮助"命令

④ 在命令行输入"HELP"或者"?"，并按回车键。

(1) AutoCAD 2021 在线帮助系统

按 F1 键，打开 AutoCAD 2021 在线帮助系统，如图 1-7-2 所示。

图 1-7-2　AutoCAD 2021 帮助界面

(2) 命令帮助提示

AutoCAD 2021 为工具面板上的每个按钮都设置了图文并茂的相应说明，需要时可将鼠标指针停放至所需了解的按钮上片刻，便会弹出该按钮命令的帮助提示。如图 1-7-3 是鼠标停放至"三点创建圆弧"按钮上时所弹出的三点弧命令的帮助提示。

(3) 定位帮助

按 F1 键，只能启动帮助界面，但不能定位到具体要查询的命令操作详情。对于所需了解的某一具体命令具体操作步骤，可通过"目录"或"搜索"进行手动定位到该命令对的解释部分。具体步骤如下：

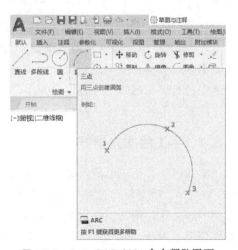

图 1-7-3　AutoCAD 2021 命令帮助界面

首先激活所要获取帮助的命令。比如要画一个圆，在命令行输入"CIRCLE"并按回车键。

接着，在此状态下按 F1 键，系统便会弹出在线帮助界面，从界面中可以读取该命令的详细操作步骤，查看非常方便，如图 1-7-4 所示。

图 1-7-4 定位"帮助"界面

1.8 如何学好 AutoCAD 2021

AutoCAD 能有效地帮助工程技术人员提高设计水平及工作效率，还能输出清晰、整洁的图纸，这些都是手工绘图无法比拟的。从某种意义上讲，谁掌握了 AutoCAD 就等于拥有了更先进、更标准的"工程语言工具"，也就有了更强的竞争力。要学好 AutoCAD 并非难事，注重以下各方面的学习即可实现。

1.8.1 手工绘图先学好

实践证明，手工绘图的能力非常重要，因为它是电脑绘图的基础。要学习和掌握好 AutoCAD 2021 中文版，有一个前提条件：一定要知道如何用手工来作图，对于作图过程中所用到的画法几何的知识一定要非常清楚，每画一个图甚至一条简单的线，心中一定要清楚，如果用手工去画，应该怎么画。只有这样才能更进一步地去考虑如果用 AutoCAD 2021 中文版来完成又该如何做。

1.8.2　循序渐进最重要

循序渐进、欲速不达这个道理人人都懂，因为它是学习任何知识都必须遵守的规则，学习 AutoCAD 2021 中文版也不例外。但在实际中，很多人都很容易犯的一个错误是只想速成，恨不得在一两天内就能用 AutoCAD 2021 中文版进行三维设计。试想一想，如果一个人连相对直角坐标和相对极坐标都不明白是怎么回事，怎么可能去由浅入深、由简到繁地掌握 AutoCAD 2021 中文版的各种各样的功能呢？所以在学习 AutoCAD 2021 中文版时，必须踏踏实实地去理解每一个概念，每学习和掌握一个命令，应做一些与之相应的练习。

1.8.3　用心实践打腹稿

很多人在学习 AutoCAD 时都有这样的体会，当上课或者自学时，对于 AutoCAD 2021 中文版的每一个命令似乎都会了，可是如果去画一张真正的图纸却是画不出来，为什么会是这样呢？这实际上还是没有掌握如何综合运用所学习到的各种命令。建议想学习 AutoCAD 2021 中文版的人除了做好课本的各个练习外，还要找一些与工作或本专业相关的图纸，先从一张最简单的图纸开始，想想如果用手工来画这张图，该如何下手，从哪里开始，而如果用 AutoCAD 2021 中文版来画，又该如何去做，从哪里下手，然后再一步一步地在电脑中用 AutoCAD 将该图纸画出来，并打印出来进行一番对比。做此事千万不要急于求成，一定要用心去做好。

1.8.4　常用命令须记牢

AutoCAD 2021 中文版是一个很复杂的软件，功能很强，即使画同样的图，也可以有各种各样的方法并通过各种不同的命令组合来实现。要掌握 AutoCAD 2021 中文版的每一个命令几乎是不可能的事，如果能用上它的一半功能就已是很不错的了。尽管如此，但对于 AutoCAD 2021 中文版的一些常用命令，特别是绘图、修改和标注命令必须掌握并能熟练灵活运用。

1.8.5　良好习惯要养成

在学习和使用 AutoCAD 2021 中文版时，要养成一些良好的习惯。如绘图前设置好图幅、单位、比例（尽量用 1∶1）、图层、线型、颜色、文字样式、标注样式等常用设置和其他绘图环境，并保存成为模板（＊＊.dwt），万不可怕麻烦，实际上这些看似繁杂的工作只需要做一次即可，因为下次新建文件时，可以直接生成初始绘图环境。又如：自己学练绘图时须随时注意命令行的提示，它就是你身边的"老师"，可以随时指导你下一步的操作。不要忘记使用右键功能，尽量减少鼠标在屏幕上移动的次数，以提高绘图速度。另外，学会使用 AutoCAD 帮助功能，AutoCAD 为我们提供了强大的帮助功能，它就好比是一本教材，不管当前执行什么样的操作，按 F1 键，AutoCAD 就会显示该命令的具体定义和操作过程等内容。还有，开始学练时就要加强图形的精确绘制，不可照猫画虎，潦草从事。

1.8.6　常见问题要弄懂

在学习和使用 AutoCAD 2021 中文版时，会碰到一些各种各样的问题。有些问题也是经常出现的，例如标注比例不合适、文字太大或太小、特殊字符输入不对、线型比例不对、画剖面线时画不到或者剖面区域不对等。对于这些常见的问题，一定要弄懂其原因并相应地找出各种各样的解决方法。

1.8.7　相互交流很必要

在刚开始学习和使用 AutoCAD 2021 中文版时，有时会有无从下手的感觉，或者碰到一些问题不知如何解决，这时不妨询问他人，与同学进行交流，看看他人是如何绘图的，这会起到事半功倍的效果。也可以上网询问他人，因为在网上，总能找到 AutoCAD 2021 中文版高手，提出的问题一般也会有热心的人给予解答。

1.8.8　体验成功信心高

在学习了一段时间的 AutoCAD 2021 中文版之后，试着画一张图，然后将其打印到纸上，看看自己的作品，你一定会有一点点的成就感，这样会有更大的信心和动力去学习 AutoCAD 2021 中文版，然后在有了一定的基础之后，逐步用 AutoCAD 2021 中文版来进行各种设计，彻底摒弃手工绘图。经过一段时间的实践之后，自然就成了一位真正的 AutoCAD 2021 中文版高手了。

1.9　AutoCAD 工程师的就业前景

AutoCAD 是世界上应用最广的 CAD 应用软件，是世界工业图纸交流的标准，适用面极为广泛，而又易学易用，几乎遍及了当今工业社会的方方面面，比如机械设计、轻工化工、土木建筑、电子电路、装饰装潢、城市规划、园林设计、服装鞋帽、航空航天等诸多领域。

如果您希望从事工程师、技术员、工具设计员、建筑设计员、机械设计等方面的工作，那么，应用计算机辅助设计软件的水平将是衡量你的专业水平的标准之一。

最重要的是，把自己的创造性思维快速准确地在图纸中反映，那么首先必须熟练掌握的就是 AutoCAD 软件，AutoCAD 是终生职业不可缺少并永远相伴的工具。

AutoCAD 应用工程师的就业前景是很广阔和乐观的，主要为以下几个方面：

① 制造业企业的生产设计部门；

② 研究院、设计院等科研部门；

③ 机械行业、建筑行业（制图工程师）；

④ 政府机关（如：房管局的产权测绘、资料中心的制图工程师）等。

在效果图应用中，CAD 的作用主要在于精确制图。一是平面的参考，因为在很多园林景观效果图中，无法用 3D 来绘制精确的地形，一般的做法是将 CAD 绘制好的图导入 3DMAX 中作为参照；二是绘制复杂图形，在制作效果图的过程中遇到较为复杂或者要求精确的图形在 3D 中难以完成，就要使用 CAD 来帮忙；三是部分模型库的使用，CAD 的大量专业应用模块和软件决定了在某个领域和方面有其快捷和方便的特性，不客观对待也是不对的。

另外，工人们是难以根据效果图来施工的，因为效果图只制作可见部分，看不到的部分不做出来；绘制好的模型也无法测量出其精确尺寸。所以要在绘制效果图的同时也出一份施工图，包括平、立面图、剖面图、天花图、电路图、灯位图、局部大样图等；机械加工更是需要绘制零件图和装配图指导加工和装配。这就要求我们有较强的识图以及绘图能力，如果连基本的平、立面图、剖面图、零件图、装配图都看不懂的话，就无法根据图纸进行精确的效果图制作，更别说反过来根据做好的效果图绘制施工图或机械图样。需要图纸的地方，就需要 CAD 制图工程师。

思考与练习

1. AutoCAD 2021 的工作界面包括哪些部分？它们的主要功能是什么？如何自定义工作界面？

2. AutoCAD 2021 有几种调用"帮助"的模式，它们之间有何区别？

3. 默认状态下，命令行显示为 3 行，试改成命令行显示为 6 行。

4. 在使用 AutoCAD 2021 绘图过程中，鼠标有什么作用？

5. AutoCAD 2021 命令的重复操作有哪些方法？如何取消正在执行的命令？

6. 如何打开、关闭及移动工具栏？如何了解命令执行的详细过程？

7. 如何定制 AutoCAD 的"草绘与注释"工作界面？

8. 把 AutoCAD 2021 工作空间背景的颜色改为黑色。

9. 自定义右键单击选项，观察右键快捷菜单显示的内容有何变化。

10. 把功能区的面板由固定方式改变成浮动方式。

11. 通过如下设置，以样板文件格式（＊.dwt）保存图形。

① 定出图幅大小（以 A3 为例）。

② 绘画单位：将长度类型设为小数，精度为小数点后 1 位；将角度类型设为 10 进制度数，精度为小数点后 1 位，其余默认。

③ 保存图形：以文件名 A3 保存。

第**2**章

图层设置和图形辅助功能的使用

2.1 夹点功能的使用

在 AutoCAD 中，选择对象后，被选中的对象中会显示出若干方框，即所谓夹点。默认情况下，夹点以蓝色小方块显示，如图 2-1-1 所示。

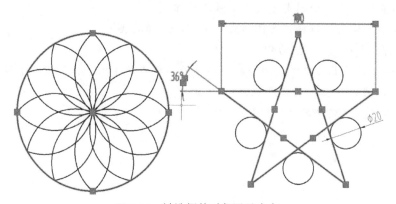

图 2-1-1 被选择的对象显示夹点

2.1.1 夹点的设置

在 AutoCAD 中，用户可以根据需要对夹点的大小和颜色等参数进行设置。用户只需打开"选项"对话框，切换到"选择集"选项卡，即可进行相关设置，如图 2-1-2 所示。

夹点设置的各选项说明如下。

◆ 夹点尺寸：该参数用于控制显示夹点的大小。

◆ 夹点颜色：单击该按钮，打开"夹点颜色"对话框，根据需要选择相应的选项，然后在颜色列表中选择所需颜色即可，如图 2-1-2 所示。

◆ 显示夹点：勾选该复选框，在绘图区选择对象后将显示夹点。

◆ 在块中显示夹点：勾选该复选框，系统将会显示块中每个对象的所有夹点；若取消该勾选，则在被选择的块中显示一个夹点。

◆ 显示夹点提示：勾选该复选框，当光标悬停在自定义对象的夹点上时，将显示夹点的

图 2-1-2　在"选择集"选项卡中设置夹点颜色

特定提示。

◆ 显示动态夹点菜单：勾选该复选框，当鼠标悬停在多功能夹点上时，显示动态菜单。

◆ 选择对象时限制显示的夹点数：用于设定夹点的显示数量，系统默认为100。若当前被选中对象上的夹点数大于设定的数值时，此时对象的夹点将不显示。

2.1.2　夹点的编辑

默认情况下，AutoCAD 的夹点编辑方式是开启的。十字光标靠近夹点并单击鼠标左键，夹点颜色显示为红色，且激活夹点编辑状态，红色夹点称为选中的夹点，此时，Auto-CAD 自动进入"拉伸"编辑方式，连续按 Enter 键或空格键，就可以在拉伸（拉长）、移动、旋转、缩放或镜像等编辑方式间切换。此外，用户也可以在激活夹点后，单击鼠标右键，弹出如图 2-1-3 所示的快捷菜单，该菜单包含所有可用的夹点编辑模式和其他选项。

在不同的编辑方式间切换时，在命令行中，AutoCAD 为每种编辑方法提供的选项基本相同，其中"基点（B）"、"复制（C）"选项是所有编辑方式所共有的。

◆ 基点（B）：选择该选项，用户可以任意选取其中某一个夹点作为编辑的基点。例如，当进入了镜像编辑模式，并要指定一个点作为镜像点之一时，就使用"基点（B）"选项。默认情况下，编辑点为基点。

◆ 复制（C）：如果用户在编辑的同时还需复制对象，则选取此选项。

图 2-1-3　夹点编辑的两种快捷菜单

① 拉伸：鼠标在任一夹点上单击，该点变为红色之后，即进入拉伸编辑模式。当选中的夹点为线段的端点时，拖动鼠标可以有效地拉伸或缩短对象，如图 2-1-4 所示。如果选中的夹点是线段的中点、圆或圆弧的中心或者属于块、文字、尺寸数字等实体时，此时拖动鼠标就只能移动对象，如图 2-1-5 所示。

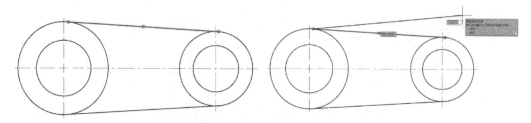

图 2-1-4　点取直线右端点即可拉伸或缩短

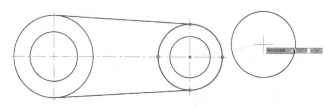

图 2-1-5　点取圆心即可移动选中的圆

② 移动：鼠标在任一夹点上单击，该点变为红色之后，再右键单击，弹出快捷菜单，选择"移动"命令，进入移动模式，如图 2-1-6 所示，该模式可以编辑单一对象或一组对象。该模式下，在命令行使用"复制（C）"选项，就能在移动对象的同时进行复制，此编辑方式的使用与普通的编辑命令 MOVE 相似。

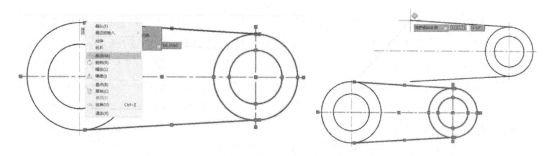

图 2-1-6　选择"移动"命令移动所选对象

③ 旋转：旋转操作是将选中的夹点作为基准点进行对象旋转的。在选中红色夹点时，右键单击，选择"旋转"命令，输入旋转角度即可，如图 2-1-7 所示。用户也可以根据命令行的提示指定其他夹点为基准点。

旋转操作中的"参照（R）"选项，可以令旋转对象以某个参照的角度进行旋转。

④ 缩放：进入缩放模式时，用户可以输入缩放比例系数对所选对象进行放大或缩小，也可以利用"参照（R）"选项将所选图形对象缩放到某一比例。

图 2-1-8 所示为利用"参照（R）"选项将所选图形对象缩放。选中 A 点后，单击右键，在弹出的快捷菜单中选择"缩放"命令，根据命令行提示选择"参照（R）"选项，然后分

别选择 B、C 点，再根据命令行提示选择"复制（C）"选项，根据提示再次点选 C 点，即按 80/50 的比例放大所选图形对象。

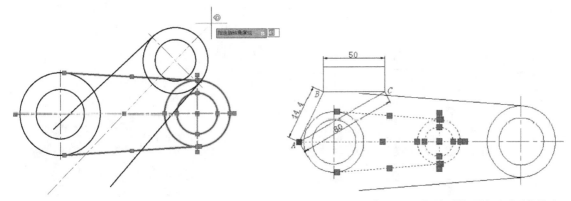

图 2-1-7　以选中的夹点为中心旋转所选对象　　**图 2-1-8**　利用"参照（R）"选项将所选图形对象放大

上面操作命令行显示如下。

命令：

＊＊拉伸＊＊

指定拉伸点或［基点(B)/复制(C)/放弃(U)/退出(X)］：_scale　　　　　　//选择"缩放"命令

指定比例因子或［基点(B)/复制(C)/放弃(U)/参照(R)/退出(X)］：r

　　　　　　　　　　　　　　　　　　　　　　　　//选择"参照(R)"选项

指定参照长度＜1.0000＞：　　　　　　　　　　　　　　//指定图中 B 点

指定第二点：　　　　　　　　　　　　　　　　　　　//指定图中 C 点

指定新长度或［基点(B)/复制(C)/放弃(U)/参照(R)/退出(X)］：c

　　　　　　　　　　　　　　　　　　　　　　　　//选择"复制(C)"选项

指定新长度或［基点(B)/复制(C)/放弃(U)/参照(R)/退出(X)］：

　　　　　　　　　　　　　　　　　//再次点选图中 C 点并按 Enter 键

如果上述操作先选择 C 点，再选择 B 点，则按 44.4/50 的比例缩小所选图形对象，如图 2-1-9 所示。

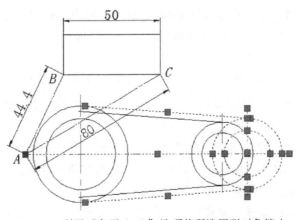

图 2-1-9　利用"参照（R）"选项将所选图形对象缩小

⑤ 镜像：在镜像模式，AutoCAD 直接提示"指定第二点"。默认情况下，选中的夹点

是镜像的第一点，用户拾取第二点，如图 2-1-10 所示，两点一起形成镜像线，镜像结果如图 2-1-11 所示。如果要重新设定镜像线的第一点，可通过命令行"基点（B）"选项进行更改。

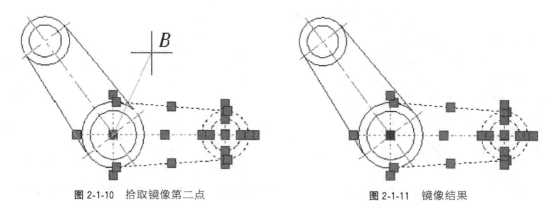

图 2-1-10 拾取镜像第二点　　　　　图 2-1-11 镜像结果

提示： 在夹点编辑状态，可通过输入下列字母直接进入所需编辑方式。

- ◆ MO——移动
- ◆ MI——镜像
- ◆ SC——缩放
- ◆ S——拉伸
- ◆ RO——旋转

2.2 图形定位功能的使用

使用捕捉工具能够精确、快速地定位并绘制图形。AutoCAD 2021 提供了多种捕捉功能，包括对象捕捉、极轴追踪、对象捕捉追踪、栅格和正交功能。

2.2.1 捕捉和栅格功能

利用捕捉工具，用户可以通过 AutoCAD 系统设置的隐含栅格捕捉光标、约束光标，使其落在某一栅格点上。用户可以设置栅格距离，启动栅格显示功能可以将隐藏的栅格显示出来。

在 AutoCAD 中，启动捕捉功能和栅格显示功能的方法有三种。

① 在状态栏中，单击"捕捉模式"按钮 ▦ 和"栅格显示"按钮 ▦ 即可分别启动捕捉和栅格，如图 2-2-1 所示。

② 在菜单栏执行"工具＞绘图设置"命令，打开"草图设置"对话框，点击"捕捉和栅格"选项卡，勾选"启用捕捉"和"启用栅格"复选框即可启动，如图 2-2-2 所示。

③ 键盘上按 F9 键启动捕捉，按 F7 键启动栅格。

提示： 用右键单击状态栏"捕捉模式"或"栅格显示"按钮，选择"设置"选项亦可打开"草图设置"对话框。命令输入 DSETTINGS，按 Enter 键或按空格，也可打开"草图设置"对话框。

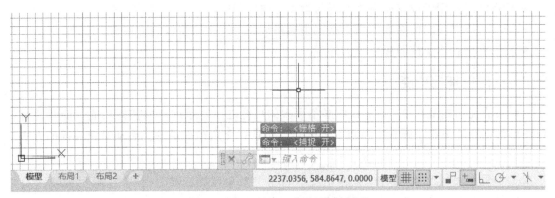

图 2-2-1　状态栏按钮启动捕捉和栅格

图 2-2-2　由"草图设置"启用捕捉和栅格

"捕捉和栅格"选项卡中各选项说明如下。

◆ 启用捕捉：勾选该复选框，可以启用捕捉功能；取消勾选，则关闭该功能。

◆ 捕捉间距：设置捕捉间距值，控制光标在设定的 X 和 Y 间距间移动。间距数值必须设置为正实数。勾选"X 轴间距和 Y 轴间距相等"复选框，表明强制使 X 和 Y 轴间距值相等。

◆ 极轴间距：用于控制极轴捕捉时的增量距离。该选项只在启动"极轴捕捉 PolarSnap"功能后方可用。启动"PolarSnap"后，如果"极轴距离"值为 0，则"PolarSnap"距离采用"捕捉 X 轴间距"的值。"极轴距离"设置与极坐标追踪和（或）对象捕捉追踪结合使用。如果两个追踪功能都未启用，则"极轴距离"设置无效。

◆ 捕捉类型：用于确定捕捉类型。选择"栅格捕捉"单选按钮，光标将沿垂直或水平栅格点进行捕捉；选择"矩形捕捉"单选按钮时，光标将捕捉矩形栅格；选择"等轴测捕捉"单选按钮时，光标则捕捉等轴测栅格。

◆ 启用栅格：勾选该复选框，可启动栅格显示功能。反之，取消栅格显示。

◆ 栅格间距：用于设置栅格在水平与垂直方向的间距。

◆ 每条主线之间的栅格数：用于指定主栅格线相对于次栅格线的方格数。

◆ 栅格行为：用于控制栅格线的外观。

2.2.2 对象捕捉功能

对象捕捉功能是在 AutoCAD 中必不可少的功能之一。通过对象捕捉功能，能够快速定位图形的端点、中点、圆心、节点、象限点、切点、交点和垂足等。启动对象捕捉的方法有四种。

① 通过快捷菜单命令启动。在状态栏右击"对象捕捉"按钮，在弹出的快捷菜单中，用户可点击选择所需的对象捕捉模式命令将其启动，如图 2-2-3 所示。

② 通过"草图设置"对话框启动。用于打开"草图设置"对话框的命令是 DSET-TINGS。或右击状态栏的"对象捕捉"按钮，在弹出的快捷菜单中点选"设置"命令，如图 2-2-3 所示，打开"草图设置"对话框，选择"对象捕捉"选项卡，如图 2-2-4 所示，勾选所需的捕捉模式，点击"确定"即可。

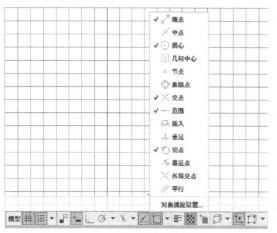

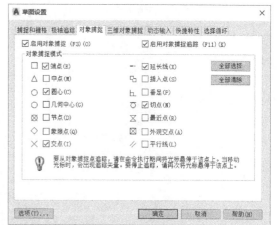

图 2-2-3　快捷菜单中选择捕捉对象　　　　图 2-2-4　"对象捕捉"选项卡勾选所需的对象捕捉模式

③ 在执行绘图命令时，当提示输入下一个点时，右键单击，在弹出的快捷菜单中选择"捕捉替代"，在其级联菜单中选择所需对象捕捉模式，如图 2-2-5 所示。

④ 通过绘图区的快捷菜单启动。在绘图区，按下 Shift 键或 Ctrl 键并单击鼠标右键，弹出快捷菜单，如图 2-2-6 所示，用户选择所需的对象捕捉命令即可。用户也可以在执行绘图命令后，当提示输入下一个点时，输入对象捕捉命令代号来启动对象捕捉功能。

提示：按 F3 键可以启用或关闭对象捕捉功能；单击 AutoCAD 2021 状态栏上的"对象捕捉"按钮。对象捕捉按钮变为蓝色形态时，即启用对象捕捉，灰色为关闭对象捕捉。

用 AutoCAD 2021 绘图时，经常会出现这样的情况：当 AutoCAD 2021 提示确定点时，用户可能希望通过鼠标来拾取屏幕上的某一点，但由于拾取点与某些图形对象距离很近，因而得到的点并不是所拾取的那一点，而是已有对象上的某一特殊点，如端点、中点、圆心等。

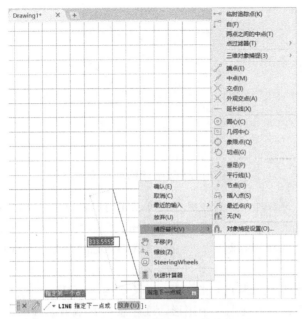

图 2-2-5 通过"捕捉替代"选择捕捉对象

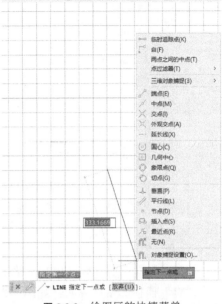

图 2-2-6 绘图区的快捷菜单

造成这种结果的原因是启用了自动对象捕捉功能，使 AutoCAD 2021 自动捕捉到默认捕捉点。如果单击状态栏上的对象捕捉按钮 ⬚ ，关闭自动对象捕捉功能，就可以避免上述情况的发生。因此在绘图时，一般会根据绘图需要不断地单击状态栏上的对象捕捉按钮，以便启用或关闭自动对象捕捉功能。

各对象捕捉模式说明如下。

◆ 端点：捕捉到线段等对象距离光标最近的端点或角，捕捉命令代号 END。

◆ 中点：捕捉到线段等对象的中点，捕捉命令代号 MID。

◆ 圆心：捕捉圆、圆弧、椭圆及椭圆弧的中心点，捕捉命令代号 CEN。

◆ 节点：捕捉 POINT 命令创建的点对象，捕捉命令代号 NOD。

◆ 象限点：捕捉圆、圆弧、椭圆和椭圆弧的象限点，捕捉命令代号 QUA。

◆ 交点：捕捉到各对象之间的交点，捕捉命令代号 INT。

◆ 延长线：捕捉直线或圆弧延长线上的点，捕捉命令代号 EXT。

◆ 插入点：捕捉块、图形、文字或属性的插入点，命令代号 INS。

◆ 垂足：捕捉到线段或线段延长线以及各种弧线的垂足点，命令代号 PER。

◆ 切点：捕捉圆、椭圆及各类弧线的切点，命令代号 TAN。

◆ 最近点：捕捉图形对象上距离鼠标光标中心位置最近的点，命令代号 NEA。

◆ 外观交点：捕捉两个对象外观上的交点，即对象本身之间没有相交，而是捕捉时假想地将对象延伸之后得到交点并捕捉之，命令代号 APP。

◆ 平行线：捕捉与指定的已有线段平行的正在绘制的线段上的点，命令代号 PAR。例如，用 LINE 命令绘制线段 *AB* 的平行线 *CD*。执行直线命令后，首先指定线段起点 *C*，然后选择"平行捕捉"。移动鼠标光标到线段 *AB* 上，此时该线段上出现小的平行线符号，表示线段 *AB* 已被选中，如图 2-2-7 所示。再移动鼠标光标到即将创建平行线的位置 *D* 点附近，此时系统显示出平行线，输入该线段长度值，即可绘制出平行线，如图 2-2-8 所示。

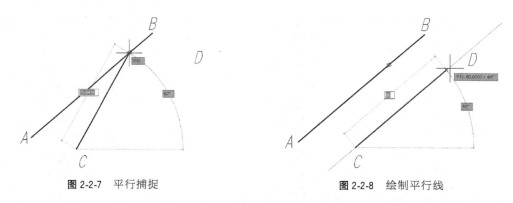

图 2-2-7　平行捕捉　　　　　　　　图 2-2-8　绘制平行线

◆ 临时追踪点：创建对象捕捉所使用的临时点，该捕捉方式可以使用户相对于一个已知点定位另一点。创建临时追踪点后，该点上将出现一个小的加号（＋）。移动光标时，将相对于这个临时点显示自动追踪对齐路径。要将这点删除，请将光标移回到加号（＋）上面，命令代号 TT。

◆ 自：定位一个待定点相对于给定的参照点（基点）的偏移，命令代号 FROM。

"自"捕捉的用法说明：如图 2-2-9 所示，已绘制一个矩形，现在想从 B 点开始画线。

首先执行"直线"命令，随后按 Shift 键并单击鼠标右键，弹出快捷菜单，如图 2-2-9 所示，选择"自"命令，此时系统提示选择"基点"，如图 2-2-10 所示；选择 A 点，提示偏移，如图 2-2-11 所示。

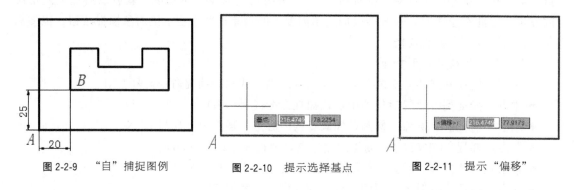

图 2-2-9　"自"捕捉图例　　　图 2-2-10　提示选择基点　　　图 2-2-11　提示"偏移"

键盘输入@20，25，如图 2-2-12 所示，按 Enter 键，此时捕捉到 B 点，如图 2-2-13 所示。

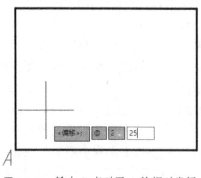
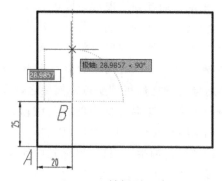

图 2-2-12　输入 B 点对于 A 的相对坐标　　　　　　图 2-2-13　捕捉到 B 点

◆ 两点之间的中点：使用这种捕捉模式时，用户需根据提示先后指定两个点，此时系统即捕捉到所指定两点连线的中点，捕捉命令代号 M2P。

上述对象捕捉模式中的"临时追踪点"和"自"两种捕捉模式只有在绘图过程中才能启用，属于透明命令的一种。用户可按启动对象捕捉的方法 3 和方法 4 进行操作即能选择这两种捕捉功能。

2.2.3　运行捕捉模式和覆盖捕捉模式

对象捕捉模式可分为运行捕捉模式和覆盖捕捉模式。

(1) 运行捕捉模式

在状态栏中，右击"对象捕捉"按钮，在弹出的快捷菜单中选择所需的对象捕捉模式，如图 2-2-3 所示；或在快捷菜单中选择"设置"选项，在打开的"草图设置"对话框中，勾选所需的对象捕捉模式，如图 2-2-4 所示，如此选中的对象捕捉模式始终处于运行状态，直到取消勾选为止。

(2) 覆盖捕捉模式

在执行某一绘图命令后，根据命令行的提示，键盘输入对象捕捉命令 FROM、MID、TAN、CEN 等来执行捕捉功能，或通过图 2-2-5 和图 2-2-6 所示的快捷菜单来执行捕捉功能，这样只是临时打开捕捉模式，该捕捉功能只对当前捕捉点有效，完成该捕捉功能后则无效。称之为覆盖捕捉模式。

2.2.4　使用"正交"模式

绘制图形时，有时需要绘制水平线或垂直线，此时，就要用到正交功能。该功能为绘图提供了很大的便利。在状态栏中，单击"正交模式"按钮 ，即可启动该功能，用户也可通过按 F8 键来启动。

启动该功能后，光标只能限制在水平或垂直方向上移动，通过在绘图区中单击鼠标或输入线条长度来绘制水平线或垂直线。

2.2.5　对象追踪功能

对象追踪功能是对象捕捉功能与追踪功能的结合，是 AutoCAD 一个非常便捷的绘图功能。它按照指定角度或按照与其他对象的指定关系来绘制对象。

(1) 极轴追踪功能

极轴追踪是指在某些操作中，当指定了一点而需要确定另一点时，系统按照事先设置的角度增量显示一条从指定点出发向无限远延伸的极轴追踪矢量，并在光标处浮出标签，说明当前光标位置相对于前一点的极坐标，用户可以沿着极轴追踪矢量追踪到指定点。极轴追踪矢量的起始点称为追踪点。

启动极轴追踪功能的方法是：在状态栏中右击"极轴追踪"按钮 ，选择"设置"选项，如图 2-2-14 所示。在打开的"草图设置"对话框中，选择"极轴追踪"选项卡，从中设置相关参数即可，如图 2-2-15 所示。

"极轴追踪"选项卡中的各选项说明如下。

◆ 启用极轴追踪：该复选框用于确定是否启用极轴追踪。在绘图过程中，可以通过单击

AutoCAD 2021 状态栏上的"极轴追踪"按钮 ⟨⟩，或按 F10 键的方式，随时启用或关闭极轴追踪功能。

◆ 极轴角设置：该选项组用于确定极轴追踪的追踪方向。可以通过"增量角"下拉列表框确定追踪方向的角度增量，列表中有 90、45、30、22.5、18、15、10、5 几种选项。例如，如果选择了 30，表示 AutoCAD 2021 将在 0°、30°、60°等以 30°为角度增量的方向进行极轴追踪。

在 AutoCAD 2021 绘图过程中，如果在状态栏上的"极轴追踪"按钮 ⟨⟩ 上单击鼠标右键，在弹出的快捷菜单中会显示出允许的极轴角设置列表，如图 2-2-16 所示，用户可直接通过该菜单选择极轴追踪的追踪方向。

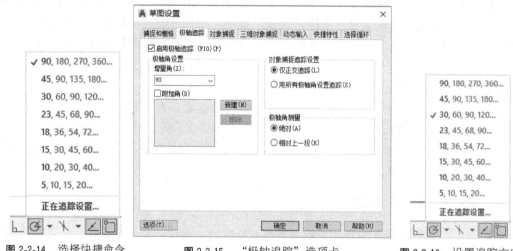

图 2-2-14　选择快捷命令　　　图 2-2-15　"极轴追踪"选项卡　　　图 2-2-16　设置追踪方向

◆ 附加角：附加角复选框用于确定除由"增量角"下拉列表框设置追踪方向外，是否再附加追踪方向。如果选中此复选框，可以通过"新建"按钮确定附加追踪方向的角度，通过"删除"按钮删除已有的附加角度。

◆ 对象捕捉追踪设置：该选项组用于确定对象捕捉追踪的模式。"仅正交追踪"表示启用对象捕捉追踪后，仅显示正交形式的追踪矢量；若单击"用所有极轴角设置追踪"单选按钮，表示如果用户启用了对象捕捉追踪，则在指定追踪点后，AutoCAD 2021 允许光标沿着在"极轴角设置"选项组中设置的方向进行极轴追踪。

◆ 极轴角测量：该选项组表示极轴追踪时角度测量的参考系。"绝对"表示相对于当前 UCS（用户坐标系，见后续讲解，目前读者可理解为当前使用的坐标系）测量；"相对上一段"则表示将相对于前一图形对象来测量角度。

提示：启用极轴追踪功能后，如果在"捕捉和栅格"选项卡中使用"PolarSnap"（极轴捕捉），并通过"极轴距离"文本框设置了距离值，同时勾选"启用捕捉"功能，那么当光标沿极轴追踪方向移动时，光标会以"极轴距离"文本框中设置的值为步距移动。

（2）对象捕捉追踪功能

AutoCAD 2021 的对象捕捉追踪是对象捕捉与极轴追踪的综合，用于捕捉一些特殊点。例如，已知图中有一个圆和一条直线，当执行 LINE（直线）命令确定新绘直线的起点时，利用 AutoCAD 2021 对象捕捉追踪则可以找到一些特殊点，如图 2-2-17 所示。

使用 AutoCAD 2021 对象捕捉追踪功能时，应首先启用"极轴追踪" 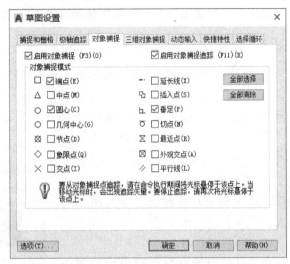 和"对象捕捉"
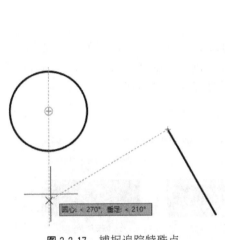 功能，并根据绘图需要设置极轴追踪的增量角以及自动对象捕捉的默认捕捉模式。同时还应启用对象捕捉追踪。

在 AutoCAD 2021"草图设置"对话框中的"对象捕捉"选项卡中，勾选"启用对象捕捉追踪"复选框即可启用对象捕捉追踪功能，如图 2-2-18 所示。

图 2-2-17　捕捉追踪特殊点

图 2-2-18　启用对象捕捉追踪

提示：AutoCAD 2021 绘图过程中，利用 F11 键或单击状态栏上的"对象捕捉追踪"
按钮，即可随时启用或关闭对象捕捉追踪功能。

(3) 自动追踪功能

自动追踪功能可以帮助用户快速精确定位所需点。单击图 2-2-18 中左下角的"选项
（T）…"按钮，打开"选项"对话框的"绘图"选项卡，如图 2-2-19 所示，在"AutoTrack
设置"选项组中进行设置即可。

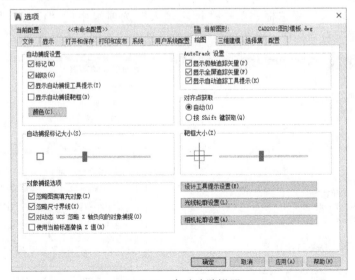

图 2-2-19　自动追踪设置

"AutoTrack 设置"选项组中各选项说明如下。

◆ 显示极轴追踪矢量：该复选框用于设置是否显示极轴追踪的矢量。

◆ 显示全屏追踪矢量：该复选框用于设置是否显示全屏追踪的矢量。

◆ 显示自动追踪工具提示：该复选框用于设置在追踪特征点时，是否在工具提示栏中显示相应特征点的提示文字。

提示：在图 2-2-19 所示的"绘图"选项卡中，用户也可以对"自动捕捉设置"、"对象捕捉选项"、"对齐点获取"等选项组进行设置，以利于快速绘图。

2.2.6 使用动态输入

动态输入是 AutoCAD 系统提供的各种便于绘图的设置之一。从表面上看，是在光标右侧显示一个命令界面，即动态输入工具提示。系统内部提供了"指针输入"、"标注输入"等变量的设置，可直接实现下一点相对于前面一点的相对坐标输入等功能。

在状态栏中，单击"动态输入"按钮 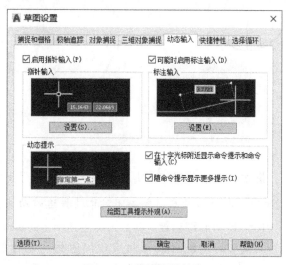，使其变为蓝色按钮 ，或键盘点按 F12 按键，即可启用动态输入功能。相反，再次单击相应按钮，则关闭动态输入。

(1) 启用指针输入

在"草绘设置"对话框中的"动态输入"选项卡中，勾选"启用指针输入"复选框来启动指针输入功能，如图 2-2-20 所示。单击"指针输入"选项组中的"设置"按钮，在打开的"指针输入设置"对话框中设置指针的格式和可见性，如图 2-2-21 所示。

图 2-2-20　启用指针输入

(2) 启用标注输入

在"动态输入"选项卡中，勾选"可能时启用标注输入"复选框，单击"标注输入"选项组中的"设置"按钮，在打开的"标注输入的设置"对话框中，设置标注输入的可见性，如图 2-2-22 所示。

图 2-2-21　指针输入设置

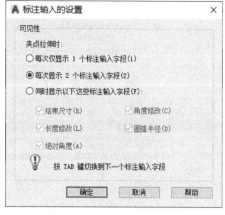

图 2-2-22　设置标注输入的可见性

2.3 图层的创建和设置

为了便于绘图设计，需要在 AutoCAD 中创建不同的图层，每一个图层相当于一张透明的纸，不同的图形对象就绘制在不同的图层上，将这些透明纸叠加起来，就得到最终的图形。在工程图中，图样往往包括粗实线、细实线、虚线、中心线等线型，如果通过图层来对这些信息进行分类，这样就可以很好地组织和管理不同类型的图形信息。各图层具有相同的坐标系、绘图界线和显示时的缩放倍数，同一图层上的实体处于同一种状态。把不同对象分门别类地放在不同的图层上，可以很方便地对某个图层上的图形进行修改编辑，而不会影响到其他层上的图形。

设置图层是在"图层特性管理器"对话框中完成的，启动"图层特性管理器"对话框主要有三种方法。

① 功能区：执行"默认＞图层＞图层特性 🗇"命令，如图 2-3-1 所示，可启动图层特性管理器。

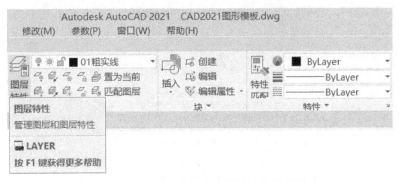

图 2-3-1 通过功能区启动图层特性管理器

② 菜单栏：执行"格式＞图层"命令，如图 2-3-2 所示，启动图层特性管理器。

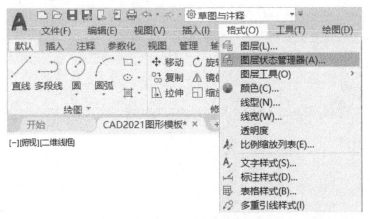

图 2-3-2 通过菜单栏启动图层特性管理器

③ 命令行：键入命令 LA，按 Enter 键，启动图层特性管理器，如图 2-3-3 所示。

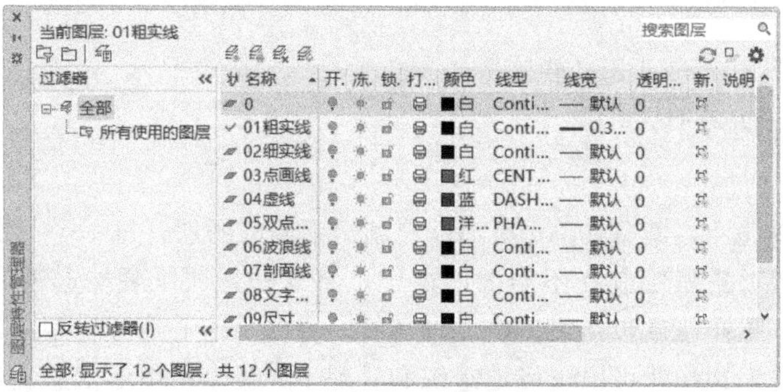

图 2-3-3　图层特性管理器

2.3.1　新建图层

用户在使用“图层”功能时，首先要创建图层，然后再进行应用。在同一工程图样中，用户可以建立多个图层，步骤如下。

① 在“图层特性管理器”中，单击“新建图层”按钮，如图 2-3-4 所示，或键盘执行 Alt+N 命令，此时在图层列表中显示名称为“图层 1”的新建图层，如图 2-3-5 所示。

② 单击“图层 1”，将其处于可编辑状态，并输入所需的名称“01 粗实线”，如图 2-3-6 所示。

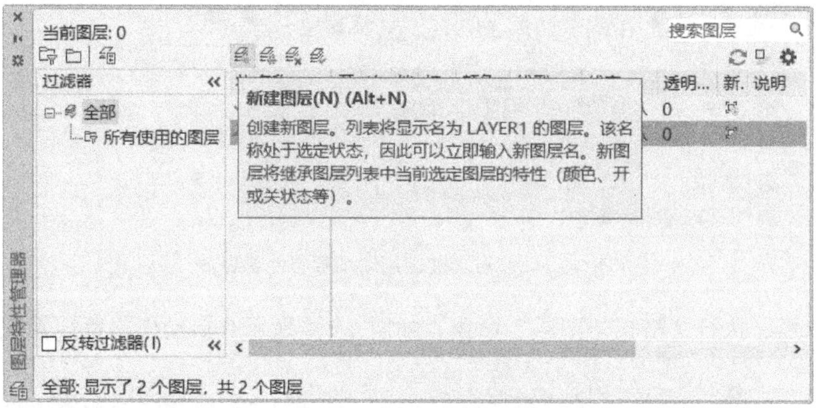

图 2-3-4　“新建图层”按钮创建新图层

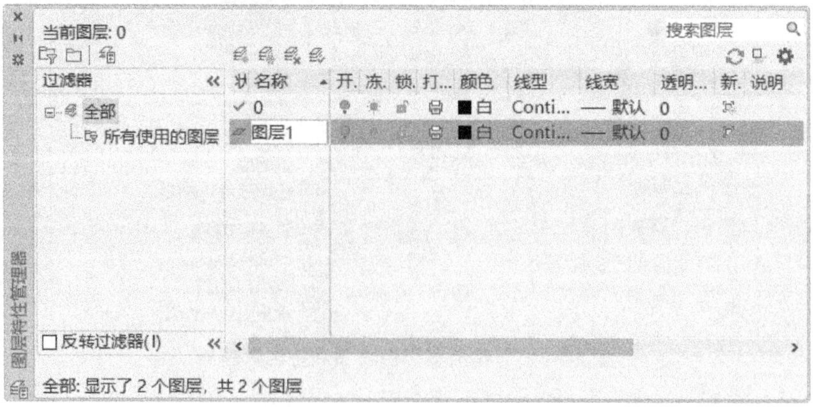

图 2-3-5　新建图层 1

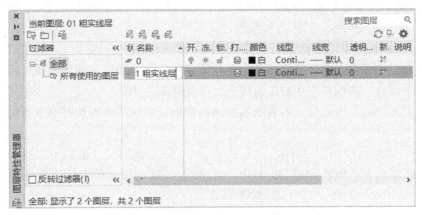

图 2-3-6　命名为"01 粗实线"

③ 执行相同的操作方法，创建其他所需图层，如图 2-3-7 所示。

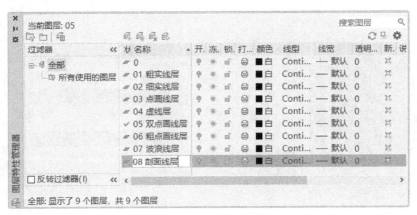

图 2-3-7　创建其他图层

提示：图 2-3-5 中的"图层 1"，处于亮显状态时，无需单击后进入编辑，而是可以直接进行编辑命名。命名之后，按两次 Enter 键，再次新建出"图层 1"并即刻编辑命名，如此重复，直到完成所需的所有图层。

2.3.2　设置图层颜色

可以使用"图层特性管理器"为图层指定颜色，以便识别不同图层上的图形对象。在"图层特性管理器"中选择一个图层，单击"颜色"图标，弹出"选择颜色"对话框，选择一种颜色，单击"确定"按钮，即可为所选图层设定颜色，如图 2-3-8 所示。默认情况下，AutoCAD 为用户提供了 7 种标准颜色可供选择。

"选择颜色"对话框中各选项卡说明。

◆ 索引颜色：在 AutoCAD 中使用的颜色都为 ACI 标注颜色。每种颜色用 ACI 编号（1～255之间）进行标识。名称为红、黄、绿、青、蓝、

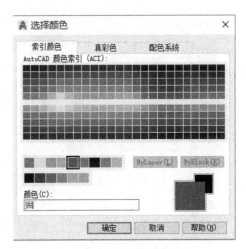

图 2-3-8　选择颜色

洋红、白/黑的 7 种颜色分别对应于 1～7 号索引颜色；8～9 号索引颜色为灰色。名称为 250～255 的六种索引颜色，默认为灰色颜色，用户也可选择。

单击 Bylayer 按钮，可指定颜色为随层方式，即所绘制图形的颜色与所在图层的颜色一致；单击 ByBlock 按钮，可以指定颜色为随块方式，也就是当绘制图形的颜色为白色，如果将图形创建为图块，则图块中各对象的颜色也将保存在块中。

将颜色设置为随层方式时，若将图块插入当前图形的图层，则块的颜色也将使用当前层的颜色。

◆ 真彩色：真彩色使用 24 位颜色定义显示 1600 多万种颜色。"真彩色"选项卡上的可用选项取决于指定的颜色模式 HSL 和 RGB。其中 HSL 颜色模式可以设置颜色的色调、饱和度和亮度，如图 2-3-9 所示；RGB 颜色模式可设置红、绿、蓝颜色分量的参数值，如图 2-3-10 所示。

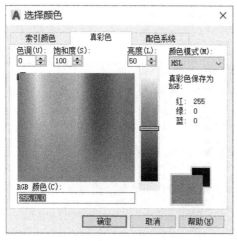

图 2-3-9　HSL 颜色模式

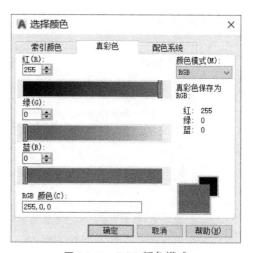

图 2-3-10　RGB 颜色模式

◆ 配色系统：AutoCAD 包含多个 Pantone 配色系统，如图 2-3-11 所示。用户也可以载入其他配色系统，例如，DIC 颜色指南或 RAL 颜色集，如图 2-3-12 所示。载入用户定义的配色系统可以进一步扩充可供使用的颜色。

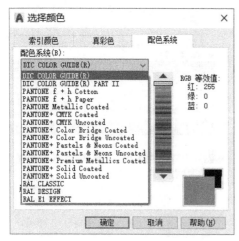

图 2-3-11　Pantone 配色系统

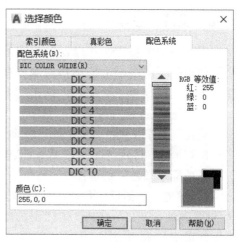

图 2-3-12　DIC 配色系统

提示： 不同的图层一般需要不同的颜色来区别，在选择图层颜色时，应该根据打印时线宽的粗细来选择。打印时，线型越宽，其所在图层的颜色应越亮。

2.3.3　设置图层线型

图层线型用来表示图层中图形线条的特性，通过设置图层的线型可以区分不同对象所代表的含义和作用，系统默认的线型为 Continuous 线型。

① 如图 2-3-7 所示，单击所选图层的线型名，将弹出"选择线型"对话框，如图 2-3-13 所示。在"选择线型"对话框中单击"加载"按钮，即可打开"加载或重载线型"对话框，在该对话框中选择一个或多个要加载的线型，如图 2-3-14 所示，然后单击"确定"按钮，返回"选择线型"对话框。

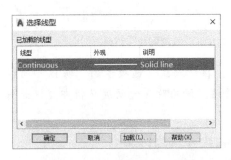

图 2-3-13　"选择线型"对话框

图 2-3-14　"加载或重载线型"对话框中选择多个要加载的线型

② 在"选择线型"对话框中选中所需线型，如图 2-3-15 所示，单击"确定"按钮，即可改变图层的线型，如此重复即可将所需设置图层的线型全部改变，如图 2-3-16 所示。

图 2-3-15　选中所需线型

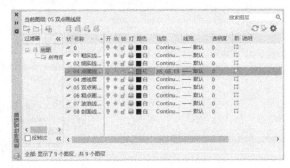

图 2-3-16　完成图层线型设置

2.3.4　设置图层线宽

单击所选图层的线宽名，将弹出"线宽"对话框，通过此对话框，可改变图层的线宽，如图 2-3-17 所示。

提示：

① 在设置了图层线宽后，有时当前图形中的线宽并没有变化。此时用户只要在状态栏中单击"显示/隐藏线宽"按钮 ![icon]，即可显示线宽，反之则隐藏线宽。

② 如果要使模型空间的图形对象的线宽显示得更宽或更窄一些，可以调整线宽比例。方法是：状态栏的"显示/隐藏线宽"按钮 ![icon] 上右键单击，在弹出的快捷菜单中点取"设

置"命令，打开"线宽设置"对话框，如图 2-3-18 所示。在该对话框的"调整显示比例"选项组中移动滑块即可改变显示比例值。

图 2-3-17   "线宽"对话框

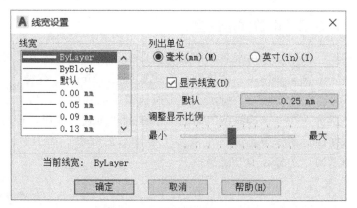

图 2-3-18   "线宽设置"对话框

③ 图层透明度也是图层特性的一种。设置方法是：在"默认"选项卡的"特性"面板中，单击"透明度"数值框输入透明度数值，或拖动透明度滑块改变透明度数值即可，如图 2-3-19 所示。透明度数值越大，图层颜色越浅。

图 2-3-19   透明度设置

2.3.5   控制图层状态

如果工程图样中包含大量信息，且有很多图层，则用户可通过控制图层状态，使编辑、绘制、观察等工作变得更方便一些。用户可通过"图层特性管理器"对话框，对图层状态进行控制，如图 2-3-20 所示；或通过"默认"选项卡"图层"面板上的"图层"下拉列表对图层状态进行控制，如图 2-3-21 所示。

图层状态说明如下。

◆ 打开/关闭：单击图标按钮 💡 或 💡，将关闭或打开某一图层。打开的图层上的图形对象是可见的，关闭的图层上的图形对象不能显示，也不能被打印。当重新生成图形时，关闭的图层将一起重生成。

◆ 冻结/解冻：单击图标按钮 ☼ 或 ❄，将冻结或解冻某一图层。解冻的图层上的图形对象是可见的，冻结的图层不可见，也不能被打印。当重新生成图形时，系统不再重新生成该图层上的图形对象，因此冻结一些图层后，可以加快 ZOOM、PAN 等命令和许多其他操作的运行速度。

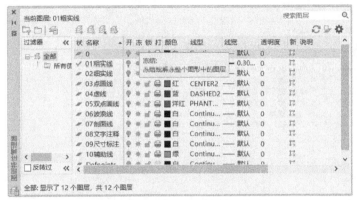

图 2-3-20 "图层特性管理器"对话框   **图 2-3-21** "图层"下拉列表

提示：解冻一个图层将引起整个图形重新生成，而打开一个图层则不会发生此现象（只是重画这个图层上的图形对象），因此，如果需要频繁地改变图层的可见性，应关闭该图层而不应冻结。

◆ 锁定/解锁：单击图标按钮 🔓 或 🔒，将锁定或解锁某一图层。被锁定的图层上的图形对象是可见的，但不能对图形对象进行编辑、修改的操作。用户可以将锁定的图层设置为当前层，并能在其上绘制新的图形对象。

◆ 打印/不打印：单击图标按钮 🖨 或 🖷，可设定图层是否打印。指定某个图层不打印后该图层上的图形对象仍会显示出来。不打印设置只对图样中的可见图层（图层是打开的并且是解冻的）有效。如果某图层设置为可打印，但该层是冻结的或关闭的，则 AutoCAD 不会打印该层。

2.3.6 有效地使用图层

绘制复杂图形时，用户常常从一个图层切换至另一个图层，频繁地改变图层状态或是将某些对象修改到其他图层上。如果不熟悉这些操作，将会降低设计工作效率。这些操作可以在图 2-3-20 所示的"图层特性管理器"中完成，也可以在图 2-3-21 所示的"图层"下拉列表中完成。

图 2-3-21 所示的下拉列表中包含当前图形的所有图层，并显示各层的状态图标，包含的功能有：切换当前图层；设置图层状态；修改已有对象所在图层。

"默认"选项卡"图层"面板的"图层"下拉列表按钮 ♀☼🔓■ 0   ▼ 有 3 种显示模式：用户如果没有选择任何图形对象，则显示为当前图层；如果选择了一个以上图形对象，且这些对象又同属于一个图层，则显示为图形对象所在的图层；如果选择了多个图形对象，但这些对象不属于同一个图层，则显示为空白。

(1) 置为当前图层

置为当前图层是将选定的图层设置为当前图层，并在当前图层上创建对象。在 Auto-

CAD 中设置当前层有如下 4 种方法。

① 通过"置为当前"按钮。在图层特性管理器中，选中所需图层，单击"置为当前"按钮 ![按钮] 即可，如图 2-3-22 所示。

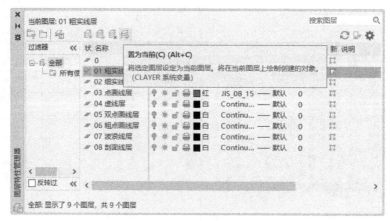

图 2-3-22 "置为当前"按钮

② 通过双击鼠标设置。在图层特性管理器中，双击所需图层，即可将该图层设置为当前图层。

③ 通过右键快捷菜单设置。在图层特性管理器中，选中所需图层，单击鼠标右键，在打开的快捷菜单中选择"置为当前"命令即可，如图 2-3-23 所示。

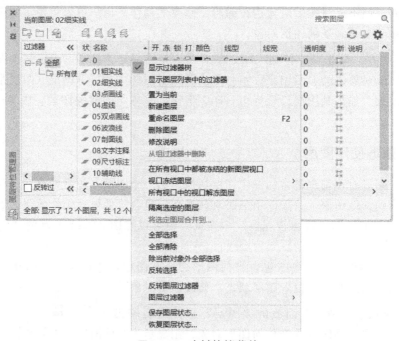

图 2-3-23 右键快捷菜单

④ 通过"图层"下拉列表设置。单击"默认"选项卡"图层"面板的"图层"按钮 右边的箭头，打开下拉列表，选择所需图层，即可将其设为当

前层，如图 2-3-21 所示。

（2）将某一图形对象所在的图层设置为当前层

用户在绘图操作过程中，如果欲使某一图形对象所在的图层成为当前层，可以通过如下两种方法实现。

① 通过"图层"下拉列表设置。首先选择图形对象，在"默认"选项卡"图层"面板的"图层"下拉列表按钮 中将显示该对象所在图层，再按 Esc 键取消选择，然后通过"图层"下拉列表切换至图形对象所在图层。

② 通过"图层"面板上的按钮 进行设置。单击"默认"选项卡"图层"面板上"将对象的图层设为当前图层"的按钮 ，如图 2-3-24 所示，AutoCAD 提示"选择将使其图层成为当前图层的对象:"，选择所需的某个对象，则该对象所在图层就设置为当前图层。显然，此方法更简捷些。

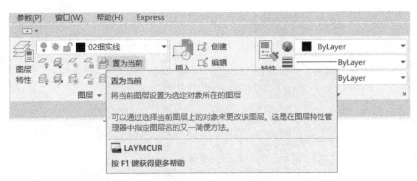

图 2-3-24　"将对象的图层设为当前图层"按钮

（3）修改已有对象的图层

如果用户想把某一图层上的图形对象修改到其他图层上，可先选择该图形对象，然后单击"默认"选项卡"图层"面板的"图层"按钮 右边的箭头，在打开的下拉列表中，选择所要放置的图层名称即可。操作结束后，列表框自动关闭，被选择的图形对象转移到新选择的图层上。

2.4　管理图层

在图层特性管理器中，用户不仅可以创建图层、设置图层特性，还可以对已创建好的图层进行管理，如排序图层、过滤图层、删除图层、重新命名图层等。

2.4.1　排序图层及按名称搜索图层

在"图层特性管理器"对话框中可以方便地对图层进行排序，单击列表框顶部的"名称"标题，AutoCAD 就将所有图层以数字或字母（有数字则优先数字排序，无数字则以字母排序）顺序排列出来；再次单击此标题，则颠倒排序。单击列表框顶部的其他标题，也有相应的作用。

要搜索某些图层，可以在"图层特性管理器"右上角的"搜索图层"文本框中输入要寻找的图层名称，名称中可以包含通配符"＊"和"?"，其中"＊"可用来代替任意数目的字符，"?"用来代替任意一个字符。例如，输入"D＊"，则列表框中立刻显示所有以字母"D"开头的图层。

2.4.2 使用图层特性过滤器

如果图样中包含的图层较少，那么可以很容易地找到某个图层或具有某种特征的一组图层，但当图层数目达到几十个时，这项工作就变得相当困难。图层过滤功能简化了图层的操作，用户可以根据图层的一个或多个特性创建图层过滤器，从而帮助用户轻松完成这一任务。该过滤器显示在"图层特性管理器"对话框左边的树状图中，如图 2-4-1 所示。树状图表明了当前图形中所有过滤器的层次结构，用户选中一个过滤器，AutoCAD 就在"图层特性管理器"对话框右边的列表框中列出满足过滤条件的所有图层。

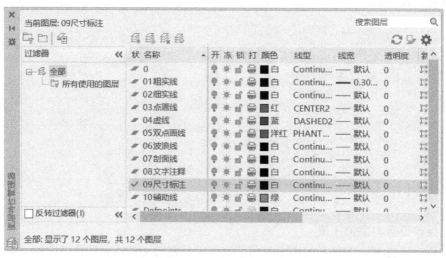

图 2-4-1 "图层特性管理器"左边树状图中为"图层特性过滤器"

默认情况下，AutoCAD 系统提供以下 2 个过滤器。

◆ 全部：显示当前图形中的所有图层。

◆ 所有使用的图层：显示当前图形中所有对象所在的图层。

由图 2-4-1 所示，简单介绍图层特性过滤器的用法。

① 单击"图层特性管理器"左上角的"新建特性过滤器"按钮 ，打开"图层过滤器特性"对话框，如图 2-4-2 所示。

② 在"过滤器名称"文本框中输入新过滤器的名称"名称和颜色过滤器"；在"过滤器定义"列表框的"名称"列中输入"?? 粗 ＊"，在"颜色"列中选择白/黑色，则符合这两个过滤条件的 2 个图层显示在"过滤器预览"列表框中，如图 2-4-3 所示。

2.4.3 使用图层组过滤器

用户可根据需要将经常用到的一个或多个图层定义为图层组过滤器，显示在"图层特性管理器"对话框左边的树状图中。当选中树状图中的一个图层组过滤器时，AutoCAD 就在"图层特性管理器"对话框右边的列表框中列出图层组中包含的所有图层。

创建图层组过滤器的方法如下。

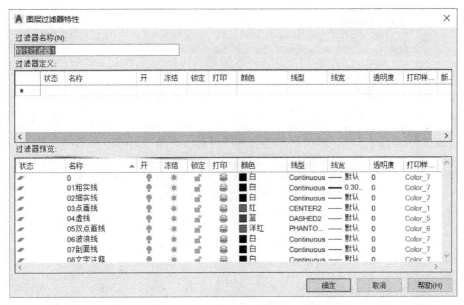

图 2-4-2　"图层过滤器特性"对话框

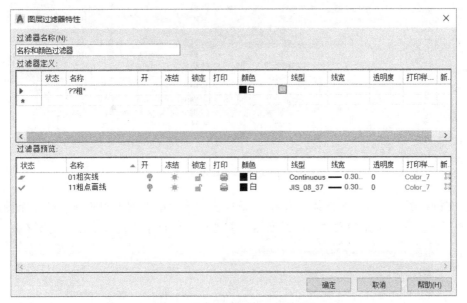

图 2-4-3　符合过滤条件的图层显示

　　① 单击"图层"面板上的图层特性按钮，打开"图层特性管理器"对话框，单击该对话框左上角的"新建组过滤器"按钮，则树状图中出现过滤器的名称"组过滤器 1"，更改其名称为"非连续线型组"，如图 2-4-4 所示，按 Enter 键。

　　② 在树状图中，单击顶层节点"全部"，显示图形中的所有图层。

　　③ 在右侧的列表框中，按住 Ctrl 键并选择图层"03 虚线"、"04 点画线"、"05 双点画线"和"粗点画线"，如图 2-4-5 所示，并将选中的 4 个图层拖入过滤器中的"非连续线型组"。

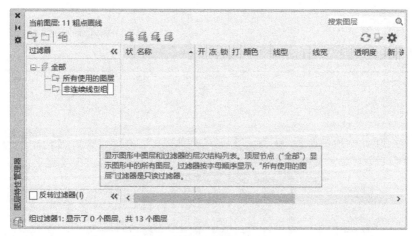

图 2-4-4 创建新组名称

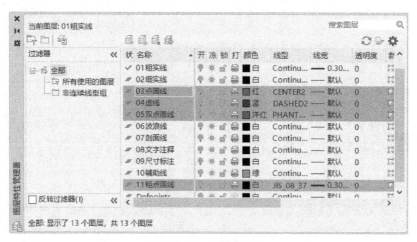

图 2-4-5 选择图层

④ 在树状图中单击"非连续线型组",此时图层列表框中列出刚刚拖入的 4 个图层,如图 2-4-6 所示。在左下角勾选"反转过滤器"复选框,可显示除过滤层之外的所有图层。

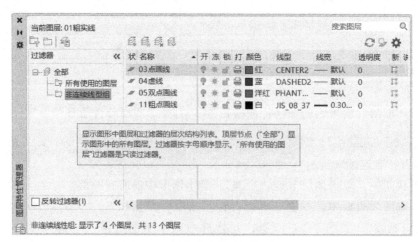

图 2-4-6 "非连续线型组"过滤器

2.4.4　保存并输出图层设置

在绘制较为复杂的图纸时，需要创建多个图层并对其进行相关设置。如果下次重新绘制此类图形时，又要重新创建图层并设置图层特性，如此造成绘图效率大大降低。掌握图层保存与调用功能，可以有效地避免一些重复性操作。

图层的保存及输出操作方法如下。

① 打开图层特性管理器对话框，在左上方处单击"图层状态管理器"按钮 ，如图 2-4-7 所示。

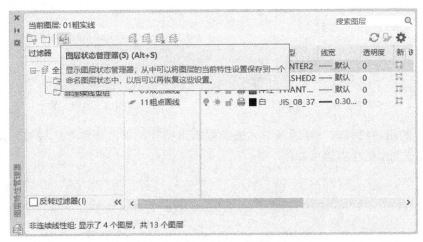

图 2-4-7　单击"图层状态管理器"按钮

② 在打开的"图层状态管理器"对话框中，单击"新建"按钮，如图 2-4-8 所示。

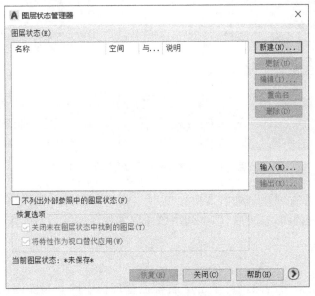

图 2-4-8　"图层状态管理器"对话框

③ 在"要保存的新图层状态"对话框中，输入新图层状态名称"机械图层"，如图 2-4-9 所示；单击"确定"按钮，返回上一层对话框，如图 2-4-10 所示，单击"输出"按钮。

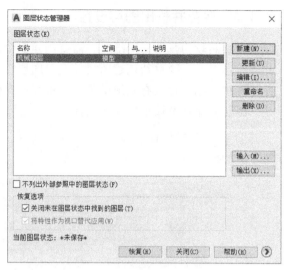

图 2-4-9 设置新建图层状态名称 　　　　　图 2-4-10 单击"输出"按钮

④ 在"输出图层状态"对话框中，选择好输出路径，单击"保存"按钮，如图 2-4-11 所示，即完成图层的保存输出操作。

图 2-4-11 选择路径并输出图层文件

⑤ 在"图层状态管理器"对话框中，单击"输入"按钮，在弹出的"输入图层状态"对话框中选择保存好的图层文件，即可调用该图层文件，如图 2-4-12 所示。

2.4.5 删除图层

如果想将多余的图层删除，可单击图层特性管理器中的"删除图层"按钮 来完成。操作方法是：在图层特性管理器中，选中要删除的图层（当前图层除外），单击"删除图层"按钮 即可，如图 2-4-13 所示。

用户也可以使用右键快捷菜单命令完成删除操作。在图层特性管理器中，选中需要删除

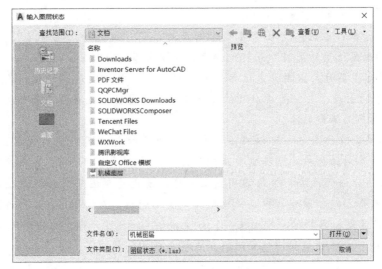

图 2-4-12　输入已保存的图层文件

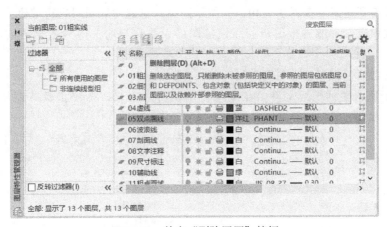

图 2-4-13　单击"删除图层"按钮

的图层，单击鼠标右键，在快捷菜单中选择"删除图层"命令即可，如图 2-4-14 所示。

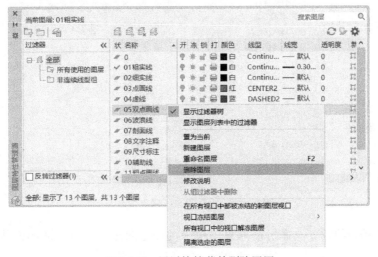

图 2-4-14　通过快捷菜单删除图层

提示：

① 图 2-4-14 中，右键快捷菜单可删除图层外，还可以进行"重命名"、"新建图层"、"置为当前"、"隔离选定的图层"等其他操作，学用者请自行研究。

② 删除选定图层时只能删除未被参照的图层，被参照的图层不能被删除。其中包括图层 0、包含对象的图层、当前图层以及依赖外部参照的图层、还有一些局部打开图形中的图层也被视为已参照而不能删除。

③ 对于不易删除的图层，可以在应用程序菜单中执行"图形实用工具＞清理"命令，在打开的"清理"对话框中，选择需要清理的图层，单击"全部清理"按钮即可。

④ 使用上述方法仍无法删除的顽固图层，可以使用复制图形文件的方法进行删除。具体操作是：先在图层特性管理器中，关闭所需删除的图层，在绘图区中，选中所有图形，按快捷键 Ctrl＋C 复制；再新建一空白文件，按快捷键 Ctrl＋V，将复制的图形粘贴至绘图区，此时打开新建图形文件的图层特性管理器，发现之前关闭的图层已不存在。

2.4.6 隔离图层

隔离图层与锁定图层在用法上相似。图层隔离只将选中的图层进行编辑修改，而未被选中的图层都被锁定，不能进行编辑；而锁定图层只是将当前选中的图层锁定，使其无法被编辑。

以更改图层颜色为例，说明图层隔离的操作方法。

① 打开所需设置的图形文件，在菜单栏中执行"格式＞图层工具＞图层隔离"命令，如图 2-4-15 所示。

图 2-4-15 执行"图层隔离"命令

② 根据命令行提示，选择所需隔离图层上的图形对象——填充的剖面线，如图 2-4-16 所示。

③ 选择完成后，按 Enter 键，即将剖面线所在的图层隔离。此时剖面线可以被选中，但其他图层上的图形为锁定状态，在"图层特性管理器"对话框中可清楚看出，如图 2-4-17、图 2-4-18 所示。

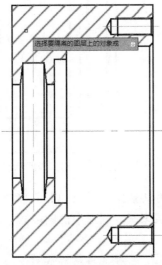

图 2-4-16　选择剖面线

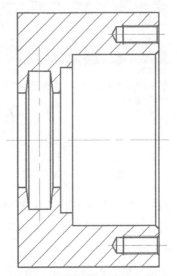

图 2-4-17　其他图层为锁定状态

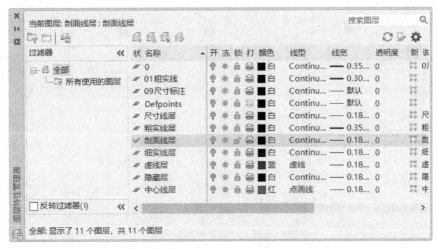

图 2-4-18　执行"图层隔离"命令后的"图层特性管理器"状态

④ 在图 2-4-18 所示的图层特性管理器中，选择"剖面线"图层，并改变其颜色为绿色，如图 2-4-19 所示。

⑤ 单击"确定"，颜色设置完成，关闭图层特性管理器，此时发现被隔离的图层颜色变为绿色，如图 2-4-20 所示。

⑥ 在菜单栏执行"格式＞图层工具＞取消图层隔离"命令，如图 2-4-15 所示，即可解锁其他图层上的图形。

2.4.7　合并图层

在绘图时，有时会粘贴其他图形，并带入其图层设置，使图层数增多，此时可将一些图

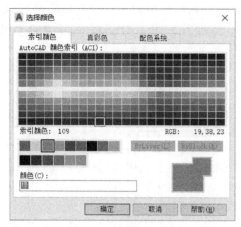

图 2-4-19　设置图层颜色

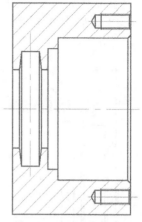

图 2-4-20　剖面线颜色改变

层进行合并。图层合并是将选定图层合并到目标图层，并将选定图层上的对象移动到目标图层，同时将以前的图层从图形中删除。可以通过合并图层来减少图形中的图层数，其操作方法步骤如下。

① 单击"默认"选项卡"图层"面板的按钮 ⬛ 图层 ▼ ，在展开的"图层"面板上，如图 2-4-21 所示，单击"合并"按钮 ⬛ 。

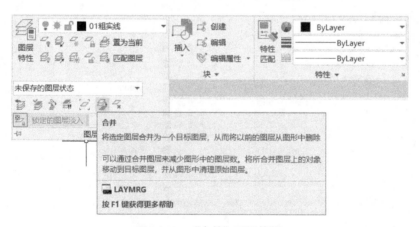

图 2-4-21　"合并"图层按钮

② 命令行提示："选择要合并的图层上的对象或［命名（N）："，点击"命名（N）"，弹出"合并图层"对话框，并选择需要合并的"09 尺寸标注"、"虚线层"两个图层，如图 2-4-22 所示。

③ 单击"确定"后，命令行提示："选择要合并的图层上的对象或［名称（N）/放弃（U）］："，键盘按 Enter 键或空格键后，命令行又提示"选择目标图层上的对象或［名称（N）：N"，此时点击"名称（N）"，弹出"合并到图层"对话框，如图 2-4-23 所示，点选所需合并到的目标图层"尺寸线层"，并单击"确定"。在随后弹出的确认对话框中，单击"是"，即完成合并图层操作。

④ 完成合并图层操作后的图层特性管理器状态如图 2-4-24 所示；图 2-4-25 所示是未合并图层时图层特性管理器的状态。

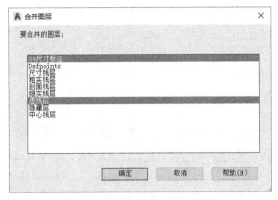

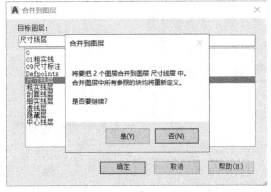

图 2-4-22　"合并图层"对话框　　　　　　　图 2-4-23　"合并到图层"对话框

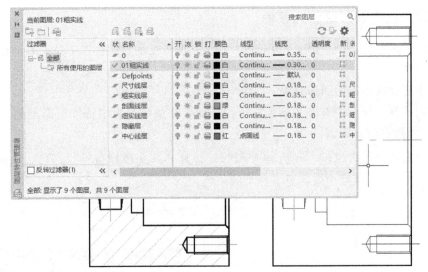

图 2-4-24　合并图层后的图层特性管理器状态

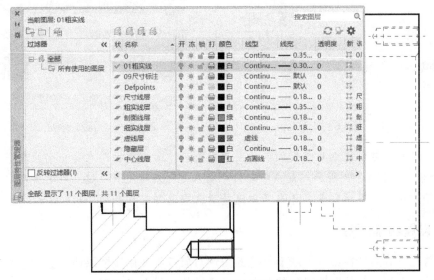

图 2-4-25　合并图层前的图层特性管理器状态

提示：用户也可按命令行的提示，选择要合并图层上的对象以及选择目标图层上的对象进行合并图层的操作。

2.5 改变图形特性

在 AutoCAD 中，图形特性主要包括图形的颜色、线型样式及线宽。除了通过"图层"功能更改图形特性外，还可以通过"特性"功能来更改。默认情况下，"默认"选项卡的"特性"面板上的"颜色"、"线宽"和"线型"3 个下拉按钮中显示"ByLayer"，如图 2-5-1 所示。"ByLayer"的意思是所绘对象的颜色、线宽和线型等属性与当前层所设定的完全相同。下面介绍如何临时设置即将创建图形对象的特性以及如何修改已有对象的特性。

2.5.1 改变已有图形对象的颜色

用户要改变已有对象的颜色，可通过"特性"面板上的"颜色"下拉列表进行，操作方法如下。

① 选中要修改颜色的图形对象。

② 在"特性"面板中单击"颜色"下拉按钮，在颜色列表中选择所需颜色，即可完成已有图形对象颜色的更改。

③ 如果点击"更多颜色"按钮 ⬤更多颜色...，打开"选择颜色"对话框，如图 2-5-2 所示。用户可以在该对话框中选择更多种类的颜色。

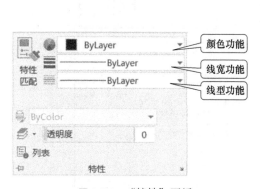

图 2-5-1　"特性"面板

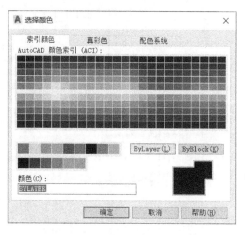

图 2-5-2　"选择颜色"对话框

提示：用户也可以选中要修改颜色的图形对象后，右键单击，在弹出的快捷菜单中选择"特性"命令，如图 2-5-3 所示，或在命令行中输入 CH 后按 Enter 键，在打开的"特性"选项板中选择"颜色"下拉列表，并在其中选择所需颜色即可，如图 2-5-4 所示。

2.5.2 设置当前颜色

默认情况下，用户在某一图层上创建的图形对象都将使用该图层所设置的颜色。要改变从现在开始以后所绘制的图形对象的颜色，可通过如下设置来实现。

<table>
<tr><td>图 2-5-3　快捷菜单图</td><td>图 2-5-4　"特性"选项板中选择颜色</td></tr>
</table>

① 打开"特性"面板上的"颜色"下拉列表，在列表中直接选取所需颜色即可。

② 如果点击"选择颜色"按钮 ，即打开"选择颜色"对话框，如图 2-5-2 所示，用户可以在该对话框中选择更多种类的颜色。

2.5.3　改变已有图形对象的线型和线宽

改变已有对象线型和线宽的方法与改变已有对象颜色类似，具体操作方法如下。

① 选择要改变线型的图形对象。

② 在功能区"默认"选项卡的"特性"面板上打开"线型"下拉列表，从中选择所需线型即可。

提示：选取"线型"下拉列表的"其他"选项，则打开"线型管理器"对话框，如图 2-5-5 所示。在该对话框中，单击右上角的"加载"按钮 加载(L)… ，打开"加载或重载线型"对话框，如图 2-3-15 所示，可以加载更多种类的线型，以便更改已有图形对象时进行选择。用户也可利用"线型管理器"对话框中的"删除"按钮 删除 ，来删除未被使用的线型。

改变已有图形对象线宽是用"特性"面板上"线宽"下拉列表，选取所需线宽即可，操作方法与改变线型的方法类似。

提示：图 2-5-4 所示的"特性"选项板也可以用以下方法打开：在功能区的"视图"选项卡"选项板"面板上点击特性选项板按钮 特性，或在菜单栏执行"修改＞特性"命令，或命令行输入 PROPERTIES（简写 PROPS），按 Enter 键。在打开的"特性"选项板中列出了所选图形对象的所有属性，用户可以通过该选项板很方便地进行特性修改。

2.5.4　设置当前图形对象的线型或线宽

默认情况下，绘制的对象采用当前图层所设置的线型、线宽。若要使用其他种类的线

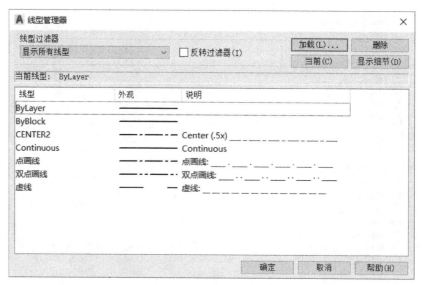

图 2-5-5 "线型管理器"对话框

型、线宽，则必须改变当前线型、线宽的设置，操作方法如下。

① 在功能区"默认"选项卡的"特性"面板上打开"线型"下拉列表，从中选择一种线型即可。

② 在"线宽"下拉列表中，选择所需线宽，即可改变当前所绘图形的线宽。

上述设置完成后，所绘图形的线型、线宽即为设置之后的线型和线宽。

提示： 如欲恢复图形对象原来图层的设置，只需在"特性"面板上的"颜色"、"线宽"和"线型"3 个下拉列表中分别选择"ByLayer"即可。恢复后的状态如图 2-5-1 所示。

2.6 修改非连续线型外观

非连续线型是由长画线、短画线、空格等构成的重复图线，图线中长短画线、空格大小是由线型比例来控制的。用户绘图时常会遇到的情况是，本来想画虚线或点画线，但最终绘制出来的线型看上去却和连续线一样，其原因是线型比例设置得太大或太小。

2.6.1 设置全局线型比例因子以修改线型外观

LTSCALE 变量用于控制线型的全局比例因子，它直接影响图样中所有非连续线型的外观，其值增加时，将使非连续线中的长短画线及空格加长，否则会使它们缩短。当用户修改全局比例因子后，AutoCAD 将重新生成图形，并使所有非连续线型发生变化，如图 2-6-1 所示。

设置全局比例因子的操作步骤如下。

① 打开"特性"面板上的"线型"下拉列表，如图 2-6-2 所示。

② 在下拉列表中选取"其他"选项，打开"线型管理器"对话框。单击右上角处的"显示细节"按钮 显示细节(D)，该对话框底部出现"详细信息"选项组，如图 2-6-3 所示。

③ 在"详细信息"选项组的"全局比例因子"文本框中输入新的比例值，单击"确定"

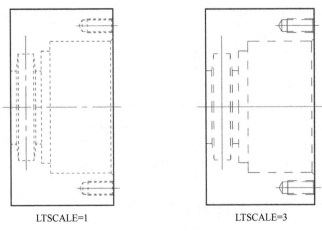

LTSCALE=1　　　　　　　　　　　LTSCALE=3

图 2-6-1　全局比例因子对非连续线型外观的影响

图 2-6-2　"线型"下拉列表

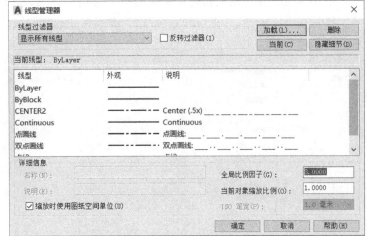

图 2-6-3　线型管理器中显示详细信息

即完成全局比例因子的设置。

2.6.2　设置当前对象线型比例

有时用户需要为不同对象设置不同的线型比例，为此就需要单独控制对象的比例因子。当前对象线型比例是由系统变量 CELTSCALE 来设置的，调整该值后所有新绘制的非连续线型均会受到影响。

默认情况下，系统变量 CELTSCALE=1，该因子与 LTSCALE 同时作用在线型对象上。例如，将 LTSCALE 设置为 0.5，CELTSCALE 设置为 4，则 AutoCAD 显示的线型比例为：CELTSCALE×LTSCALE=2。图 2-6-4 所示是变量 LTSCALE 为 1，CELTSCALE 分别为 1、3 时虚线与中心线的外观。

设置当前线型比例因子的方法与设置全局比例因子类似，具体步骤同前。即在图 2-6-3 所示的"线型管理器"对话框的"当前对象缩放比例"文本框中输入新的比例值。

提示：系统变量 LTSCALE 控制其值改变前与改变后，所绘制的全部非连续线型的外观显示；而系统变量 CELTSCALE 仅仅只控制其值改变后，所绘制的非连续线型的外观显示，并不改变其值更改之前的图形外观显示。

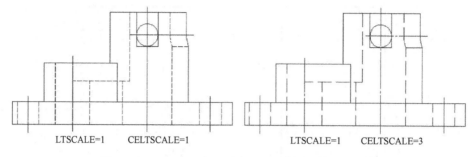

图 2-6-4　LTSCALE 与 CELTSCALE 变量对线型的影响

2.6.3　设置个别已有线型的线型比例

绘图时，用户如果仅希望改变个别非连续线型的外观显示，只需选中需要进行设置的线型，右键单击，在弹出的快捷菜单中选择"特性"命令，如图 2-6-5 所示，或在命令行中输入 CH 后按 Enter 键，在打开的"特性"选项板中选择"线型比例"选项，并输入比例值即可，如图 2-6-6 所示。

图 2-6-5　快捷菜单

图 2-6-6　"特性"选项板

2.7　坐标系、坐标和数据输入

要利用 AutoCAD 绘制图形，首先要了解坐标系、坐标的概念，了解图形对象所处的环境以及数据输入方法。

2.7.1　世界坐标系和用户坐标系

坐标系分为世界坐标系和用户坐标系两种。

世界坐标系称为 WCS 坐标系，它是 AutoCAD 中默认的坐标系，如图 2-7-1 所示。一般情况下，世界坐标系与用户坐标系是重合在一起的，且世界坐标系不能更改。在三维图形中，世界坐标系的 X 轴为水平方向，Y 轴为垂直方向，Z 轴为垂直屏幕且朝外的方向，世界坐标系的原点为 X 轴、Y 轴和 Z 轴的交点位置。

用户坐标系称为 UCS 坐标系，该坐标系是可以更改的，如图 2-7-2 所示，主要为绘制图形时提供参考。可以通过在菜单栏中选择"工具＞新建 UCS"，在其级联菜单中选择相关命令来创建用户坐标系，也可以通过在命令行中输入命令"UCS"来创建。光标在坐标系图标处单击右键，打开快捷菜单，选择相关命令，亦可创建用户坐标系。

图 2-7-1　三维 WCS　　　　　　　　　　　　图 2-7-2　三维 UCS

2.7.2　绝对坐标和相对坐标

(1) 绝对坐标

绝对坐标是指点对于坐标系原点在 X 轴和 Y 轴的绝对位移。用户以绝对坐标的形式输入点时，可以采用直角坐标或极坐标。

① 直角坐标。直角坐标是以"X，Y，Z"形式表现一个点的位置。当绘制二维图形时只需输入 X、Y 坐标。坐标原点"0，0"缺省时是在图形屏幕的左下角，X 坐标值向右为正增加，Y 坐标值向上为正增加。当使用键盘键入点的 X、Y 坐标时，之间用"，"（半角）隔开，不能加括号，坐标值可以为负。通常是用鼠标来响应点的坐标输入。

② 极坐标。极坐标以"距离＜角度"的形式表现一个点的位置，它以坐标系原点为基准，原点与该的连线长度为"距离"，连线与 X 轴正向的夹角为"角度"确定点的位置。"角度"的方向以逆时针为正，顺时针为负。

例如输入点的极坐标：60＜30，则表示该点到原点的距离为 60，该点与原点的连线与 X 轴正向夹角为 30 度。

(2) 相对坐标

相对坐标是指某个点相对于上一点的绝对位移值，用@标识。只要知道下一点与前一点的相对位置就可以作图，因此方便实用。

① 用相对直角坐标时，先输入@，再输入下一点与前一点的相对位置（X，Y）即可。

② 用相对极坐标时，先输入@，再输入下一点与前一点的相对位置，距离＜角度。

2.7.3　直接输入长度数值

输入坐标有一种比较简便的方式，就是直接输入长度数值。例如，在指定一条直线的起点后，当命令行提示"指定下一点或［放弃（U）］:"时（状态栏的动态输入开启情况下，光标处也会提示"指定下一点或"），将光标指向所需绘制的直线方向，然后直接输入一个数字即可。在正交模式或极轴追踪模式下，此种方法最为便捷实用。

2.7.4 控制坐标系图标显示

AutoCAD 中默认的坐标显示如图 2-7-1 所示。若要改变坐标系图标显示，在坐标系图标上单击，使其成为可编辑状态，如图 2-7-3 所示。

在编辑状态，光标移动到三个不同的编辑点，显示不同的编辑状态，如图 2-7-4 所示，用户可依据所需，选择其中一个选项以改变坐标系位置或方向。改变后的坐标系即为用户坐标系（UCS 坐标系）。

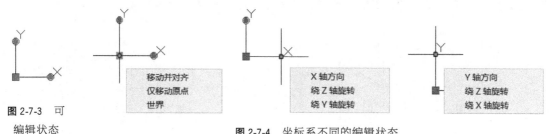

图 2-7-3 可
编辑状态

图 2-7-4 坐标系不同的编辑状态

用户也可直接将光标移到图 2-7-1 所示的坐标系处并点击右键，在弹出的快捷菜单中，如图 2-7-5 所示，选择其中所需命令，达到控制坐标系位置或方向的目的。在快捷菜单中选择"UCS 图标设置＞特性"如图 2-7-6 所示，打开"UCS 图标"对话框，如图 2-7-7 所示，在其中有不同选项组可以设置。比如在"UCS 图标样式"选项组点选"二维"单选项，单击"确定"按钮，此时坐标系显示为二维世界坐标系，如图 2-7-8 所示。二维用户坐标系如图 2-7-9 所示。

在图 2-7-5 所示的快捷菜单中选择"命名 UCS＞保存"，命令行提示"输入保存当前 UCS 的名称或［?］:"，此时输入名称，即可保存当前的 UCS 坐标系。例如，输入名称"UCS-123"，则在快捷菜单的命名 UCS 级联菜单中显示出刚刚保存的 UCS-123，如图 2-7-10 所示。

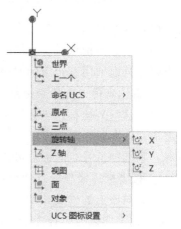

图 2-7-5 坐标系的快捷菜单 1

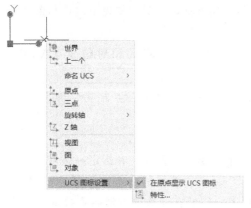

图 2-7-6 坐标系的快捷菜单 2

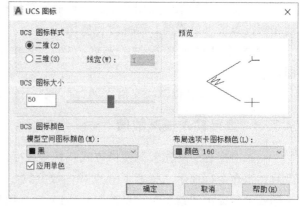

图 2-7-7 "UCS 图标"对话框

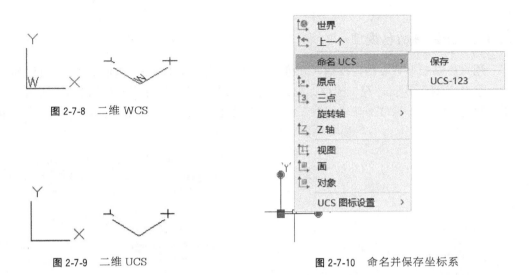

图 2-7-8 二维 WCS

图 2-7-9 二维 UCS

图 2-7-10 命名并保存坐标系

2.7.5 控制坐标显示

默认情况下，光标的移动会在状态栏中显示其坐标，绘图时可以参考。这能使绘图者在绘图时知道光标和对象所在的位置，在编辑图形时这些坐标值也是很有用的，可以使用户知道向哪一个方向和多远的距离移动或复制对象。有三种类型的坐标显示。

◆ 动态绝对坐标显示。绝对坐标值随着光标移动而不断更新，如图 2-7-11。

◆ 动态极轴坐标显示（相对距离和角度显示）。随着光标移动而不断更新极轴坐标（距离＜角度），如图 2-7-12 所示。此选项只有在绘制需要输入多个点的直线或其他对象时才可用。

◆ 静态绝对坐标显示（关闭）。绝对坐标值只有在指定某个点时才改变，如图 2-7-13。

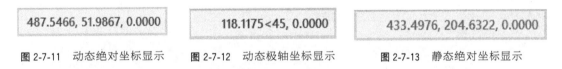

图 2-7-11 动态绝对坐标显示　　**图** 2-7-12 动态极轴坐标显示　　**图** 2-7-13 静态绝对坐标显示

更改状态栏中坐标显示状态，可以使用以下方法之一。

① 单击状态栏左端的"图形坐标"，则关闭动态绝对坐标显示，进入静态绝对坐标显示。再次单击则开启动态绝对坐标显示。

② 重复按 Ctrl＋I 组合键。

③ 通过系统变量 COORDS 进行设置。设定系统变量 COORDS 值为 0 是静态绝对坐标显示，设为 1 是动态绝对坐标显示，设定为 2 是距离和角度（动态极轴坐标）显示。

2.8 视口显示

视口是显示活动模型配置的不同视图的区域。AutoCAD 2021 中包含 12 种视口样式，用户可以选择不同的视口样式，并在不同视口中设置不同的视图，以便从各个角度来观察模型。

2.8.1 新建并命名视口

用户可以根据需要创建视口，并将新建的视口保存，以便下次使用。操作方法如下。

① 在控件区执行"视口控件＞视口配置列表＞配置…"命令，如图 2-8-1 所示；或在菜单栏执行"视图＞视口＞新建视口"命令，如图 2-8-2 所示，弹出"视口"对话框，如图 2-8-3 所示。

图 2-8-1　视口配置

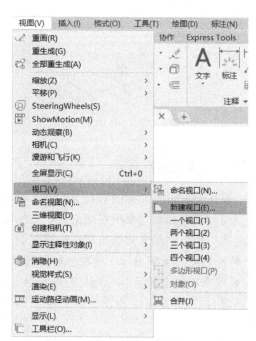

图 2-8-2　新建视口

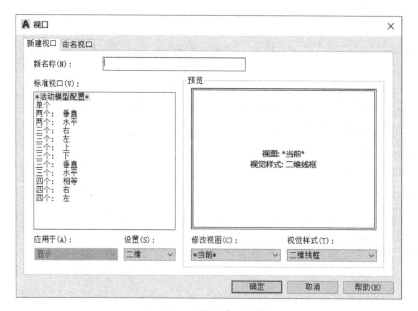

图 2-8-3　"视口"对话框

② 在"标准视口"列表中选择视口样式"三个：垂直"，在"新名称"文本框中输入名称"CHZH-3"，如图 2-8-4 所示。

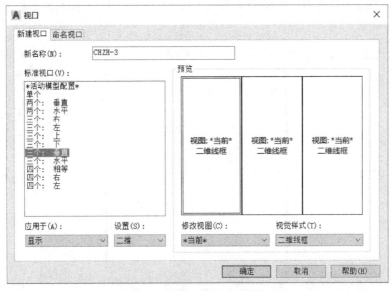

图 2-8-4　新建视口并命名

③ 单击"确定"按钮，此时在绘图区中，AutoCAD 将按用户要求进行视口分割，如图 2-8-5 所示。

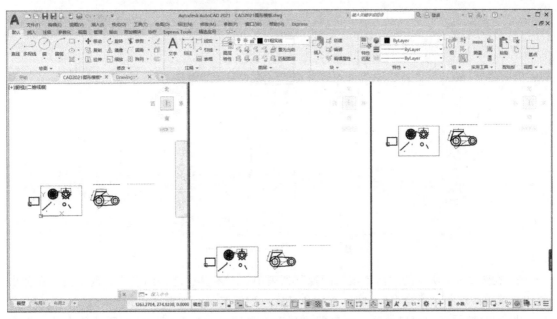

图 2-8-5　创建的新视口

④ 在各视口左上角的控件区，单击"视图控件"按钮［俯视］，在下拉列表中，选择所需的视图名称，即可更改当前视图，如图 2-8-6 所示。

⑤ 依上述操作步骤①和②，命名"Z-4"并"确定"，此时，在"命名视口"选项卡中的"命名视口"列表中列出了经过命名并保存的模型视口配置"CHZH-3"和"Z-4"，点选

其中之一，在"预览"列表框中就会显示该视口的配置，如图 2-8-7 所示。

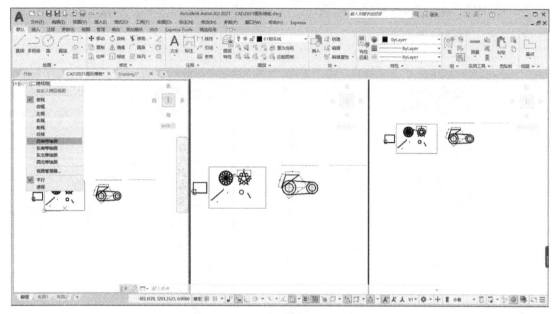

图 2-8-6 用"视图控件"更改视图

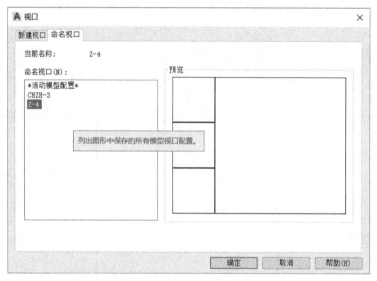

图 2-8-7 "命名视口"选项卡

⑥ 在图 2-8-7 所示的"活动模型配置"列表中，对着其中之一的名称右键单击，在弹出的快捷菜单中选择"重命名"，即可重新命名视口配置名称，如图 2-8-8 所示。

⑦ 此时控件区"视口控件＞视口配置列表＞自定义视口配置"的级联菜单中显示有命名并保存后的视口配置，如图 2-8-9 所示。点选其中之一，即可进入所需的视口配置。

提示： AutoCAD 中视口有两种类型：模型视口和布局视口。模型视口主要用来绘图，且只有矩形视口。可以用一个视口显示整体，另一个视口用来局部放大以便观察和修改，或者在绘制立体图形时分别显示主视图、俯视图和左视图等。布局视口主要用来组织图形方便出图。比如，可以在同一张图纸的不同位置显示立体图形不同角度的视图，也可以在同一张

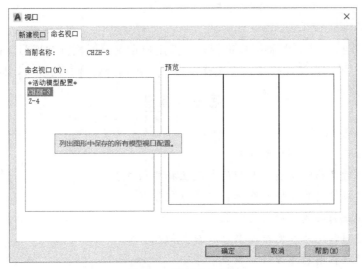

图 2-8-8 重新命名视口

图纸的不同位置显示不同比例的整体或局部。

　　用户可以在图 2-8-1 所示的"视口配置列表"级联菜单中，直接选择单个、两个、三个或四个等 12 种视口样式的其中之一，可以即刻得到所需的视口分隔，然后再进行命名。也可以在功能区"视图"选项卡"模型视口"面板中，点击"视口配置"按钮，如图 2-8-10 所示，在弹出的列表中，选择所需视口配置，如图 2-8-11 所示，即可得到所需的视口分隔，而后按前述进行视口命名。

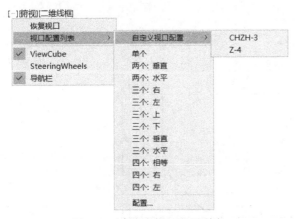

图 2-8-9 自定义视口配置列表

图 2-8-10 "视图"选项卡"模型"
面板"视口配置"按钮

图 2-8-11 "视口
配置"列表

2.8.2 合并视口

在 AutoCAD 2021 中，可将视口进行合并。用户在菜单栏执行"视图＞视口＞合并"命令，如图 2-8-2 所示，再按照提示，先选择主视口，再选择要合并的视口，即可完成合并。

思考与练习

1. 思考题

① 利用夹点可以进行哪些编辑？

② 如何启用对象捕捉功能？如何运行覆盖捕捉模式？

③ 如何启用极轴追踪功能？附加极轴角如何设置？

④ 与图层相关联的属性项目有哪些？

⑤ 若想知道图形对象在哪个图层上，应如何操作？

⑥ 如何快速地在图层间进行切换？

⑦ 如何将某一图形对象修改到其他图层上？

⑧ 怎样快速修改对象的颜色、线型和线宽等属性？

⑨ 如何使用图层特性过滤器和图层组过滤器？

⑩ 如何保存并输入图层设置？如何删除图层？如何进行合并图层的操作？

⑪ 怎样修改非连续线型外观？

⑫ 世界坐标系和用户坐标系有何区别？如何对坐标系图标的显示状态进行编辑？

⑬ 绝对坐标和相对坐标有何区别？

⑭ 如何进行视口的创建与命名？

2. 操作题

（1）绘制练习图 2-1 所示的平面图形。

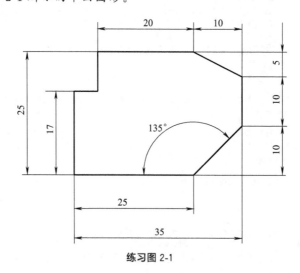

练习图 2-1

① 设置图形界限（150×100）。

② 使设置的图形界限充满屏幕。

③ 设置图层、颜色、线型和线宽。

④ 用 LINE 命令和输入点坐标绘制图形。

（2）用 LINE 命令绘制练习图 2-2 所示的图形。

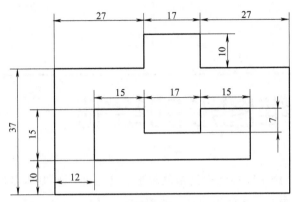

练习图 2-2

（3）用 LINE 命令和输入点坐标绘制练习图 2-3 所示图形。

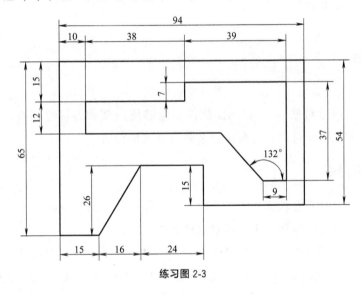

练习图 2-3

第**3**章

二维图形的绘制

二维图形是指在二维平面空间中绘制的图形，主要由一些基本的图形对象组成，Auto-CAD 软件中提供了十余个基本图形对象，包括点、直线、圆弧、圆、椭圆、多段线、矩形、正多边形、圆环、样条曲线等。本章将介绍各种二维绘图命令的使用方法，并结合实例来完成各种简单图例的绘制。

3.1 绘制点

点是最基本的图形对象，AutoCAD 软件中能够使用多种方法绘制点，包括绘制单点、多点、定数等分和定距等分点，还可进行多种点样式的设置。

3.1.1 设置点样式

在默认情况下，点没有长度和大小，所以在绘图区中绘制一个点，用户很难看见。为了能够清晰地显示出该点的位置，用户可对点样式进行设置。

在菜单栏中，执行"格式＞点样式"命令，如图 3-1-1 所示，打开"点样式"对话框，在该对话框中共有 20 种点样式，用户可以根据自己的需要进行选择，点的大小通过"点样式"中的"点大小"文本框输入数值，点显示设置的大小，然后单击"确定"按钮，如图 3-1-2 所示。

3.1.2 绘制点方法

启用绘制"点"命令有以下两种方法。

① "绘图＞点＞ 单点"菜单命令；

② 输入命令：POINT（PO）。

利用以上任意一种方法启用"点"的命令，就可以绘制单点的图形。如图 3-1-3（a）所示，执行"格式＞点样式"命令，选择所需的点样式，在正六边形左上端点处单击鼠标绘制点；如图 3-1-3（b）所示，在"默认"选项卡的"绘图"面板中单击面板扩展按钮，然后在扩展面板中单击"多点"按钮 ，在正六边形各个端点处单击鼠标来绘制多个点。

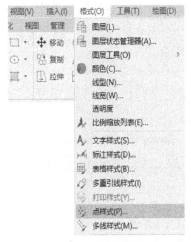

图 3-1-1 执行"点样式"命令

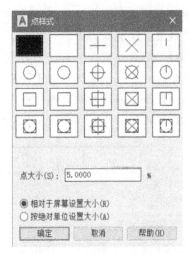

图 3-1-2 "点样式"对话框

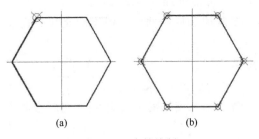

图 3-1-3 点的绘制

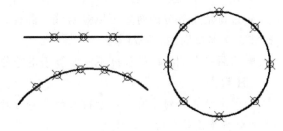

图 3-1-4 定数等分点

3.1.3 绘制等分点

(1) 定数等分点

在绘图中，经常需要对直线或一个对象进行定数等分，在"默认"选项卡的"绘图"展开面板中单击"定数等分"按钮 ，或者选择"绘图＞点＞定数等分"菜单命令，就可在所选择的对象上绘制等分点。

【例】 把直线、圆弧和圆分别进行 4、6、8 等分，如图 3-1-4 所示。

命令：_divide(选择定数等分菜单命令)

选择定数等分的对象：(选择定数等分的直线)

输入线段数目或[块(B)]：4(输入等分数目)

用图样的方法可以对圆弧和圆分别进行 6、8 等分，如图 3-1-4 所示。

选项说明如下：

◆ 在等分点处按当前点样式设置画出等分点。

◆ 在第二个提示中选择"块 (B)"选项时，表示在等分点处插入指定的块。

◆ 进行定数等分的对象可以是直线、圆弧、圆、多段线和样条曲线，但不能是块、尺寸标注、文本及剖面线等对象。

(2) 定距等分点

定距等分就是在一个图形对象上按指定距离绘制多个点。在"默认"选项卡的"绘图"

面板中单击"定距等分"按钮 ，或者选择"绘图＞点＞定距等分"菜单命令，就可在所选择的对象上绘制等分点。

【例】 把直线按 30mm 进行定距等分，如图 3-1-5 所示。

命令：_measure(选择定距等分菜单命令)

选择定距等分的对象：(选择定距等分的直线)

输指定线段长度或[块(B)]：30(输入线段长度值)

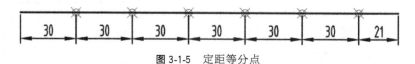

图 3-1-5 定距等分点

选项说明如下：

◆ 设置的起点一般是指指定的绘制起点。

◆ 在等分点处按当前点样式设置画出等分点。

◆ 在第二个提示中选择"块（B）"选项时，表示在等分点处插入指定的块。

◆ 进行定距等分的对象可以是直线、圆弧、圆、多段线和样条曲线，但不能是块、尺寸标注、文本及剖面线等对象。

◆ 最后一个测量段的长度不一定等于指定分段长度。

注意：

① 定数等分对象时，由于输入的是等分段数，所以如果图形对象是封闭的，则生成的点的数量等于等分的段数值。

② 无论"定数等分"或"定距等分"命令，都不是将图形分成独立的几段，而是在相应的位置上显示等分点，辅助其他图形的绘制。

3.2 绘制直线类对象

3.2.1 绘制直线

直线是 AutoCAD 中最常见的图形对象之一。可以绘制一系列连续的直线段、折线段或闭合多边形，每一条线段均是一个独立对象。启用绘制"直线"命令有三种方法。

① "绘图＞直线"菜单命令；

② 在"默认"选项卡的"绘图"面板中单击"直线"按钮 ；

③ 输入命令：LINE（L）。

利用以上任意一种方法启用"直线"的命令，就可绘制直线。

(1) 使用鼠标绘制直线

启用绘制"直线"命令，用鼠标在绘图区域内单击一点作为线段的起点，移动鼠标，在用户想要的位置再单击，作为线段的另一点，这样连续可以画出用户所需的直线。

(2) 输入点的坐标绘制直线

① 使用绝对坐标确定点的位置来绘制直线。绝对坐标是相对于坐标原点的坐标，在缺

省情况下绘图窗口中的坐标系为世界坐标系 WCS。其输入格式如下。

绝对直角坐标的输入形式是：x，y（x，y 分别是输入点相对于原点的 X 坐标和 Y 坐标）。绝对极坐标的输入形式是：$r<\theta$（r 表示输入点与原点的距离，θ 表示输入点到原点的连线与 X 轴正方向的夹角）。

【例】 已知 A（0，50）、B（90，80）两点，利用直角坐标值绘制直线 AB；已知 OC 的长度是 80，且与 X 轴的夹角为 $-45°$，利用极坐标绘制直线 OC，如图 3-2-1 所示。

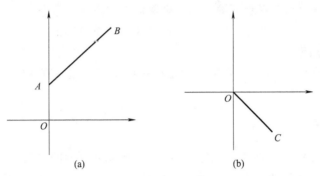

图 3-2-1　绝对坐标绘制直线

a. 利用直角坐标值绘制直线 AB。

命令：_line

指定第一点：0,50（选择绘制直线命令，输入 A 点坐标）

指定下一点或[放弃(U)]：90,80（输入 B 点坐标）

指定下一点或[放弃(U)]：[如图 3-2-1(a)所示]

b. 利用极坐标绘制直线 OC。

命令：_line

指定第一点：0,0（选择绘制直线命令，输入 O 点坐标）

指定下一点或[放弃(U)]：80<-45（输入 C 点坐标）

指定下一点或[放弃(U)]：[如图 3-2-1(b)所示]

② 使用相对坐标确定点的位置来绘制直线。相对坐标是用户常用的一种坐标形式，其表示方法有两种：一种是相对直角坐标，另一种是相对极坐标。其输入格式如下。

相对直角坐标的输入形式是：@x，y（在绝对坐标前面加@）。

绝对极坐标的输入形式是：@$r<\theta$（在绝对极坐标前面加@）。

【例】 用相对坐标绘制连续直线 ABCDEF，如图 3-2-2 所示。

命令：_line

指定第一点：（选择绘制直线命令，任取一点 A 为起点）

指定下一点或[放弃(U)]：@50,0（输入 B 点相对坐标）

指定下一点或[闭合(C)放弃(U)]：@60<45（输入 C 点相对坐标）

指定下一点或[闭合(C)放弃(U)]：@50,0（输入 D 点相对坐标）

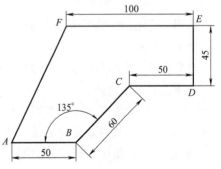

图 3-2-2　相对坐标绘制直线

指定下一点或[闭合(C)放弃(U)]:@0,45(输入 E 点相对坐标)

指定下一点或[闭合(C)放弃(U)]:@-100,0(输入 F 点相对坐标)

指定下一点或[闭合(C)放弃(U)]:C(输入"C"选择闭合选项)

选项说明如下:

◆ 在响应"指定下一点:"时,若输入 U 或选择快捷菜单中的"放弃"命令,则取消刚刚画出的线段。连续输入 U 并回车,即可连续取消相应的线段。

◆ 在命令行的"命令:"提示下输入 U,则取消上次执行的命令。

◆ 在响应"指定下一点:"时,若输入 C 或选择快捷菜单中的"闭合"命令,可以使绘图的折线封闭并结束操作。

◆ 若要画水平线和垂直线,只要打开状态栏中的正交按钮,直接输入长度值,绘制定长的直线段。

3.2.2 绘制射线

射线是一条只有起点并通过另一点或指定某方向无限延伸的直线,一般用作辅助线。启用绘制"射线"命令有三种方法。

①"绘图＞射线"菜单命令;

②在"默认"选项卡的"绘图"面板中单击"射线"按钮 ;

③ 输入命令:RAY。

【例】 绘制如图 3-2-3 所示的射线。

命令:_ray 指定起点:(选择射线命令,任取一点 O 为起点)

指定通过点:(捕捉点 A 单击)

指定通过点:(捕捉点 B 单击)

指定通过点:(捕捉点 C 单击)

指定通过点:

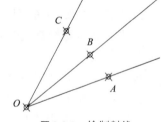

图 3-2-3 绘制射线

3.2.3 绘制构造线

构造线是指通过某两点并确定了方向,向两个方向无限延伸的直线,一般用作辅助线。启用绘制"构造线"命令有三种方法。

①"绘图＞构造线"菜单命令;

② 在"默认"选项卡的"绘图"面板中单击"构造线"按钮 ;

③ 输入命令:XLINE。

启用"构造线"命令后,命令行提示如下:

命令:_xline

指定点或[水平(H)/垂直(V)角度(A)二等分(B)偏移(O)]:

选项说明如下所述。

◆ 水平(H):绘制水平构造线,随后指定的点为该水平线的通过点。

◆ 垂直(V):绘制垂直构造线,随后指定的点为该垂直线的通过点。

◆ 角度(A):指定构造线的角度,随后指定的点为该线的通过点。

◆ 二等分(B):以构造线绘制指定角的平分线。

◆ 偏移（O）：复制现有的构造线，指定偏移通过点。

【例】　绘制∠ABC 的二等分线，如图 3-2-4 所示。

命令：_xline

指定点或［水平(H)垂直(V)角度(A)二等分(B)偏移
(O)]：B（选择构造线命令，输入"B"）

　指定角的顶点：（捕捉点 B 单击）

　指定角的起点：（捕捉点 A 单击）

　指定角的端点：（捕捉点 C 单击）

　指定角的端点：

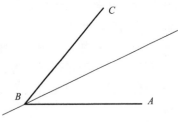

图 3-2-4　绘制∠ABC 的二等分线

3.2.4　绘制多线

多线是指由多条平行线构成的直线。在绘图过程中用户可以调整和编辑平行直线间的距离、直线的数量、颜色和线型等属性，多线常用于建筑图的绘制。

(1) 设置多线样式

在菜单栏中执行"格式＞多线样式"，打开"多线样式"对话框，根据需要对相关选项可进行设置，如图 3-2-5 所示。

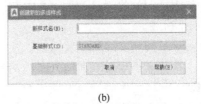

(b)

(a)

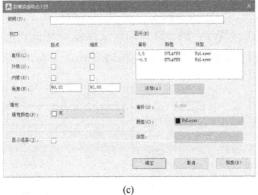

(c)

图 3-2-5　设置多线样式

选项说明如下：

◆ 封口：在该选项组中，用户可设置多线平行线段之间两端封口的样式，可设置起点和端点的样式。

　◆ 直线：多线端点由垂直于多线的直线进行封口。

　◆ 外弧：多线以端点向外凸出的弧形线封口。

　◆ 内弧：多线以端点向内凹进的弧形线封口。

　◆ 角度：设置多线封口处的角度。

◆ 填充：用户可设置封闭多线内的填充颜色，选择"无"表示使用透明色填充。

◆ 图元：在该选项组中，用户可通过添加或删除来确定多线图元的个数，并设置相应的偏移量，颜色及线型。

◆ 添加：可添加一个图元，然后对该图元的偏移量进行设置。

◆ 删除：选中所需图元，将其删除。

◆ 偏移：设置多线元素从中线的偏移值。值为正，表示向上偏移；值为负，则表示向下偏移。

◆ 颜色：设置组成多线元素的线条颜色。

◆ 线型：设置组成多线元素的线条线型。

(2) 绘制多线

启用绘制"多线"命令常用两种方法。

① "绘图＞多线"菜单命令；

② 输入命令：MLINE（ML）。

启用"多线"命令后，命令行提示如下：

命令:_mline

当前设置:对正＝上,比例＝20.00,样式＝STANDARD

指定起点或[对正(J)/比例(S)样式(ST)]:

选项说明如下所述。

◆ 当前设置：显示当前多线的设置属性。

◆ 指定起点：执行该选项后（即输入多线的起点），系统会以当前的线型样式、比例和对正方式绘制多线。

◆ 对正（J）：用来确定绘制多线的基准（上、无、下）。

◆ 比例（S）：用来确定所绘制多线相对于定义的多线的比例因子，默认为1.00。

◆ 样式（ST）：用于选择和定义多线的样式，系统缺省的样式为STANDARD。

【例】 绘制如图3-2-6所示的多线。

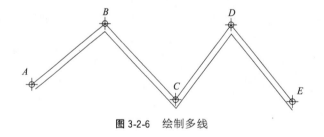

图3-2-6 绘制多线

命令:_mline(选择多线命令)

当前设置:对正＝上,比例＝20.00,样式＝STANDARD

指定起点或[对正(J)/比例(S)样式(ST)]:(单击 A 点位置)

指定下一点:(单击 B 点位置)

指定下一点或[放弃(U)]:(单击 C 点位置)

指定下一点或[闭合(C)/放弃(U)]:(单击 D 点位置)

指定下一点或[闭合(C)/放弃(U)]:(单击 E 点位置)

指定下一点或[闭合(C)/放弃(U)]:(按 Enter 键结束命令)

3.3　绘制圆弧类对象

3.3.1　绘制圆与圆弧

圆与圆弧是工程图样中常见的曲线元素，在 AutoCAD 中提供了多种绘制圆与圆弧的方法。

(1) 绘制圆

启用绘制"圆"的命令有三种方法。

① "绘图＞圆"菜单命令；

② 在"默认"选项卡的"绘图"面板中单击"圆"按钮；

③ 输入命令：CIRCLE（C）。

启用"圆"的命令后，命令行提示如下：

命令：_circle

指定圆的圆心或［三点（3P）／两点（2P）/切点、切点、半径（T）］：

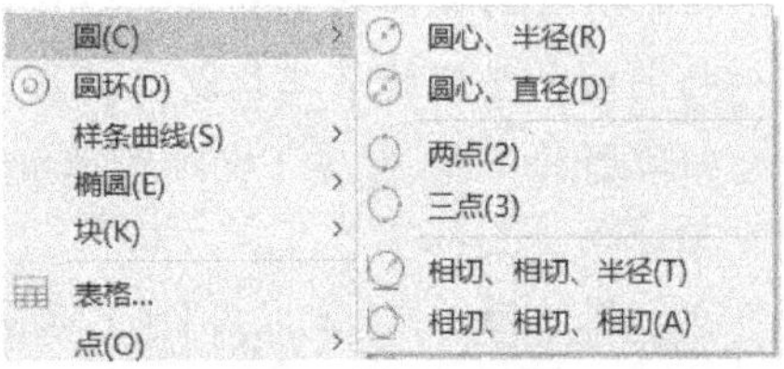

在命令行窗口的提示中或绘制圆的联级菜单中单击相应的命令，有 6 种不同的绘图方式，如图 3-3-1 所示。

图 3-3-1　选择绘图方式

选项说明如下所述。

◆ 圆心、半径（R）：给定圆的圆心及半径绘制圆。

◆ 圆心、直径（D）：给定圆的圆心及直径绘制圆。

◆ 两点（2P）：根据直径的两端点画圆。依次输入两个点，即可绘制出一个圆，两点间的连线即为该圆的直径。

◆ 三点（3P）：用指定圆周上三点的方法画圆。依次输入三个点，即可绘制出一个圆。

◆ 相切、相切、半径（T）：画与两个对象相切，且半径已知的圆。输入后，根据命令行提示，指定相切对象并给出半径后，即可画出一个圆。相切的关系可以利用对象捕捉功能轻易地实现。

◆ 相切、相切、相切（A）：画与三个对象相切，且半径已知的圆。相切的对象可以是直线、圆、圆弧和椭圆等图线。

注意：使用"相切、相切、半径"模式绘制圆形时，如果指定的半径太小，无法满足相切条件，则系统就会提示该圆不存在。

【例】　以点 A（80，80）为圆心做半径为 30 的圆，以点 B（150，170）为圆心做直径为 30 的圆。求作：①与两圆相切且半径为 60 的圆 C；②与 A、B、C 圆相外切的圆 D。如图 3-3-2 所示。

① 命令:_circle

指定圆的圆心或［三点（3P）/两点（2P）/切点、切点、半径

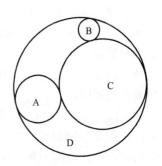

图 3-3-2　绘制圆

(T)]:80,80(选择绘制圆的命令,输入点 A 的圆心坐标)

指定圆的半径或[直径(D)]:30↙(输入半径值)

② 命令:_circle

指定圆的圆心或[三点(3P) / 两点(2P)/切点、切点、半径(T)]:150,170(选择绘制圆的命令,输入点 B 的圆心坐标)

指定圆的半径或[直径(D)]:D↙(输入 D 选择"直径"选项)

指定圆的直径:30↙(输入直径值)

③ 命令:_circle

指定圆的圆心或[三点(3P) / 两点(2P)/切点、切点、半径(T)]:T↙(选择绘制圆的命令,输入 T 选择"相切、相切、半径"选项)

指定对象与圆的第一切点:(捕捉圆 A 的切点)

指定对象与圆的第二切点:(捕捉圆 B 的切点)

指定圆的半径:60↙(输入半径值)

④命令:_circle

指定圆的圆心或[三点(3P) / 两点(2P)/切点、切点、半径(T)]:3P↙(选择绘制圆的命令,输入 3P 选择"三点"选项)

指定圆上的第一切点:(捕捉圆 A 的切点)

指定圆上的第二切点:(捕捉圆 B 的切点)

指定圆上的第三切点:(捕捉圆 C 的切点)

(2) 绘制圆弧

启用绘制"圆弧"命令有三种方法。

① "绘图>圆弧"菜单命令;

② 在"默认"选项卡的"绘图"面板中单击"圆弧"按钮 ；

③ 输入命令:ARC (A)。

启用"圆弧"的命令后,命令行提示如下:

命令:_arc

指定圆弧的起点或[圆心(C)]:

指定圆弧的第二个点或[圆心(C)/端点(E)]:

指定圆弧的端点:

在命令行窗口的提示中或绘制圆弧的联级菜单中单击相应的命令,在子菜单中提供了11 种绘制圆弧的方法,如图 3-3-3 所示。

选项说明如下所述。

◆ 三点 (P):指定圆弧的起点、圆弧上的一点、端点绘制圆弧。

◆ 起点、圆心、端点 (S):指定圆弧的起点、圆心和端点绘制圆弧。

◆ 起点、圆心、角度 (T):指定圆弧的起点、圆心和包含角度绘制圆弧。若角度为正,则按逆时针方向绘制圆弧;若角度为负,则按顺时针方向绘制圆弧。

◆ 起点、圆心、长度 (A):指定圆弧的起点、圆心

图 3-3-3　选择绘制圆弧

和圆弧的弦长绘制圆弧。

◆ 起点、端点、角度（N）：指定圆弧的起点、端点和包含角度绘制圆弧。

◆ 起点、端点、方向（D）：指定圆弧的起点、端点和给定起点的切线方向绘制圆弧。

◆ 起点、端点、半径（R）：指定圆弧的起点、端点和半径绘制圆弧。

◆ 圆心、起点、端点（C）：指定圆弧的圆心、起点和端点绘制圆弧。

◆ 圆心、起点、角度（E）：指定圆弧的圆心、起点和包含角度绘制圆弧。

◆ 圆心、起点、长度（L）：指定圆弧的圆心、起点和圆弧的弦长绘制圆弧。

◆ 继续（O）：使用该方法绘制的圆弧将与最近创建的对象相切。

【例】 绘制如图 3-3-4 所示 ABC 圆弧。

命令：_arc

指定圆弧的起点或［圆心（C）］：（选择绘制圆弧的命令，单击 *A* 点）

指定圆弧的第二个点或［圆心（C）/端点（E）］：（单击 *B* 点）

指定圆弧的端点：（单击 *C* 点）

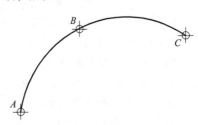

图 3-3-4 绘制圆弧

3.3.2 绘制椭圆与椭圆弧

(1) 绘制椭圆

绘制椭圆的主要参数是椭圆的长轴和短轴，绘制椭圆的缺省方法是通过指定椭圆的第一根轴线的两个端点及另一半轴的长度。启用绘制"椭圆"命令常用三种方法。

① "绘图＞椭圆"菜单命令；

② 在"默认"选项卡的"绘图"面板中单击"椭圆"按钮⬭；

③ 输入命令：ELLIPSE（EL）。

启用"椭圆"的命令后，命令行提示如下：

命令：_ellipse

指定椭圆的轴端点或［圆弧(A)/中心点(C)］：（指定一个轴端点）

指定椭圆的另一个端点：（指定另一个轴端点）

指定另一条半轴长度或［旋转(R)］：

选项说明如下所述。

◆ 指定椭圆的轴端点：根据两个端点定义椭圆的第一条轴。第一条轴的角度确定整个椭圆的角度。第一条轴既可以定义椭圆的长轴，也可以定义椭圆的短轴。

◆ 圆弧（A）：用于创建一段椭圆弧。

◆ 中心点（C）：通过指定椭圆中心点位置，再确定长轴和短轴的长度来绘制椭圆。

◆ 旋转（R）：通过绕第一条轴旋转来创建椭圆。

【例】 已知椭圆的长轴为 150，短轴为 100，绘制如图 3-3-5 所示的椭圆。

命令：_ellipse（选择绘制椭圆的命令）

指定椭圆的轴端点或［圆弧(A)/中心点(C)］：C（输入 C 选择"中心点"，按 Enter 键）

图 3-3-5 绘制椭圆

指定椭圆的中心点：<对象捕捉 开>（指定两中心线的交点为中心点）

指定轴端点：<对象捕捉 关> @ 75,0（输入长轴一端点的坐标值）

指定另一条半轴长度或[旋转(R)]:50（动态状态下输入长度值，按 Enter 键结束命令）

（2）绘制椭圆弧

绘制椭圆弧的方法与绘制椭圆相似，首先确定椭圆的长轴和短轴，然后再输入椭圆的起始角和终止角即可。启用绘制"椭圆弧"命令有两种方法。

① "绘图＞椭圆＞椭圆弧"菜单命令；

② 在"默认"选项卡的"绘图"面板"椭圆"下拉列表框中单击"椭圆弧"按钮 。

启用"椭圆弧"的命令后，命令行提示如下：

命令：_ellipse（选择绘制椭圆弧的命令）

指定椭圆弧的轴端点或[中心点(C)]:（指定端点或输入 C）

指定轴的另一个端点：（指定另一端点）

指定另一条半轴长度或[旋转(R)]:（指定另一条半轴长度或输入 R）

指定起始角度或[参数(P)]:（指定起始角度或输入 P）

指定终止角度或[参数(P)/包含角度(I)]:

选项说明如下所述。

◆ 角度：指定椭圆弧端点的两种方式之一，光标和椭圆中心点连线与水平线的夹角为椭圆端点位置的角度。

◆ 参数（P）：指定椭圆弧端点的另一种方式，该方式同样是指定椭圆弧端点的角度，但系统将使用公式：$p(n) = c + a\cos(n) + b\sin(n)$ 来计算椭圆弧的起始角。其中，c 是椭圆的中心点，a 和 b 分别是椭圆的长轴和短轴，n 为光标和椭圆中心点连线与水平线的夹角。

◆ 包含角度（I）：定义从起始角度开始的包含角度。

【例】 绘制经过 A（30，20）、B（60，60）两点，椭圆弧旋转角度为 60°，椭圆弧起始角度为 30°，终止角度为 270°的椭圆弧，如图 3-3-6 所示。

指定椭圆弧的轴端点或[中心点(C)]:30,20（选择绘制椭圆弧的命令，输入 A 点坐标，按 Enter 键）

指定轴的另一个端点：60,60↙（输入 B 点坐标）

指定另一条半轴长度或[旋转(R)]:R↙（输入 R 选择"旋转"选项）

指定绕轴旋转的角度：60↙（输入绕轴旋转的角度值）

指定起始角度或[参数(P)]:30↙（输入起始角度值）

指定终止角度或[参数(P)/包含角度(I)]:270↙（输入终止角度值）

图 3-3-6 按起始角和
终止角绘制椭圆弧

3.3.3 绘制圆环

圆环是一种可以填充的同心圆，其内径可以是 0，也可以和外径相等。在绘图过程中用户需要指定圆环的内、外径以及中心点。启用绘制"圆环"命令常用以下三种方法。

① "绘图＞圆环"菜单命令；

② 在"默认"选项卡的"绘图"面板中单击"圆环"按钮 ；

③ 输入命令：DONUT。

启用"圆环"的命令后，命令行提示如下：

命令：_donut

　指定圆环的内径＜默认值＞：(指定圆环的内径)

　指定圆环的外径＜默认值＞：(指定圆环的外径)

　指定圆环的中心点＜退出＞：(输入指定圆环的中心点或按 Enter 键结束命令)

选项说明如下所述。

◆ 若指定内径为 0，则画出实心填充圆。

◆ 用命令 FILL 可以控制圆环是否填充，命令行提示如下：

命令：FILL ↙

　输入模式［开（ON）/关（OFF）］＜开＞：(选择 ON 表示填充，选择 OFF 表示不填充)

【例】　绘制内径为 25，外径为 30，圆心坐标为 (80，80) 的圆环，如图 3-3-7（a）所示。

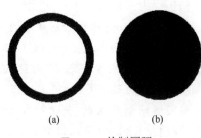

图 3-3-7　绘制圆环

命令：_donut(选择绘制圆环的命令)

　指定圆环的内径＜25.0000＞:25 ↙(输入圆环的内径值)

　指定圆环的外径＜31.4216＞:30 ↙(输入圆环的外径值)

　指定圆环的中心点＜退出＞:80,80(输入圆环中心点的坐标)

　指定圆环的中心点＜退出＞:↙

当内径为零时，可绘制出实心圆，如图 3-3-7（b）所示。

3.4　绘制多边形

3.4.1　绘制矩形

矩形可通过定义两个对角点来绘制，同时可以设置圆角、倒角、宽度等。启用绘制"矩形"命令常用三种方法。

① "绘图＞矩形"菜单命令；

② 在"默认"选项卡的"绘图"面板中单击"矩形"按钮 □ ；

③ 输入命令：RECTANG（REC）。

启用"矩形"的命令后，命令行提示如下：

命令：_rectang

　指定第一个角点或［倒角(C)/标高(E)/圆角(F)/厚度(T)/宽度(W)］：(指定一点)

　指定另一个角点或［面积(A)/尺寸(D)/旋转(R)］：

　选项说明如下所述。

◆ 指定第一个角点：定义矩形的一个顶点。

◆ 倒角（C）：指定倒角距离，绘制带倒角的矩形。

◆ 标高（E）：指定矩形标高（Z 坐标）。即把矩形画在标高为 Z，和 XOY 坐标面平行的平面上，并作为后续矩形的标高值。

　　◆ 圆角（F）：指定圆角半径，绘制带圆角的矩形。

　　◆ 厚度（T）：指定矩形的厚度。

　　◆ 宽度（W）：指定矩形的线宽。

　　◆ 面积（A）：指定矩形的面积及矩形的长或宽绘制矩形。

　　◆ 尺寸（D）：指定矩形的长和宽绘制矩形。

　　◆ 旋转（R）：设置矩形绕 X 轴旋转的角度。

　　注意：绘制带圆角或倒角矩形时，如果矩形的长和宽太小，以至于无法使用当前设置创建圆角或倒角矩形时，那么绘制出来的矩形将不进行圆角或倒角。

　　【例】 已知矩形的起点坐标为（80，80），圆角 R 为 6，矩形与 X 轴夹角为 30°，另一角点的坐标为（120，170），求作该矩形，如图 3-4-1 所示。

命令：_rectang（选择绘制矩形的命令）

　　指定第一个角点或［倒角（C）/标高（E）/圆角（F）/厚度（T）/宽度（W）］：F↙（输入 F 选择"圆角"选项）

　　指定矩形的圆角半径＜0,0000＞：6↙（输入圆角半径值）

　　指定第一个角点或［倒角（C）/标高（E）/圆角（F）/厚度（T）/宽度（W）］：80,80↙（输入矩形起点坐标）

　　指定另一个角点或［面积（A）/尺寸（D）/旋转（R）］：R↙（输入 R 选择"旋转"选项）

图 3-4-1　绘制矩形

　　指定旋转角度或［拾取点（P）］＜0＞：30↙（输入旋转角度）

　　指定另一个角点或［面积（A）/尺寸（D）/旋转（R）］：120,170↙（输入另一角点坐标值）

3.4.2　绘制正多边形

　　在 AutoCAD 中，正多边形是具有等边长的封闭图形。启用绘制"正多边形"命令常用三种方法。

　　① "绘图＞正多边形"菜单命令；

　　② 在"默认"选项卡的"绘图"面板"矩形"下拉列表框中单击"多边形"按钮⬠；

　　③ 输入命令：POLYGON（POI）。

　　启用"正多边形"的命令后，命令行提示如下：

命令：_polygon 输入侧面数＜4＞：（指定多边形的边数,默认值为 4）

　　指定正多边形的中心点或［边（E）］：（指定中心点）

　　输入选项［内接于圆（I）/外切于圆（C）］＜I＞：（指定是内接于圆或外切于圆）

　　指定圆的半径：（指定内接于圆或外切于圆的半径）

　　选项说明如下所述。

　　◆ 如果选择"边"选项，则只要指定多边形的一条边，系统就会按逆时针方向创建该正多边形。

　　【例】 已知中心坐标为（80，80），圆的半径为 50，绘制内接于圆的正六边形，如图 3-4-2 所示。

命令：_polygon 输入侧面数＜4＞：6↙（选择绘制正多边形的命令,输入多边形的边数）

指定正多边形的中心点或[边(E)]:80,80 ✓(输入中心点坐标)

输入选项[内接于圆(I)/外切于圆(C)]<I>:I ✓(输入 I 选择"内接于圆"选项)

指定圆的半径:50 ✓(输入内接于圆的半径值)

圆的半径为 50,外切于圆的正六边形如图 3-4-3 所示。

图 3-4-2　内接于圆的正六边形

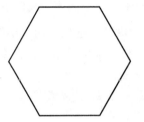

图 3-4-3　外切于圆的正六边形

3.5　绘制样条曲线

样条曲线是一种较为特别的线段,它通过一系列控制点生成光滑曲线,常用于绘制不规则零件轮廓,例如零件断裂处的边界。在 AutoCAD 2021 中,样条曲线有两种绘制模式,分别为"样条曲线拟合"和"样条曲线控制点"。

3.5.1　样条曲线拟合

启用绘制"样条曲线拟合"命令常用三种方法。

① "绘图＞样条曲线＞拟合点"菜单命令;

② 在"默认"选项卡的"绘图"面板中单击"样条曲线拟合"按钮 ᴎ;

③ 输入命令:SPLINE (SPL)。

启用"样条曲线拟合"命令后,命令行提示如下:

当前设置:　方式＝拟合　　节点＝弦

指定第一个点或[方式(M)/节点(K)/对象(O)]:[指定一个点或选择"方式(M)"、"节点(K)"、"对象(O)"选项]

输入下一个点[起点切向(T)/公差(L)]:[输入一个点或选择"起点切向(T)"、"公差(L)"选项]

输入下一个点或[端点相切(T)/公差(L)/放弃(U)]:[输入一个点或选择"端点相切(T)"、"公差(L)"、"放弃(U)"选项]

输入下一个点或[端点相切(T)/公差(L)/放弃(U)/闭合(C)]:[输入一个点或选择"端点相切(T)"、"公差(L)"、"放弃(U)"、"闭合(C)"选项]

选项说明如下所述。

◆ 对象 (O):用于将样条曲线拟合的多段线转化为样条曲线。

◆ 闭合 (C):用于绘制形成一条首尾相连的闭合样条曲线。

◆ 公差 (L):用于设置样条曲线拟合的公差。

◆ 起点切向 (T):定义样条曲线的起点切向。

◆ 端点相切（T）：定义样条曲线的端点切向。

3.5.2　样条曲线控制点

启用绘制"样条曲线控制点"命令常用两种方法。

①"绘图＞样条曲线＞控制点"菜单命令；

② 在"默认"选项卡的"绘图"面板中单击"样条曲线控制点"按钮 ℕ。

启用"样条曲线控制点"命令后，命令行提示如下：

当前设置：　方式＝控制点　　阶数＝3

指定第一个点或［方式（M）/阶数（D）/对象（O）］：［指定一个点或选择"方式（M）"、"阶数（D）"、"对象（O）"选项］

输入下一个点［放弃（U）］：［输入一个点或选择"放弃（U）"选项］

输入下一个点或［闭合（C）/放弃（U）］：［输入一个点或选择"闭合（C）"、"放弃（U）"选项］

如图 3-5-1（a）所示，是用拟合点绘制的样条曲线。如图 3-5-1（b）所示，是用控制点绘制的样条曲线。从图中可以看出用控制点绘制的样条曲线较为平滑。

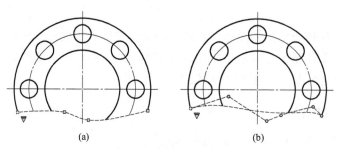

(a)   (b)

图 3-5-1　绘制样条曲线

3.6　面域造型

面域是使用形成闭合环的对象创建的二维闭合区域。它可以由多段线、直线、圆弧、圆、椭圆弧、椭圆和样条曲线等对象组成。组成面域的对象必须闭合或通过与其他对象共享端点而形成闭合的区域。

3.6.1　创建面域

所谓面域，其实就是实体的表面，它是一个没有厚度的二维实心区域，它具备实体模型的一切特性，不但含有边的信息，而且还有边界内的信息，可以利用这些信息计算工程属性，如面积、重心和惯性矩等。启用绘制"面域"命令常用三种方法。

①"绘图＞面域"菜单命令；

② 在"默认"选项卡的"绘图"面板中单击"面域"按钮 ▣；

③ 输入命令：REGION（REG）。

启用"面域"命令后，命令行提示如下：

命令：_region

选择对象:(选择所有平面闭合环分别生成面域对象,然后按 Enter 键结束命令)

(1) 将单个对象创建为面域

面域不能直接被创建,而只能通过平面闭合环来创建,即组成边界的对象或者是自行封闭的,或者与其他对象有公共端点从而形成封闭的区域,同时它们必须在同一平面上。在启用"面域"命令后,只需选择封闭的图形对象,即可将其创建为面域,如圆、矩形、正多边形等。

如图 3-6-1 所示为创建面域前选中的图形,如图 3-6-2 所示为创建面域后选中的图形。

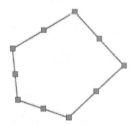

图 3-6-1 创建面域前

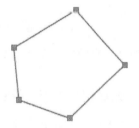

图 3-6-2 创建面域后

(2) 从多个对象中提取面域

如果用户需要从多个相交对象中提取面域,则可以使用"边界"命令,在"边界创建"对话框中,将"对象类型"设置为"面域",如图 3-6-3 所示。

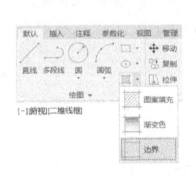

图 3-6-3 "边界创建"对话框的设置

启用绘制"边界"命令常用三种方法。

① "绘图>边界"菜单命令;

② 在"默认"选项卡的"绘图"面板"图案填充"下拉列表框中单击"边界"按钮▢;

③ 输入命令:BOUNDARY。

启用"边界"命令后,系统打开"边界创建"对话框中,将"对象类型"设置为"面域",然后单击"拾取点",命令行提示如下:

命令:_boundary

拾取内部点:(拾取内部点,然后按 Enter 键结束命令)

如图 3-6-4 所示为创建面域前多个相交对象选中的图形,如图 3-6-5 所示为创建面域后选中的图形。

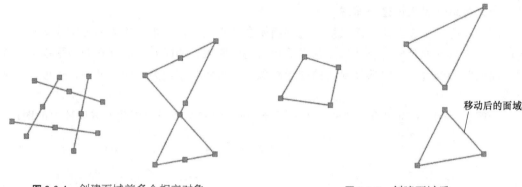

图 3-6-4 创建面域前多个相交对象　　　　　　　**图 3-6-5** 创建面域后

3.6.2 对面域进行布尔运算

面域对象支持布尔运算，可以通过"并集"、"差集"、"交集"来创建组合面域。

(1) 创建并集面域

并集可将两个或多个面域合并在一起形成新的单独面域，操作对象既可以是相交的，也可以是分离开的。启用绘制"并集"命令常用四种方法。

① "修改＞实体编辑＞并集"菜单命令；

② 在工作空间"三维建模＞常用＞实体编辑"中单击"并集"按钮 🔳；

③ 在"三维工具"选项卡的"实体编辑"面板中单击"并集"按钮 🔳；

④ 输入命令：UNION。

启用"并集"命令后，命令行提示如下：

命令：_union

选择对象：(选择所有创建的面域,然后按 Enter 键结束命令)

【例】 将如图 3-6-6（a）所示的图形创建为并集面域。

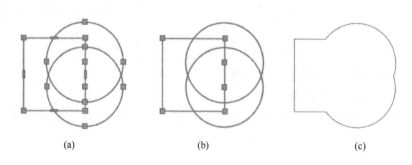

　　　　(a)　　　　　　　　　　(b)　　　　　　　　　　(c)

图 3-6-6 创建并集面域

① 选择"绘图＞面域"命令，根据 AutoCAD 命令行操作提示，将矩形和两个圆创建成面域，如图 3-6-6（b）所示。命令行操作如下。

命令：_region

选择对象：(选择矩形)

选择对象：(选择其中一圆)

选择对象：(选择其中另一圆)

选择对象：(按 Enter 键结束命令)

② 选择"修改＞实体编辑＞并集"命令，根据 AutoCAD 命令行操作提示，将矩形和两个圆的面域进行并集运算创建成一个新的面域，如图 3-6-6（c）所示。命令行操作如下。

命令：_union

选择对象：(选择矩形面域)

选择对象：(选择其中一圆面域)

选择对象：(选择其中另一圆面域)

选择对象：(按 Enter 键结束命令)

(2) 创建差集面域

差集可从第一个选择集中的面域中减去第二个选择集中的面域而形成一个新的面域。启用绘制"差集"命令常用四种方法。

① "修改＞实体编辑＞差集"菜单命令；

② 在工作空间"三维建模＞常用＞实体编辑"中单击"差集"按钮 ；

③ 在"三维工具"选项卡的"实体编辑"面板中单击"差集"按钮 ；

④ 输入命令：SUBTRACT。

启用"差集"命令后，命令行提示如下：

命令：_subtract 选择要从中减去的实体、曲面和面域…

选择对象：(选择要从中减去的面域)

选择对象：(按 Enter 键，结束对象的选择)

选择要减去的实体、曲面和面域…

选择对象：(选择要减去的面域)

选择对象：(按 Enter 结束命令)

如图 3-6-7（c）所示，是启用"差集"命令行操作提示，从矩形面域中将两个圆的面域进行差集运算创建成一个新的面域；如图 3-6-7（d）所示，是从两个圆面域中将矩形的面域进行差集运算创建成一个新的面域。

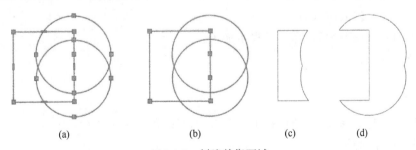

(a)　　　　　　(b)　　　　　　(c)　　　　　　(d)

图 3-6-7　创建差集面域

注意：在启用"差集"命令时，当选择完被减对象后一定要按"Enter"键，然后再选择需要减去的对象。

(3) 创建交集面域

从两个或多个面域的交集中创建面域，然后删除交集外的区域。启用绘制"交集"命令常用四种方法。

① "修改＞实体编辑＞交集" 菜单命令；

② 在工作空间 "三维建模＞常用＞实体编辑" 中单击 "交集" 按钮 ；

③ 在 "三维工具" 选项卡的 "实体编辑" 面板中单击 "交集" 按钮 ；

④ 输入命令：INTERSECT。

启用 "交集" 命令后，命令行提示如下：

命令：_intersect

选择对象：(用框选选择所有创建的面域，然后按 Enter 键结束命令)

如图 3-6-8（c）所示，是启用 "交集" 命令行操作提示，将矩形和两个圆的面域进行交集运算创建成的一个新面域。

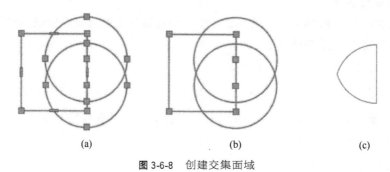

(a)   (b)   (c)

图 3-6-8　创建交集面域

3.7　绘制多段线

多段线是由线段和圆弧构成的连续线段组，是一个单独图形对象。在绘制过程中，用户可以随意设置线宽。启用绘制 "多段线" 命令常用三种方法。

① "绘图＞多段线" 菜单命令；

② 在 "默认" 选项卡的 "绘图" 面板中单击 "多段线" 按钮 ；

③ 输入命令：PLINE（PL）。

启用 "多段线" 命令后，命令行提示如下：

命令：_pline

指定起点：

当前线宽为 0.0000

指定下一个点或[圆弧(A)/半宽(H)/长度(L)/放弃(U)/宽度(W)]：

选项说明如下所述。

◆ 指定下一点：该选项为默认选项。指定多段线下一点，生成一段直线。也可选择 "圆弧（A）" 系统给出绘制圆弧的提示。

指定圆弧的端点或［角度（A）/圆心（CE）/方向（D）/半宽（H）/直线（L）/半径（R）/第二个点（S）/放弃（U）/宽度（W）］：

◆ 圆弧（A）：用于绘制圆弧并添加到多段线中，绘制的圆弧与上一线段相切。

◆ 半宽（H）或宽度（W）：给定所绘制直线或圆弧的一半线宽（或线宽）。

◆ 长度（L）：给定所绘制直线的长度。

◆ 角度（A）：指定圆弧线段从起始点开始的包含角。

◆ 方向（D）：用于指定弧线段的起始方向。绘图过程中可以用鼠标单击，来确定圆弧的弦方向。

◆ 直线（L）：用于退出绘制圆弧选项，返回绘制直线的初始提示。

◆ 半径（R）：用于指定圆弧线段的半径。

◆ 第二个点（S）：用于指定三点圆弧的第二点和端点。

◆ 放弃（U）：删除最近一次添加到多段线上的圆弧线段或直线段。

如果再选择"圆弧（A）"系统给出绘制圆弧的提示。

指定圆弧的端点或[角度(A)/圆心(CE)/闭合(CL)/方向(D)/半宽(H)/直线(L)/半径(R)/第二个点(S)/放弃(U)/宽度(W)]：

◆ 闭合（CL）：从当前位置到多段线的起始点绘制一条直线段用以闭合多段线。

【例】已知 A 点的坐标为（5，5），B 点的坐标为（10，8），直线 AB 的线宽为 0；圆弧 BC 的线宽为 0，C 点的坐标为（14，7）；圆弧 CD 的圆心为（17，5），包含角为 120°，其线宽从 0 渐变到 0.5；圆弧 DE 包角为 60°，半径为 5，圆弧 DE 弦方向角为 30°，且线宽保持 0.5 不变；圆弧 EF 圆心为（20，10），弦长为 6，其线宽由 0.5 渐变到 0；圆弧 FG 的起点切向角为 120°，G 点坐标为（16，12）；直线 GH 的线宽由 1.5 渐变到 0，H 点的坐标为（7，10）。根据已知条件绘制闭合多段线，如图 3-7-1 所示。

命令：_pline(选择多段线命令)

指定起点：5,5(输入起点 A 的坐标)

当前线宽为 0.0000

指定下一个点或[圆弧(A)/闭合(C)/半宽(H)/长度(L)/放弃(U)/宽度(W)]：10,8(输入 B 点坐标)

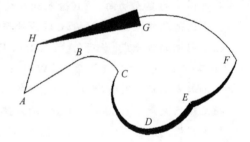

图 3-7-1　绘制多段线

指定下一个点或[圆弧(A)/半宽(H)/长度(L)/放弃(U)/宽度(W)]：A ↙ (输入 A 选择"圆弧"选项)

指定圆弧的端点或[角度(A)/圆心(CE)/闭合(CL)/方向(D)/半宽(H)/直线(L)/半径(R)/第二个点(S)/放弃(U)/宽度(W)]：14,7(输入 C 点坐标,确定 BC 弧)

指定圆弧的端点或[角度(A)/圆心(CE)/闭合(CL)/方向(D)/半宽(H)/直线(L)/半径(R)/第二个点(S)/放弃(U)/宽度(W)]：W ↙ (输入 W 选择"宽度"选项)

指定起点宽度<0.0000>：0 ↙ (输入起点宽度 0)

指定端点宽度<0.0000>：0.5 ↙ (输入终点宽度 0.5)

指定圆弧的端点或[角度(A)/圆心(CE)/闭合(CL)/方向(D)/半宽(H)/直线(L)/半径(R)/第二个点(S)/放弃(U)/宽度(W)]：A ↙ (输入 A 选择"角度"选项)

指定包含角：120(输入圆弧的包含角度值)

指定圆弧的端点或[圆心(CE)/半径(R)]：CE(输入 CE 选择"圆心"选项,按↙键)

指定圆弧的圆心：17,5(输入圆心的坐标)

指定圆弧的端点或[角度(A)/圆心(CE)/闭合(CL)/方向(D)/半宽(H)/直线(L)/半径

(R)/第二个点(S)/放弃(U)/宽度(W)]:A↙(输入 A 选择"角度"选项)

  指定包含角:60(输入圆弧的包含角度值)

  指定圆弧的端点或[圆心(CE)/半径(R)]:R(输入 R 选择"半径"选项)

  指定圆弧的半径:5(输入圆的半径值)

  指定圆弧的弦方向<356>:30(输入圆弧弦方向值)

  指定圆弧的端点或[角度(A)/圆心(CE)/闭合(CL)/方向(D)/半宽(H)/直线(L)/半径(R)/第二个点(S)/放弃(U)/宽度(W)]:W↙(输入 W 选择"宽度"选项)

  指定起点宽度<0.5000>:0.5↙(输入起点宽度 0.5)

  指定端点宽度<0.5000>:0↙(输入终点宽度 0)

  指定圆弧的端点或[角度(A)/圆心(CE)/闭合(CL)/方向(D)/半宽(H)/直线(L)/半径(R)/第二个点(S)/放弃(U)/宽度(W)]:CE↙(输入 CE 选择"圆心"选项)

  指定圆弧的圆心:20,10(输入圆心的坐标)

  指定圆弧的端点或[角度(A)/长度(L)]:L↙(输入 L 选择"长度"选项)

  指定弦长:6(输入弦长值)

  指定圆弧的端点或[角度(A)/圆心(CE)/闭合(CL)/方向(D)/半宽(H)/直线(L)/半径(R)/第二个点(S)/放弃(U)/宽度(W)]:D↙(输入 D 选择"方向"选项)

  指定圆弧的起点切向:120(输入切向值)

  指定圆弧的端点:16,12(输入 G 点坐标)

  指定圆弧的端点或[角度(A)/圆心(CE)/闭合(CL)/方向(D)/半宽(H)/直线(L)/半径(R)/第二个点(S)/放弃(U)/宽度(W)]:W↙(输入 W 选择"宽度"选项)

  指定起点宽度<0.0000>:1.5↙(输入起点宽度 1.5)

  指定端点宽度<1.5000>:0↙(输入终点宽度 0)

  指定圆弧的端点或[角度(A)/圆心(CE)/闭合(CL)/方向(D)/半宽(H)/直线(L)/半径(R)/第二个点(S)/放弃(U)/宽度(W)]:L↙(输入 L 选择"直线"选项)

  指定下一个点或[圆弧(A)/闭合(C)/半宽(H)/长度(L)/放弃(U)/宽度(W)]:7,10(输入点 H 的坐标值)

  指定下一个点或[圆弧(A)/闭合(C)/半宽(H)/长度(L)/放弃(U)/宽度(W)]:C↙(输入 C,按↙形成闭合多段线)

3.8 徒手绘制图形

  在 AutoCAD 中,除了标准绘图外,用户也可根据需要徒手绘制图形。徒手绘制出的图形较为随意,并带有一定的灵活性,有助于绘制一些较为个性的图形。在 AutoCAD 2021 中,徒手绘图的工具分为徒手绘图和修订云线绘图两种。

3.8.1 徒手绘图的方法

  用户若要进行徒手绘图操作,则需在命令行中输入"Sketch"并按"Enter"键。在绘图区中,指定一点为图形起点,然后移动光标即可绘制图形,如图 3-8-1 所示。绘制完成后,单击鼠标左键退出。

若要再次绘制图形，可再次单击鼠标左键进行绘制，图形绘
制完成后按"Enter"键，即可退出徒手绘图模式。

3.8.2 绘制修订云线

修订云线是连续圆弧组成的多段线。此种图线可以是闭合的，
也可以是断开的。启用绘制"修订云线"命令常用三种方法。

① "绘图＞修订云线"菜单命令；

② 在"默认"选项卡的"绘图"面板中单击"修订云线"按

钮 ；

图 3-8-1 徒手绘图

③ 输入命令：REVCLOUD（REVC）。

启用"修订云线"命令后，命令行提示如下：

命令：_REVCLOUD

最小弧长：0.5 最大弧长：0.5 样式：普通 类型：徒手画

指定第一个点或［弧长（A）/对象（O）/矩形（R）/多边形（P）/徒手画（F）/样式（S）/修改
（M）］＜对象＞：

选项说明如下所述。

◆ 指定起点：在绘图区中指定线段起点，拖动鼠标绘制云线。

◆ 弧长：该选项用于指定云线的弧长范围，用户可根据需要对云线的弧长进行设置。

◆ 对象：该选项用于将选择的某个封闭的图形对象转换成云线。

◆ 矩形：使用指定的点作为对角点创建矩形修订云线。

◆ 多边形：创建由三个或更多点定义的修订云线，以用作生成修订云线的多边形顶点。

◆ 徒手画：创建徒手画修订云线。

◆ 样式：该选项用于设置修订云线的样式，有"普通"和"手绘"两种样式，默认情况
下为"普通"样式。

◆ 修改：可以使用"修改"选项并指定一个或多个新点来重新定义现有修订云线。

在绘制云线时，需要将光标移动，将云线的端点放在起点处，系统会自动绘制闭合的云
线，如图 3-8-2（a）所示。若将云线的端点不放在起点处，采用默认设置，按"Enter"键，
系统将绘制断开的云线，如图 3-8-2（b）所示。

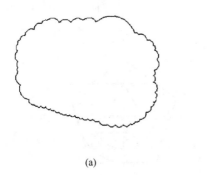

(a)

(b)

图 3-8-2 绘制云线

思考与练习

1. 思考题

① 可以用哪些方法指定直线的端点？

② 要绘制两个圆的公切圆（已知半径），应选择"圆"命令中的哪个选项？

③ 用"矩形"命令绘制的矩形是几个对象？

④ 圆在放大时，显示为多边形的情况怎样解决？

2. 操作题

① 绘制练习图 3-1 所示的平面图形（不标注尺寸）。

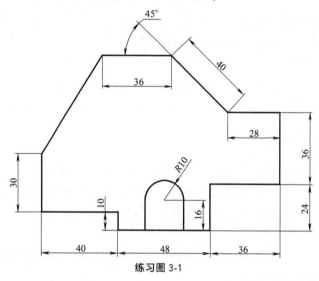

练习图 3-1

② 绘制练习图 3-2 所示的平面图形（不标注尺寸）。

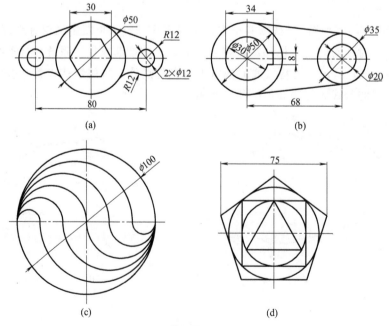

(a)　　　　　　　　　　(b)

(c)　　　　　　　　　　(d)

练习图 3-2

③ 绘制练习图 3-3 所示的平面图形（不标注尺寸）。

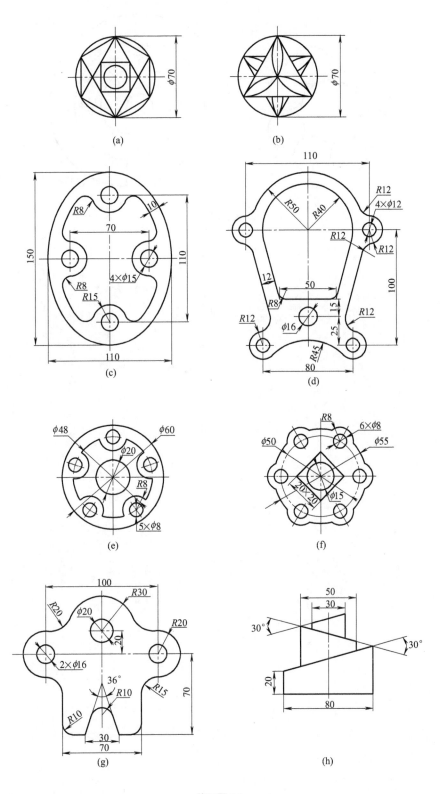

练习图 3-3

④ 绘制练习图 3-4 所示的平面图形

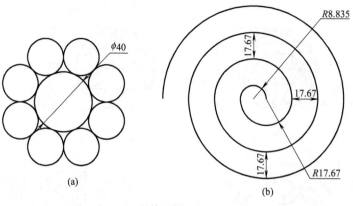

(a)

(b)

练习图 3-4

第 4 章

二维图形的编辑

图形编辑是对已有的图形进行修改、移动、复制和删除。AutoCAD 具有强大的编辑功能，在实际绘图中，绘图命令和编辑命令交替使用，可以大大节省绘图时间。

二维图形编辑命令的菜单操作主要集中在"默认"选项卡的"修改"面板中，在此面板中提供了若干个具有形象化的按钮，如图 4-1 所示。

AutoCAD 2021 提供两种编辑图形的途径：

① 先执行编辑命令，然后选择要编辑的对象；

② 先选择要编辑的对象，然后执行编辑命令。

这两种途经的执行效果是相同的，选择对象是进行编辑的前提。

图 4-1 "修改"面板

4.1 选择对象的方法

在对图形进行编辑操作之前，首先要选择单个或多个要编辑的实体，然后再按提示进行编辑。

实体是指所绘工程图中的图形、文字、尺寸、剖面图等。用一个命令画出的图形或写出的文字，可能是一个实体，也可能是多个实体。例如：用单行文字命令一次所注写的文字每行是一个实体，而用多行文字命令所注写的文字无论多少行都是一个实体。如图 4-1-1 所示。

在 AutoCAD 中进行每一个编辑操作时都需要确定操作对象，也就是要明确对哪一个或

制图	技术要求
审核	1.图中未注铸造圆角均为 R2-3。
日期	2.表面渗碳处理。
(a) 每行是一个实体	(b) 多行是一个实体

图 4-1-1 实体的选择

哪一些实体进行编辑，此时，命令行会提示"选择对象"，屏幕上的十字光标变成了一个活动的小方框，这个小方框被称为"对象拾取框"。

拾取框的大小可以通过在绘图区单击右键快捷菜单点选"选项"，或在命令行点击自定义按钮 ，选取"选项"，在打开的"选项＞选择集"中，用户可对拾取框的大小、颜色等进行设置，如图 4-1-2 所示。

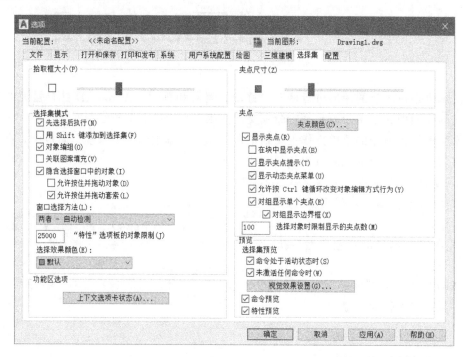

图 4-1-2　"选项"对话框中的"选择集"选择卡

选择对象的方法很多，常用的有以下五种。

(1) 点选图形方式

该方式一次只选一个实体。在出现"选择对象"提示时直接移动鼠标，让对象拾取框移到所选择的图形上并单击鼠标左键，该图形变成高亮显示，即被选中。若要选择多个图形，依次去选择单击鼠标左键即可，如图 4-1-3 所示。

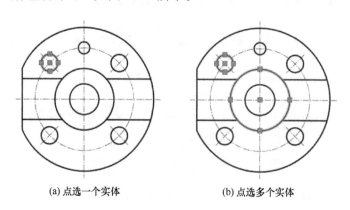

(a) 点选一个实体　　　　　　　　(b) 点选多个实体

图 4-1-3　点选图形

(2) 框选图形方式

在选择大量图形时，用框选图形方式较为合适。框选的方式分为两种，一种从左向右框选，另一种从右向左框选。使用时，系统根据用户在屏幕上给出的两个对角点的位置自动引入"窗口"或"窗交"选择方式。若从左向右指定对角点，为"窗口"方式，位于矩形窗口内的图形将被选中，只与窗口相交的图形不能被选中，如图 4-1-4 所示。若从右向左指定对角点，为"窗交"方式，它同样也可创建矩形窗口并选中窗口内所有图形，如图 4-1-5 所示。

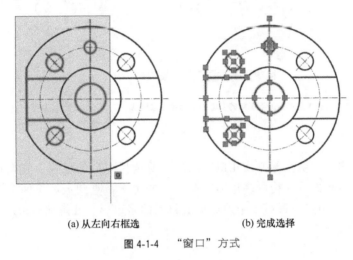

| (a) 从左向右框选 | (b) 完成选择 |

图 4-1-4 "窗口"方式

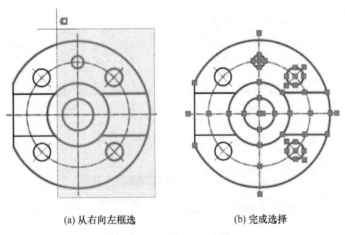

| (a) 从右向左框选 | (b) 完成选择 |

图 4-1-5 "窗交"方式

从上面图可以看出，"窗口"或"窗交"框选不同的是，"窗交"框选的结果是与矩形窗口相交的图形将被选中。

(3) 围选图形方式

围选方式很灵活，它通过一个不规则的多边形来选择对象。围选的方式有圈选和圈交两种。

围选的操作与"窗口"方式相似，用户在要选择图形的任意位置上指定一点，在命令行输入 WP，然后顺次输入构成多边形所有顶点的坐标，直到最后按回车键结束操作，系统将自动连接第一个顶点与最后一个顶点形成封闭的多边形。凡是被多边形围住的对象均被选中，如图 4-1-6 所示。

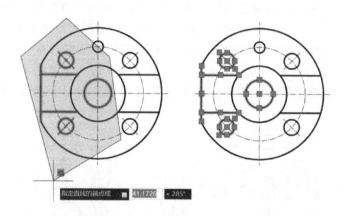

(a) 从右向左点击出不规则的多边形来选择对象框选　　　　(b) 完成选择

图 4-1-6　"围选"方式

"围交"的操作与"窗交"方式相似，用户在要选择图形的任意位置上指定一点，在命令行输入 CP，然后顺次输入构成多边形所有顶点的坐标，直到最后按回车键结束操作，系统将自动连接第一个顶点与最后一个顶点形成封闭的多边形。凡是被多边形围住的对象均被选中，如图 4-1-7 所示。

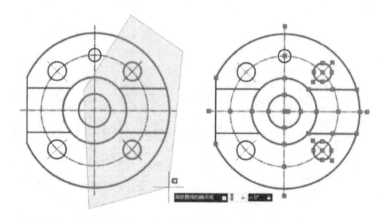

(a) 从左向右点击出不规则的多边形来选择对象框选　　　　(b) 完成选择

图 4-1-7　"围交"方式

（4）栏选图形方式（画折线选择方式）

在对复杂图形进行编辑时，使用栏选方式可方便地选择连续的图形。利用一条开放的折线进行图形的选择，这些线段不必构成封闭图形，凡是与这些线段相交的对象均被选中。用户只需在命令行输入 F 按回车键，即可选择图形，如图 4-1-8 所示。

（5）其他选择方式

除了以上常用的四种选择方式外，还可以使用其他的选择方式进行选取。例如"上一个"、"全部"、"单个"、"多个"、"自动"、"交替选择"、"快速选择"等。用户在命令行输入 SELECT 后按回车键，然后输入选择方式的字母，则可获得多种选择方式。如图 4-1-9

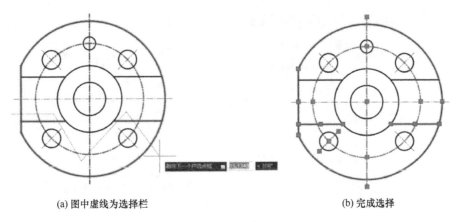

(a) 图中虚线为选择栏　　　　　　　　　　　(b) 完成选择

图 4-1-8　"栏选"方式

```
命令: SELECT
选择对象: ?
*无效选择*
需要点或窗口(W)/上一个(L)/窗交(C)/框(BOX)/全部(ALL)/栏选(F)/圈围(WP)/圈交(CP)/编组(G)/添加(A)/删除(R)/多个(M)/前一个(P)/放弃
(U)/自动(AU)/单个(SI)/子对象(SU)/对象(O)
```

图 4-1-9　多种选择方式

所示。

选项说明：

◆"上一个"：在"选择对象："提示下输入 L 后按回车键，系统会自动选择最后绘出的一个对象。

◆"全部"：在"选择对象："提示下输入 ALL 后按回车键，选取图面上没有被锁定、关闭或冻结的所有图形。

◆"单个"：在"选择对象："提示下输入 SI 后按回车键，选择指定的第一个对象或对象集，而不继续提示进行进一步的选择。

◆"多个"：在"选择对象："提示下输入 M 后按回车键，单击可选中多个图形对象。

◆"自动"：这是默认的选择方式。其选择结果视用户在屏幕上的选择操作而定。如果选中单个对象，则该对象即为自动选择的结果；如果选择点落在对象内部或外部的空白处，系统会提示：指定对角点：此时，系统会采取一种窗口的选择方式。

◆"快速选择"：有时用户需要选择具有某些共同属性的对象来构造选择集，如选择具有相同颜色、线型或线宽的对象，用户当然可以使用前面介绍的方法选择这些对象，但如果要选择的对象数量较多且分布在较复杂的图形中，会导致很大的工作量。在"默认"选项卡的"实用工具"面板中单击"快速选择"按钮，在此对话框中，根据需要选择相关特性即可，如图 4-1-10（a）所示。单击绘图区的空白处，单击鼠标右键，在打开的快捷菜单中，选择"快速选择…"命令，同样可以打开"快速选择"对话框，根据需要选择相关特性即可，如图 4-1-10（b）所示。

提示： 防止对象被选中，可以通过锁定图层来防止该图层上的对象被选中和修改，锁定图层后仍然可以进行其他操作。例如：可以使锁定图层作为当前图层，并为其添加对象；也可以使用对象捕捉指定锁定图层中对象上的点；更改锁定图层上对象的绘制次序。

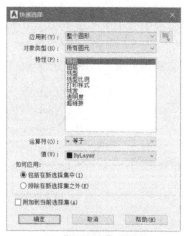 

(a) "快速选择"对话框   (b) 快捷菜单命令

图 4-1-10   "快速选择"

4.2 调整对象位置

在 AutoCAD 中绘图，若需改变对象的位置，只需用移动、旋转、对齐命令就可以将图形进行重新定位。

4.2.1 移动命令

移动命令的功能是将选中的对象在指定方向上移动指定距离，使用坐标、栅格捕捉、对象捕捉和其他工具可以精确移动对象。既从当前位置平行移动到指定的新位置，如图 4-2-1 所示。

 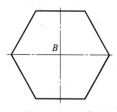 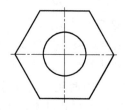

图 4-2-1   "移动"对象

启用"移动"命令有三种方法。

①"修改＞移动"菜单命令；

② 在"默认"选项卡的"修改"面板中单击"移动"按钮 ✥；

③ 输入命令：MOVE。

启用"移动"命令后，命令行提示如下：

选择对象：(用拾取框选择图)↙

指定基点或[位移(D)](位移)：(捕捉"A"点，即位移第一点)指定第二个点或(使用第一个点作为位移)：(捕捉"B"点)↙

提示：移动是以基点为平移起点，以目的点为终点，将所选对象平移到新位置。

4.2.2　旋转命令

旋转命令的功能是将选中的对象绕基点旋转，可以围绕基点将选定的对象旋转到一个绝对的角度。

启用"旋转"命令有三种方法：

① "修改＞旋转"菜单命令；

② 在"默认"选项卡的"修改"面板中单击"旋转"按钮 ；

③ 输入命令：ROTATE。

启用"旋转"命令后，选择不同选项，可进入不同的旋转方式。

(1) 给定旋转角方式

启用"旋转"命令后，命令行提示如下：

选择对象：(用拾取框选择图)↙

指定基点：(捕捉基点"A")↙

指定旋转角度，或[复制(C)参照(R)]：<0>120↙[逆时针旋转角度值为正,顺时针旋转角度值为负,如图 4-2-2(a)、(b)所示]

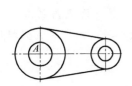
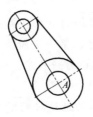
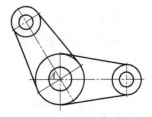

(a) "旋转"前　　　　(b) "旋转"120°的结果　　　(c) "旋转"120°并"复制"的结果

图 4-2-2　　"旋转"对象

(2) 复制 (C) 方式

启用"旋转"命令后，命令行提示如下：

选择对象：(用拾取框选择图)↙

指定基点：(捕捉基点"A")↙

指定旋转角度，或[复制(C)参照(R)]：C↙[如图 4-2-2(c)所示]。

4.2.3　对齐命令

对齐命令的功能是在二维和三维空间中将对象与其他对象对齐。可以指定一对、两对或三对源点和定义点以移动、旋转或倾斜选定的对象，从而将他们与其他对象上的点对齐，如图 4-2-3 管道间法兰盘的对齐。

启用"对齐"命令有三种方法。

① "修改＞对齐"菜单命令；

② 在"默认"选项卡的"修改"面板中单击"对齐"按钮 ；

③ 输入命令：ALIGN。

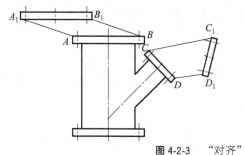 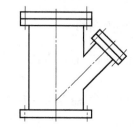

图 4-2-3　"对齐"对象

启用"对齐"命令后，命令行提示如下：

选择对象：(选择要对齐的对象)↙

指定第一个源点：(捕捉源点 A_1)

指定第一个目标点：(捕捉目标点 A)

指定第二个源点：(捕捉源点 B_1)

指定第二个目标点：(捕捉目标点 B)

指定第三个源点或＜继续＞：↙(结束捕捉点)

是否基于对齐点缩放对象？［是(Y)/否(N)］＜否＞：y↙(缩放要对齐的对象)

提示：

① 一点对齐只平移选择的对象，使选择的对象从第一源点平移到指定的第一目标点。

② 两点对齐，如要缩放选择的对象时，第一目标点为基点，第一源点与第二源点间距为参考长度，第一目标点和第二目标点间距为新长度；如不缩放选择的对象时，只根据两点对齐，如图 4-2-3 所示。

③ 三点对齐时，只根据三点对齐，不缩放选择的对象。

4.3　利用一个对象生成多个对象

在 AutoCAD 中绘图，图样中相同或相似的部分一般只画一次，然后用编辑命令复制、镜像、偏移、阵列绘制出其他。不同的情况应使用不同的命令。

4.3.1　复制对象

使用复制命令可以把选中的对象复制到指定方向上的指定距离位置，使用 COPY-MODE 系统变量，可以控制是否自动创建多个副本。既可以复制一次，也可复制多次，如图 4-3-1 所示。

启用"复制"命令有三种方法。

① "修改＞复制"菜单命令；

② 在"默认"选项卡的"修改"面板中单击"复制"按钮 ；

③ 输入命令：COPY。

启用"复制"命令后，命令行提示如下：

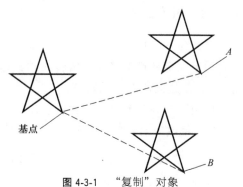

图 4-3-1　"复制"对象

选择对象：(选择要复制的对象)↙

指定基点或[位移(D)/模式(O)]<位移>：(给定基点)↙

指定第二个点或[阵列(A)]<使用第一个点作为位移>：

指定第二个点或[阵列(A)/退出(E)/放弃(U)]<退出>：(给定终点，如"A"或"B")↙

提示：复制命令的本质是把选中的对象从起点复制到终点，起点称为基点（位移的第一点），终点称为位移的第二点，如 A、B。

基点可以选在图上的任何位置，一般把基点的位置选在图形的特殊点上。

4.3.2 镜像对象

使用镜像命令可以创建选定对象的镜像副本，可以创建表示半个图形的对象，选择这些对象并沿指定的线进行镜像以创建另一半。既把选择的对象按指定的对称轴（镜像线）镜像复制，生成的图形与原图形关于对称轴对称。对于对称的图形，一般只画一半，然后用镜像命令复制出另一半，如图 4-3-2 所示。

启用"镜像"命令有三种方法。

①"修改＞镜像"菜单命令；

② 在"默认"选项卡的"修改"面板中单击"镜像"按钮◭；

③ 输入命令：MIRROR。

启用"镜像"命令后，命令行提示如下：

选择对象：(选择要镜像的对象)↙

指定镜像线的第一点：(指定对称轴上的一点如 A)

指定镜像线的第二点：(指定对称轴上的另一点如 B)

要删除源对象吗？[是(Y)/否(N)]<N>：(进行选择)↙

提示："Y"表示要删除源对象，如图 4-3-2（b）所示；

"N"表示不删除源对象，如图 4-3-2（c）所示。

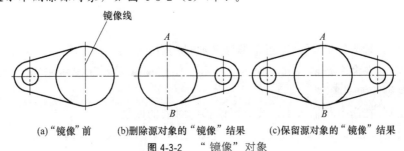

(a)"镜像"前 (b)删除源对象的"镜像"结果 (c)保留源对象的"镜像"结果

图 4-3-2 "镜像"对象

4.3.3 偏移对象

使用偏移命令可以在指定距离或通过一个点偏移对象。偏移对象后，可以使用修剪和延伸这种有效的方式来创建包含多条平行线和曲线的图形，包括直线、圆弧、圆、二维多段线、椭圆、椭圆弧、参照线、样条曲线等。对已知间距的平行线，较复杂的类似形结构，可以画出一个，用偏移命令画其他，如图 4-3-3、图 4-3-4 所示。

启用"偏移"命令有三种方法。

①"修改＞偏移"菜单命令；

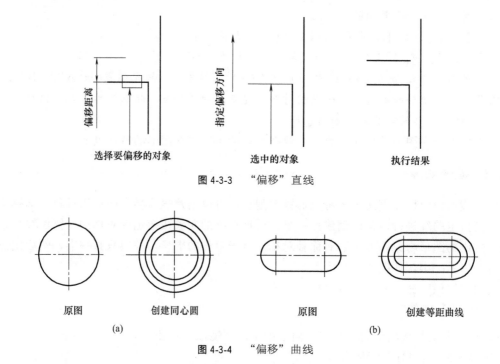

图 4-3-3　"偏移"直线

图 4-3-4　"偏移"曲线

② 在"默认"选项卡的"修改"面板中单击"偏移"按钮▣；

③ 输入命令：OFFSET。

启用"偏移"命令后，命令行提示如下：

指定偏移距离或[通过(T)/删除(E)/图层(L)]<通过>:(给定偏移距离值)↙

选择要偏移的对象,或[退出(E)/放弃(U)]<退出>:(选择要偏移的对象)↙

指定要偏移的那一侧上的点,或[退出(E)/多个(M)放弃(U)]<退出>:(给定一点确定偏移方位)↙

选项说明：

◆ 通过（T）：输入"T"，则需指定偏移要通过的点。

◆ 删除（E）：在命令行输入 E，命令行显示"要在偏移后删除源对象吗?"输入 Y 或 N 来确定是否要删除源对象。

◆ 图层（L）：在命令行输入 L，选择要偏移的对象的图层。

提示：该命令在选择对象时只能以"拾取框选择"，即一次只能选一个。

【例】 已知 $m=4$，$z=25$，齿宽 $B=25$，中心孔径为 30，键槽宽度 $b=8$，键槽深度 33.3，完成斜齿圆柱齿轮图。

作图步骤：

① 作出点画线确定圆心。

② 打开对象捕捉＼极轴追踪，作出齿顶圆、齿根圆、分度圆，如图 4-3-5（a）所示。

③ 用复制、偏移命令作出图 4-3-5（b）轮齿外形图。

④ 用画圆、偏移、修剪、拉长命令作出图 4-3-5（c）。

⑤ 用移动命令把图 4-3-5（c）移到图 4-3-5（a）圆心处，高平齐作出相关的结构线。

⑥ 完成斜齿圆柱齿轮，如图 4-3-5（d）所示。

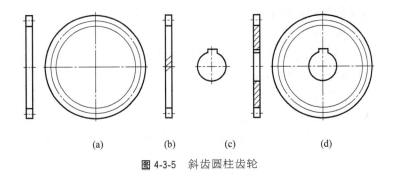

图 4-3-5 斜齿圆柱齿轮

4.3.4 阵列对象

阵列命令是一种有规则的复制命令，它可以创建按任意行、列和层级组合分布对象副本。对于成行成列或在圆周上均匀分布的多个相同对象，一般画成一个或一组，用阵列命令画出其他。启用"阵列"命令在"默认"选项卡"修改"面板中"阵列"下拉列表中选择"矩形阵列"按钮 ⊞，如图 4-3-6 所示。有三种阵列选项，它们是矩形阵列、环形阵列及路径阵列，如图 4-3-7 所示。

（1）创建矩形阵列图形

矩形阵列是通过设置行数、列数、行偏移和列偏移来选择对象进行复制。

图 4-3-6 "矩形阵列"按钮

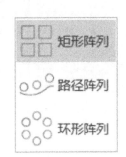

图 4-3-7 三种阵列选项

根据命令行提示，输入行数、列数以及间距值，按回车键即可完成矩形阵列操作，如图 4-3-8 所示。

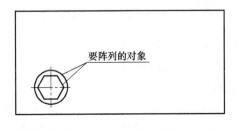

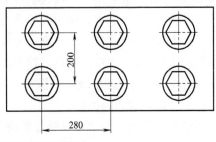

图 4-3-8 "矩形阵列"绘制机械零件图中的垫片

命令行提示如下：

命令：arrayrect

选择对象：指定对角点：找到 7 个

选择对象：（选择要阵列的对象：）

类型＝矩形　关联＝是

选择夹点以编辑阵列或［关联（AS）/基点（B）/计数（COU）/间距（S）/列数（COL）/行数（R）/层数（L）/退出（X）］＜退出＞：cou

输入列数数或［表达式（E）］＜4＞：3

输入行数数或［表达式（E）］＜3＞：2

选择夹点以编辑阵列或［关联（AS）/基点（B）/计数（COU）/间距（S）/列数（COL）/行数（R）/层数（L）/退出（X）］＜退出＞：s

指定列之间的距离或［单位单元（U）］＜420＞：280

指定行之间的距离或＜555＞：200

选择夹点以编辑阵列或［关联（AS）/基点（B）/计数（COU）/间距（S）/列数（COL）/行数（R）/层数（L）/退出（X）］＜退出＞：↙

执行矩形阵列操作后，用户若对阵列后的图形进行编辑修改，可直接选中要修改的对象，系统自动弹出"矩形阵列"选项卡，如图 4-3-9（a）所示。或在"默认"选项卡的"修改"面板的下拉列表中单击"编辑阵列"按钮　，在完成图内选中要修改的对象，单击左键打开"矩形阵列"快捷菜单，如图 4-3-9（b）所示。

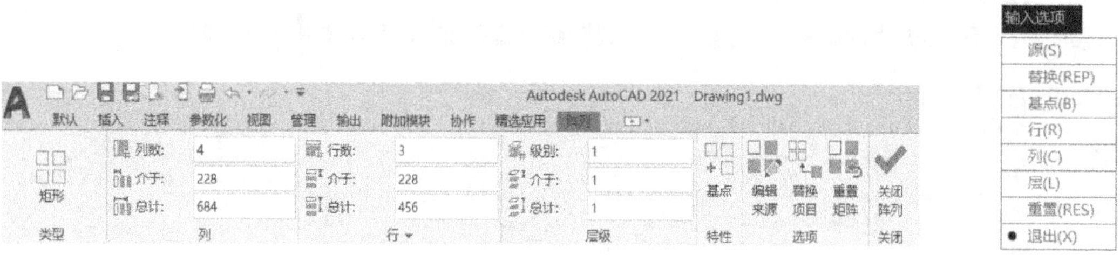

(a) "矩形陈列"选项卡　　　　　　　　　　　　　　　　(b) "矩形陈列"快捷菜单

图 4-3-9　"矩形阵列"操作

"矩形阵列"选项卡中各主要选项说明如下。

◆ 源（S）：选中该项，可编辑选定项的原对象或替代原对象。

◆ 替换（REP）：选中该项，可引用原始源对象的所有项的原对象。

◆ 基点（B）：选中该项，该选项可重新定义阵列的基点。

◆ 行（R）：选中该项，用户可设置行数、行间距以及行的总距离值。

◆ 列（C）：选中该项，用户可设置列数、列间距以及列的总距离值。

◆ 层（L）：选中该项，用户可设置层数、层间距以及层的总距离值。

◆ 重置（RES）：选中该项，恢复已删除项、并删除任何替代项。

（2）创建环形阵列图形

所谓环形阵列，是指可以通过围绕指定的圆心复制选定对象来创建一个环形阵列图形。

使用环形阵列时也需要设定相关参数，其中包括中心点、方法、项目总数和填充角度。与矩形阵列比，环形阵列创建出的阵列效果更灵活。

启用"阵列"命令在"默认"选项卡"修改"面板中"阵列"下拉列表中选择"环形阵列"按钮　，根据命令行提示，指定阵列中心点、并输入阵列数目值，按回车键即可完成环形阵列操作。如图 4-3-10 所示。

命令行提示如下：

命令：arraypolar

选择对象：指定对角点：找到 2 个

选择对象：(选择要阵列的对象：)

类型＝ 极轴 关联＝是

制定阵列的中心点或[基点(B)/旋

转轴(A)]：

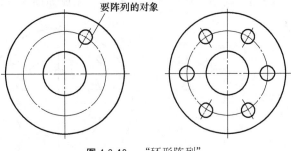

图 4-3-10　"环形阵列"

选择夹点以编辑阵列或[关联
(AS)/基点(B)/项目(I)/项目间角度(A)/填充角度(F)/行(ROW)/层(L)/旋转项目(ROT)/
退出(X)]＜退出＞：I

输入阵列中的项目数或[表达式(E)]＜6＞：6

选择夹点以编辑阵列或[关联(AS)/基点(B)/项目(I)/项目间角度(A)/填充角度(F)/行
(ROW)/层(L)/旋转项目(ROT)/退出(X)]＜退出＞：↙

执行环形阵列操作后，用户若对阵列后的图形进行编辑修改，可直接选中要修改的对
象，系统自动弹出"环形阵列"选项卡如图 4-3-11（a）所示。或在"默认"选项卡"修改"
面板的下拉列表中单击"编辑阵列"按钮，在完成图内选中要修改的对象，单击左键打
开"环形阵列"快捷菜单，如图 4-3-11（b）所示。

(a) "环形陈列"选项卡　　　　　　　　　　　　(b) "环形陈列"快捷菜单

图 4-3-11　"环形阵列"操作

"环形阵列"选项卡中各主要选项说明如下。

◆ 源 (S)：选中该项，可编辑选定项的原对象或替代原对象。

◆ 替换 (REP)：选中该项，可引用原始源对象的所有项的原对象。

◆ 基点 (B)：选中该项，该选项可重新定义阵列的基点。

◆ 项目 (I)：在该选项卡中，可设置阵列项目数、阵列角度以及指定阵列中第一项到最
后一项之间的角度。

◆ 项目间角度 (A)：选中该项，可使用值或表达式指定项目之间的角度。

◆ 填充角度 (F)：正值指定逆时针旋转，负值指定顺时针旋转。

◆ 行 (R)：选中该项，用户可设置行数、行间距以及行的总距离值。

◆ 层 (L)：选中该项，用户可设置层数、层间距以及层的总距离值。

◆ 旋转项目 (ROT)：用于设置在阵列时是否将复制出的对象旋转。

◆ 重置 (RES)：选中该项，恢复已删除项、并删除任何替代项。

【例】 利用"环形列阵"命令，完成如图4-3-12（c）所示的图形。

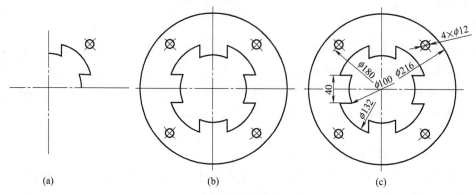

图 4-3-12 用阵列命令绘图

作图步骤：

① 作出点画线确定圆心。

② 根据给出的尺寸，用构造线、画圆、偏移、修剪等命令作出图4-3-12（a）。

③ 用阵列或镜像命令作出图4-3-12（b），用拉长命令把点画线画到超出圆轮廓线2～5mm处。

④ 标注尺寸，如图4-3-12（c）所示。

(3) 创建路径阵列图形

路径阵列是沿整个路径或部分路径平均分布对象副本。路径可以是直线、多段线、三维多段线、样条曲线、螺旋、圆弧、圆或椭圆等所有开放性线段。在"默认"选项卡"修改"面板中"阵列"下拉列表中选择"路径阵列"按钮，根据命令行提示，选择要阵列图形的对象，然后选择阵列的路径曲线，并输入阵列数目即可完成路径阵列操作，如图4-3-13所示。

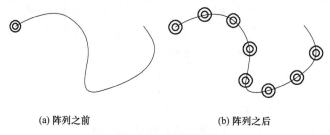

(a) 阵列之前   (b) 阵列之后

图 4-3-13 路径阵列

命令行提示如下：

命令：arraypath

选择对象：找到1个

选择对象：(选择阵列对象)

类型 = 路径 关联 = 是

选择路径曲线：(选择阵列路径)

选择夹点以编辑阵列或[关联(AS)/方法(M)/基点(B)/切向(T)/项目(I)/行(R)/层(L)/对齐项目(A)/Z方向(Z)/退出(X)]<退出>：I(选择"项目"选项)

指定沿路径的项目之间的距离或[表达式(E)]<297.0799>：380(输入阵列间距离)

最大项目数＝8

指定项目数或[填写完整路径(F)/表达式(E)]＜8＞:8(输入阵列数目)

选择夹点以编辑阵列或[关联(AS)/方法(M)/基点(B)/切向(T)/项目(I)/行(R)/层(L)/对齐项目(A)/Z方向(Z)/退出(X)]＜退出＞:✓(按 Enter 键,完成操作)

执行路径阵列操作后,用户若对阵列后的图形进行编辑修改,可直接选中要修改的对象,系统自动弹出"路径阵列"选项卡,如图 4-3-14(a)所示。或在"默认"选项卡的"修改"面板的下拉列表中单击"编辑阵列"按钮，在完成图内选中要修改的对象,单击左键打开"路径阵列"快捷菜单,如图 4-3-14(b)所示。

(a)"路径陈列"选项卡   (b)"环形陈列"快捷菜单

图 4-3-14   "路径阵列"操作

"路径阵列"选项卡中各主要选项说明:

◆ 源 (S):选中该项,可编辑选定项的原对象或替代原对象。

◆ 替换 (REP):选中该项,可引用原始源对象的所有项的原对象。

◆ 方法 (M):选中该项,可选择设置定数等分、定距等分两种路径方法。

◆ 基点 (B):选中该项,该选项可重新定义阵列的基点。

◆ 项目 (I):在该选项卡中,可设置阵列项目数、项目间距、项目总间距。

◆ 对齐项目 (A):指定是否对齐每个项目以与路径方向相切。

◆ Z 方向 (Z):控制是保持项的原始 Z 方向,还是沿三维路径倾斜方向。

◆ 重置 (RES):选中该项,恢复已删除项、并删除任何替代项。

4.4 调整对象尺寸

在 AutoCAD 中绘图,如果尺寸不符合要求,可以对已有对象进行尺寸调整,使用缩放、拉伸、拉长、修剪、延伸、分解、打断、合并等命令可以改变对象的大小。

4.4.1 缩放对象

缩放命令是指放大或缩小选定对象,缩放后保持对象的比例不变。要缩放对象,要指定基点和比例因子。基点将作为缩放操作中的中心并保持静止。也可以指定要用作比例因子的长度进行参照缩放。比例因子大于 1 为放大;比例因子介于 0 或 1 之间为缩小。

启用"缩放"命令有三种方法。

① "修改＞缩放"菜单命令;

② 在"默认"选项卡的"修改"面板中单击"缩放"按钮□;

③ 输入命令：SCALE。

启用"缩放"命令后，选择不同的选项，可进入不同的比例缩放方式。

① 给比例值方式，如图 4-4-1 所示。

启用"缩放"命令后，命令行提示如下：

选择对象：(选择要缩放的三角形)✓

指定基点：(给定基点 A)✓

指定比例因子或参照(R)：2✓

缩放后的图如 4-4-1（b）、(c）所示。

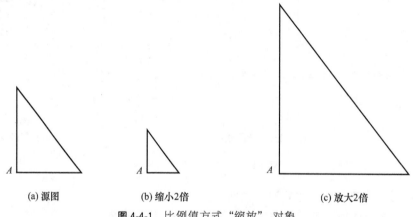

(a) 源图   (b) 缩小2倍   (c) 放大2倍

图 4-4-1　比例值方式"缩放" 对象

② 参照方式。启用"缩放"命令后，命令行提示如下：

选择对象：(选择要缩放的对象)✓

指定基点：(给定基点 B)✓

指定比例因子或[复制(C)/参照(R)]：R✓(选择了参照方式)

指定参照长度＜1＞：50✓

指定新的长度或[点(P)]：40✓

结果如图 4-4-2 所示。

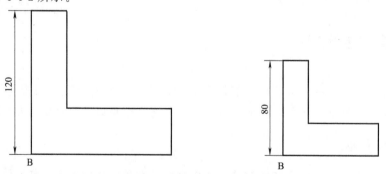

图 4-4-2　参照方式"缩放"对象

4.4.2　拉伸对象

在 AutoCAD 中绘图，需要通过平移图形中的某些点调整图形的大小和形状时，可采用拉伸命令，如图 4-4-3 所示。

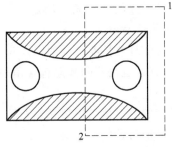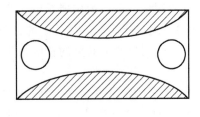

图 4-4-3　"拉伸"对象

启用"拉伸"命令有三种方法。

① "修改＞拉伸"菜单命令；

② 在"默认"选项卡的"修改"面板中单击" 拉伸"按钮 ；

③ 输入命令：STRETCH。

启用"拉伸"命令后，命令行提示如下：

选择对象：(以窗选或多边形框选的方式选择要拉伸的对象)↙

指定基点或［位移(D)］＜位移＞：(给定基点——拉伸起点)↙

指定第二个点或＜使用第一个点作为位移＞：(给出点——拉伸终点)

提示：

① 在拉伸操作中，只能以交叉窗口（从右向左拖动鼠标），给出矩形窗口的两对角点，呈交叉多边形（从右向左拖动鼠标给出矩形窗口的两对角点），选择要拉伸的对象。

② 完全在窗口内的实体在拉伸过程中，只作平移不改变大小；完全在窗口外的实体不作任何改变；和窗口相交的实体被拉伸或压缩。

③ 直线、圆弧、多段线、图案填充等对象都可以拉伸，而点、圆、椭圆、文本和图块不能拉伸。

4.4.3　拉长对象

使用拉长命令，可以修改对象的长度和圆弧的包含角，可以将更改指定为百分比、增量或最终长度或角度，并按指定的方式拉长或缩短选中的对象，如图 4-4-4 所示。

启用"拉长"命令有三种方法。

① "修改＞拉长"菜单命令；

② 在"默认"选项卡的"修改"面板中单击"拉长"按钮 ；

③ 输入命令：LENGTHEN。

启用"拉长"命令后，命令行提示如下：

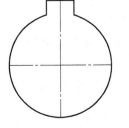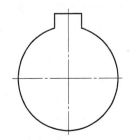

图 4-4-4　"拉长"对象

选择对象或［增量(DE)/百分数(P)/全部(T)/动态(DY)］：de ↙(选择增量方式)

输入长度增量或［角度(A)］＜0,0000＞：5 ↙(给出长度增量值)

选择要修改的对象或［放弃(u)］：(单击需拉长的点画线)

选项说明：

◆ 增量（DE）：按指定的增量修改对象的长度或圆弧的包含角，增量值是从距离选择点最近的端点处开始测量。正值为扩展对象，负值为修剪对象。

◆ 百分数（P）：通过指定对象总长度的百分数设置对象长度。例如输入 50 将使新的对象缩短一半，输入 200 则使选定对象的长度加倍。百分数也按照圆弧总包含角的指定百分比修改圆弧角度。

◆ 全部（T）：通过指定从固定端点测量的总长度的绝对值来设置选定对象的长度。

◆ 动态（DY）：打开动态拖动模式，通过拖动选定对象的一个端点来改变其长度，另一个端点保持不变。

4.4.4 删除对象

删除命令的功能类似于橡皮的功能。

启用"删除"命令有三种方法。

① "修改＞删除"菜单命令；

② 在"默认"选项卡的"修改"面板中单击" 删除"按钮 ；

③ 输入命令：ERASE。

启用"删除"命令后，命令行提示如下：

选择对象：(选择需删除的对象)↙(可继续重复)

操作示例如图 4-4-5（a）、(b）所示。

AutoCAD 2021 也可以无需选择要删除的对象，而是可以输入一个选项。例如：输入 L 删除绘制的上一个对象，输入 P 删除前一个选择集，或者输入 ALL 删除所有对象，如图 4-4-5（b）所示。

AutoCAD 2021 还可以删除重复对象即通过删除重复（或不需要的对象）来清理重叠的几何图形，显示"删除重复对象"对话框如图 4-4-5（c）所示。

在"默认"选项卡的"修改"面板中单击" 删除重复对象"按钮 ，即可启动该命令。

4.4.5 修剪对象

修剪命令的功能可以以某一对象为剪切边修剪其他对象。

启用"修剪"命令有三种方法。

① "修改＞修剪"菜单命令；

② 在"默认"选项卡的"修改"面板中单击"修剪"按钮 ；

③ 输入命令：TRIM。

启用"修剪"命令后，命令行提示如下：

命令：trim

当前设置：投影＝UCS,边＝无,模式＝标准

选择剪切边...

选择对象或［模式(O)］＜全部选择＞：↙

选择要修剪的对象,或按住 Shift 键选择要延伸的对象,或［剪切边(T)/栏选(F)/窗交(C)/模式(O)/投影(P)/边(E)/删除(R)/放弃(U)］:e↙

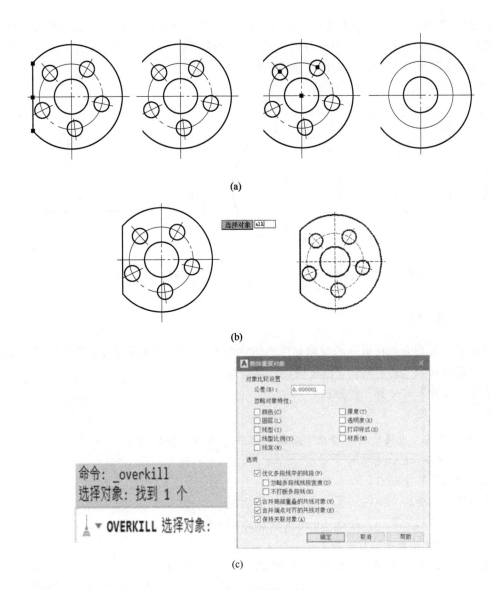

图 4-4-5　"删除"对象

输入隐含边延伸模式[延伸(E)不延伸(N)]＜不延伸＞：

具体修剪对象的图例如图 4-4-6 所示。

选项说明如下：

◆ 模式（O）：有两种模式可用于修剪对象：使用所有对象作为潜在剪切边的"快速（Q）"模式，和需要自主选择剪切边的"标准（S）"模式。

◆ 剪切边（T）：使用其他选定对象来定义对象修剪到的边界。

◆ 栏选（F）：系统以栏选的方式选择被修剪的对象。

◆ 窗交（C）：系统以窗交的方式选择被修剪的对象。

◆ 投影（P）：可以指定执行修剪的空间，主要用于三维空间中两个对象的修剪，可将对象投影到某一平面上执行修剪操作。

◆ 边（E）：选择该选项时，命令行显示"输入隐含边延伸模式 [延伸（E）/不延伸（N）]

＜不延伸＞："提示信息。如果选择"延伸（E）"选项，当剪切边太短而且没有与被修剪对象相交时，可延伸修剪边，然后进行修剪；如果选择"不延伸（N）"选项，只有当剪切边与被修剪对象真正相交时，才能进行修剪，如图 4-4-7 所示。

◆ 放弃（U）：取消上一次的操作。

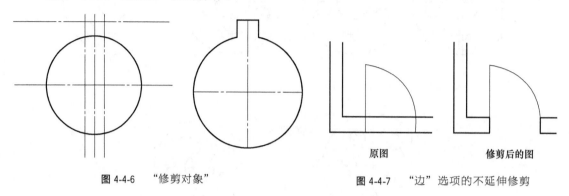

图 4-4-6　"修剪对象"　　　　　　图 4-4-7　"边"选项的不延伸修剪

4.4.6　延伸对象

延伸对象的功能是将选定的对象延伸到指定的边界。若要将所有对象用作边界，请在首次出现"选择对象"提示时按 Enter 键（回车键）。

启用"延伸"命令有三种方法。

① "修改＞延伸"菜单命令；

② 在"默认"选项卡的"修改"面板中单击"延伸"按钮 ；

③ 输入命令：EXTEND。

启用"延伸"命令后，命令行提示如下：

当前设置：投影＝UCS，边＝无，模式＝快速

选择要延伸的对象，或按住 Shift 键选择要修剪的对象，或［边界边（B）/窗交（C）/模式（O）/投影（P）/放弃（U）］：

选择对象或＜全部选择＞：（全部选择）↙

选择要延伸的对象，或按住 shift 键选择要修剪的对象，或［栏选（F）/窗选（C）/投影（P）/边（E）/放弃（U）］：（选择要延伸的对象，结果如图 4-4-8 所示）

提示：① 命令行中各选项含义和"修剪"命令中相应选项含义类似，在此不再重复。

② 选择延伸对象，靠近选点的一端被延伸。

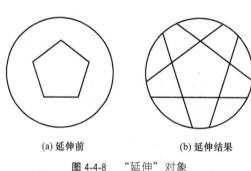

(a) 延伸前　　　　　　(b) 延伸结果

图 4-4-8　"延伸"对象

③ 延伸边界可以是直线、圆、圆弧、多段线、样条曲线和构造线，作为边界的对象可以是一个，也可以是多个，切点处也可以作为延伸边界。

说明：延伸命令的使用方法和修剪命令的使用方法相似，不同之处在于：使用延伸命令时，如果在按下 shift 键的同时选择对象，则执行修剪命令；使用修剪命令时，如果在按下 shift 键的同时选择对象，则执行延伸命令。

4.4.7　分解对象

分解命令的功能是将复合对象分解成若干个相互独立的部件对象。在希望单独修改复合对象的部件对象时，可分解复合对象。多段线、矩形、正多边形、图块、剖面线、尺寸、三维实体、三维多线段和三维曲线、面域等实体都可以被分解。

启用"分解"命令有三种方法。

① "修改＞分解"菜单命令；

② 在"默认"选项卡的"修改"面板中单击"分解"按钮；

③ 输入命令：EXPLODE。

启用"分解"命令后，命令行提示如下：

选择对象：(选择要分解的正五边形)↙

分解后的正五边形从一个实体变为五个实体（五条线段），如图 4-4-9 所示。

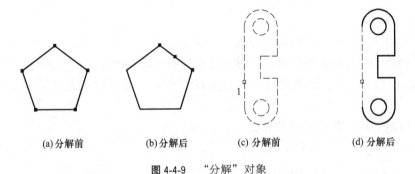

(a) 分解前　　　(b) 分解后　　　(c) 分解前　　　(d) 分解后

图 4-4-9　"分解"对象

4.4.8　打断对象

打断对象的功能即在两点之间打断选定的对象。可以在对象上的两个指定点之间创建间隔，从而将对象打断为两个对象。如果这些点不在对象上，则会自动投影到该对象上。直线、圆弧、多段线、椭圆、样条曲线等都可以打断，如图 4-4-10 所示。

启用"打断"命令有三种方法。

① "修改＞打断"菜单命令；

② 在"默认"选项卡的"修改"面板中单击"打断"按钮；

③ 输入命令：BREAK。

打断命令有两种。

（1）打断对象

启用"打断"命令后，命令行提示如下：

选择对象：(选择要打断的对象并给定断点

图 4-4-10　"打断"直线

1——系统默认选择对象的点为第一个打断点)

指定第二个打断点或[第一点(F)]：(给定打断点 2)

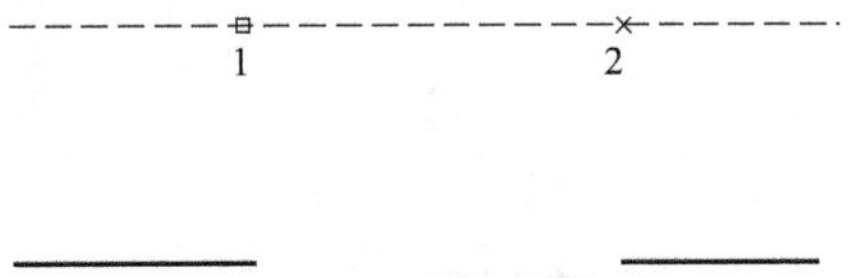

选项说明如下。

◆ 如果选择"第一点（F）"选项，可以重新确定第一个打断点。

提示：在确定第二个打断点时，如果在命令行输入@，可以使第一个、第二个断点重合，从而将对象一分为二；如果对圆、矩形等封闭图形使用打断命令时，如图 4-4-11（a）所示，系统将沿逆时针方向，把第一断点到第二断点之间的那段圆弧或直线删除。如图 4-4-11（b）、（c）所示，使用打断命令时，单击点 *A* 和 *B* 与单击点 *B* 和 *A* 得到的结果是不同的。

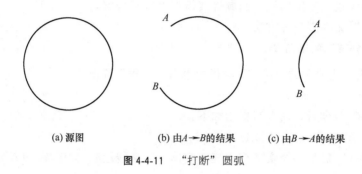

(a) 源图　　　　　(b) 由 *A*→*B* 的结果　　　(c) 由 *B*→*A* 的结果

图 4-4-11　"打断"圆弧

（2）打断于点

使用"打断于点"命令可以将对象在一点处断开成两个对象。执行该命令时，需要选择要被打断的对象，然后指定打断点，即可从该点打断对象。例如：长的直线、开放的多段线或圆弧都可以打断为两个相邻的对象。它是从"打断"命令中派生出来的，如图 4-4-12 所示。

启用"打断于点"命令有两种方法。

① "修改＞打断于点"菜单命令；

② 在"默认"选项卡的"修改"面板中单击"打断于点"按钮⬚。

启用"打断于点"命令后，命令行提示如下：

选择对象：(选择要打断的对象)

指定第一个打断点：(给断点 1，完成)

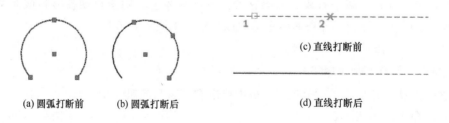

(a) 圆弧打断前　　　(b) 圆弧打断后　　　　　　(c) 直线打断前

(d) 直线打断后

图 4-4-12　"打断于点"

4.4.9　合并对象

合并相似对象已形成一个完整的对象。在其公共端点处合并一系列有限的线性和开放的弯曲对象，以创建单个二维或三维对象。产生的对象类型取决于选定的对象类型、首先选定的对象类型以及对象是否共面。

启用"合并"命令有三种方法。

① "修改＞合并"菜单命令；

② 在"默认"选项卡的"修改"面板中单击"合并"按钮 ；

③ 输入命令：JOIN。

启用"合并"命令后，命令行提示如下：

选择源对象或要一次合并的多个对象：（选择需合并的对象 1）

选择圆弧，以合并到源或进行[闭合(L)]：[选择另一个对象 2，结果如图 4-4-13(a)所示]

提示：

① 选择源对象和另一对象时，合并命令将沿逆时针方向对在同一圆上的两段圆弧进行合并；图 4-4-13（a）与（b）选择源对象和另一对象时的先后顺序不同，得到的结果也就不同。

② 如果选择闭合（L），可以将选择的任意一段圆弧闭合为一个整圆，如图 4-4-13（c）所示。

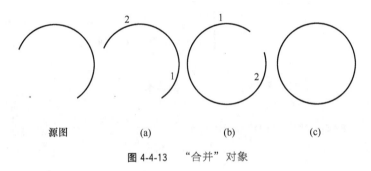

源图　　　　　（a）　　　　　（b）　　　　　（c）

图 4-4-13　"合并"对象

4.5 圆角和倒角

4.5.1 圆角

圆角命令的功能是用一个指定半径的圆、圆弧给对象加圆角，使其进行光滑的连接。启用"圆角"命令有三种方法。

① "修改＞圆角"菜单命令；

② 在"默认"选项卡的"修改"面板中单击"圆角"按钮 ；

③ 输入命令：FILLET。

倒圆角时，一般先设定圆角半径，然后再选取倒圆角的两个对象，如图 4-5-1 所示。

启用"圆角"命令后，命令行提示如下：

选择第一个对象或[放弃(U)/多段线(P)/半径(R)/修剪(T)/多个(M)]：r(指定半径)↙

指定圆角半径＜0,0000＞(给定半径)↙

选择第一个对象或[放弃(U)/多段线(P)/半径(R)/修剪(T)/多个(M)]：(拾取第一边)↙

选择第二个对象，或按住 Shift 键选择对象以应用角点或[半径(R)]：(拾取第二边)↙

选项说明如下。

◆ 多段线（P）：对多段线的各交点修圆角。

◆ 半径（R）：设定倒圆角半径。

◆ 修剪（T）：选择剪切模式。

◆ 多个（M）：可以对多个对象修圆角。

提示：① 选择倒圆角对象时，总是选择想要保留下来的那部分对象。选择倒圆角的位置不同得到的结果也就不同，如图 4-5-1（b）、（c）所示。

② 相互平行的两条直线也可以倒圆角，圆角半径由系统自动计算，如图 4-5-2 所示。

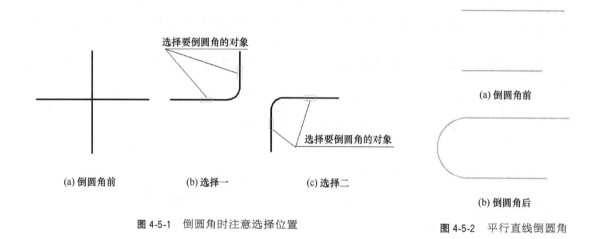

（a）倒圆角前　　　　（b）选择一　　　　　（c）选择二

图 4-5-1　倒圆角时注意选择位置

图 4-5-2　平行直线倒圆角

4.5.2　倒角

倒角命令的功能是给对象加倒角。按用户选择对象的次序应用指定的距离和角度。

启用"倒角"命令有三种方法。

① "修改＞倒角"菜单命令；

② 在"默认"选项卡的"修改"面板中单击 "倒角"按钮 ；

③ 输入命令：CHAMFER。

倒角时，一般先设定倒角距离，然后再选取倒角的两个对象，例角如图 4-5-3 所示。

启用"倒角"命令后，命令行提示如下：

选择第一条直线或［放弃（U）/多段线（P）/距离（D）/角度（A）/修剪（T）/方式（E）/多个（M）］：D（选择距离）↙

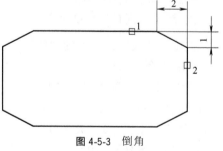

图 4-5-3　倒角

指定第一个倒角距离＜0,0000＞2（给定距离）↙

指定第二个倒角距离＜0,0000＞1（给定距离）↙

选择第一条直线或［放弃（U）/多段线（P）/距离（D）/角度（A）/修剪（T）/多个（M）］：（拾取第一边）↙

选择第二条直线，或按住 Shift 键选择直线以应用角点或［距离（D）角度（A）方法（M）］：（拾取第二边）↙

上述倒角命令操作时，命令行提示中各选项的含义和"圆角"命令相应选项雷同。

4.5.3　光顺曲线

光顺曲线可以在两条开放曲线之间创建相切或平滑的样条曲线，如图 4-5-4 所示。

启用"光顺曲线"有三种方法：

① "默认"选项卡"修改"面板中，点击"圆角"按钮 圆角 右侧的下拉展开按钮，在展开图中单击"光顺曲线"按钮 光顺曲线 ；

② 在菜单栏执行"修改＞光顺曲线"命令；

③ 输入命令：BLEND。

启用"光顺曲线"命令后，命令行提示如下：

命令：_BLEND

连续性＝相切

选择第一个对象或[连续性(CON)]：

选择第二个点：

选定对象的长度保持不变，生成的样条曲线的形状取决于指定的连续性，如图 4-5-4 (b)、(c) 所示。

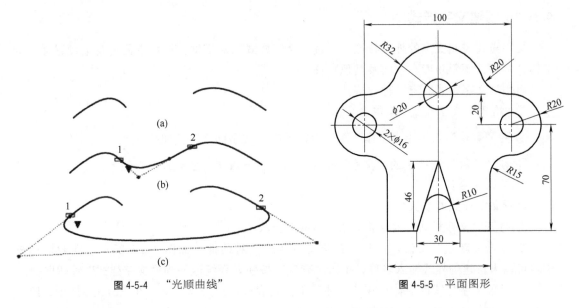

图 4-5-4　"光顺曲线"　　　　　图 4-5-5　平面图形

【例】　抄画图 4-5-5。

分析：本题中 R10、R15、R20 都是已知的半径，被连接的对象有两直线、一直线一圆弧、两圆弧。

作图步骤：

① 作出点画线，用偏移命令（20、50）确定圆心、用偏移命令（70、46、15）定位，如图 4-5-6（a）所示。

② 用镜像命令作出图 4-5-6（b）。

③ 根据 R10、R15、R20 用画圆命令[切点、切点、半径（T）]完成图 4-5-6（c）。

④ 用修剪命令完成图 4-5-6（d）。

⑤ 用拉长命令把点画线画到超出圆轮廓线 2～5mm 处，如图 4-5-6（e）所示，标注尺

寸，完成全图，如图 4-5-5 所示。

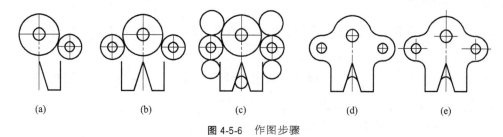

（a）　　　（b）　　　（c）　　　（d）　　　（e）

图 4-5-6 作图步骤

4.6 文字编辑

在工程设计中，除了绘制图形外，还有一些文字注释工作。如：注写技术要求，填写标题栏、明细表、尺寸标注等，对图形对象加以非常必要的补充，AutoCAD 提供了多种输入文字的方法。

4.6.1 创建文字样式

文字样式控制文字的外观特征，通过"文字样式"对话框，可以方便直观地设置文字的字体、字高、倾斜角度、方向及其他特征。

启用"文字样式"有三种方法。

① "格式＞文字样式"菜单命令；

② 在"默认"选项卡"注释"面板中，单击"文字样式"按钮 **A**；

③ 在"注释"选项卡的"文字"面板中单击右下角"文字样式"按钮 **»**；

④ 输入命令：ST。

设置文字样式的步骤如下。

① 打开"文字样式"对话框，如图 4-6-1 所示。

② 单击"新建"按钮，打开"新建文字样式"对话框，如图 4-6-2 所示。在此对话框中，可以为新建的样式输入名称，单击"确定"按钮，系统返回到"文字样式"对话框中。

③ 设置文字样式的字体：在"字体"下拉列表中可以选择字体，在 AutoCAD 中，除了

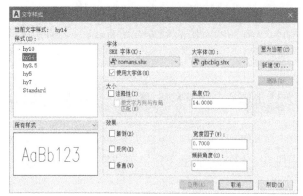

图 4-6-1 "文字样式"对话框

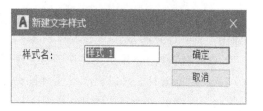

图 4-6-2 "新建文字样式"对话框

固有的 SHX 字体外，还可以使用 Truetype 字体（如：GB 2312—仿宋、楷体等），如图 4-6-3 所示。

一种字体可以设置不同的效果，被多种文字样式使用，如图 4-6-4 所示。

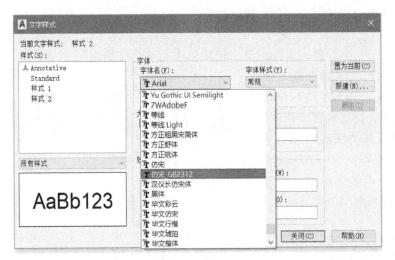

图 4-6-3 选择字体 　　图 4-6-4 同一种字体的不同样式

提示：大字体是亚洲国家使用的字体，它即可以输入汉字、数字和字母，又可以输入一些特殊符号。

④ 设置文字样式的字高等：若"大小"栏的在"高度"文本框中输入文字高度值，则利用该"文字样式"创建的所有文字都具有这个相同高度值，而不再提示指定高度。如果将文字高度设为"0"，则会在每一次创建文字时提示输入字高。因此，如果不想固定字高就可以将其设置为"0"。

⑤ 设置文字的显示效果：在"效果"栏的"颠倒"、"反向"、"垂直"复选框中选择文本的处置方式。设置文字字头朝下或左、右反向或垂直书写；在"宽度因子"文本框中设置文字的高度和宽度之比。当此系数＞1 时，字会变宽，反之会变窄，如图 4-6-5 所示。在"倾斜角度"文本框中设置文字的倾斜角度，值为零时不倾斜，正值表示文字字头向右斜，负数表示向左斜。

提示：字体"仿宋 GB2312"默认状态下字体朝上，而字体"@仿宋 2312"默认状态下字体朝左，如图 4-6-6 所示。

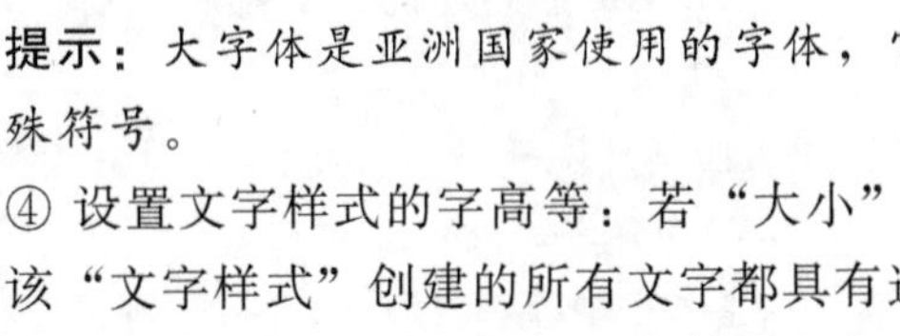

图 4-6-5 宽度因字不同效果不同 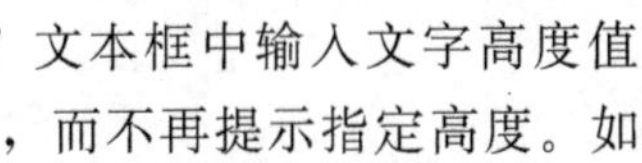　　图 4-6-6 "@仿宋 2312"字体

⑥ 置为当前：该选项将选择的文字样式设置为当前文字样式。

⑦ 新建：该选项可新建文字样式。

⑧ 删除：该选项可将选择的文字样式删除。

4.6.2 文字的输入

在制图过程中，有时需要大段的文字说明，将若干文字段落创建为单个多行文字对象（如：技术要求），有时需要简单的注释说明（如：标题栏）。

(1) 单行文字

单行文字的每一行都是一个文字对象，因此，可以用来输入文字比较简短的文字对象，通过回车键来结束每一行，每行文字都是独立的对象，如图 4-6-7 所示，可以重新定位，进行单独编辑。还可对其进行移动、格式设置或其他修改。在文本框中单击鼠标右键可选择快捷菜单上的选项，如图 4-6-8 所示。启用"单行文字"的方法为在"注释"选项卡的"文字"面板中单击"多行文字"下拉按钮，选择"单行文字"命令；如图 4-6-9 所示。

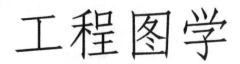

图 4-6-7 单行文字

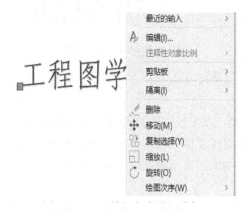

图 4-6-8 对单行文字进行编辑

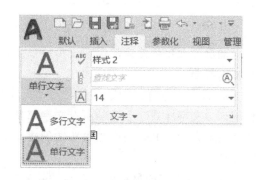

图 4-6-9 "单行文字"命令

启用"单行文字"命令后，命令行提示如下：

指定文字的起点或[对正(J)/样式(S)]：确定文字的起始位置或对正方式或当前使用的文字样式。

指定高度<2.5000>：(指定文字的高度)↙

指定文字的旋转角度：(输入旋转角度)↙

选项说明：

◆ 指定文字起点：在默认情况下，通过指定单行文字行基线的起点位置创建文字。

◆ 对正（J）：在命令行输入 J 后，即可设置文字的排列方式。AutoCAD 为用户提供了多种对正方式，例如对齐、调整、居中、中间、右对齐、左上、中上、右上、左中、正中、右中和左下等。

◆ 样式（S）：在命令行输入 S 后，可设置当前使用的文字样式。

◆ 指定高度：输入文字高度值。默认文字高度为 2.5。

◆ 指定文字的旋转角度：输入文字的旋转角度值。默认旋转角度为 0。

提示： 输入文字时，无论采用哪种文字对正方式，屏幕上显示的文字都是按左对齐的方式排列，直到结束命令后，才按指定的对正方式重新排列。

(2) 多行文字

"多行文字"又称为段落文字，是一种更易于管理的文字对象，可以由两行以上的文字组成，而且各行文字都是作为一个整体处理，如：零件图中的技术要求。启用"多行文字"命令的方法是在"注释"选项卡的"文字"面板中单击"多行文字"下拉按钮，选择"多行文字"命令，如图 4-6-10 所示。

启用"多行文字"命令后，命令行提示如下：

指定第一角点：(用鼠标在绘图窗口中选定文字边框的第一个角点，如图 4-6-11 所示)

指定对角点或[高度(H)/对正(J)/行距(L)/旋钮(R)/样式(S)/宽度(W)/栏(C)]：

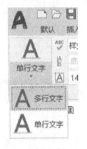

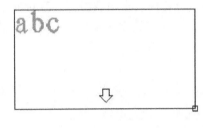

图 4-6-10　"多行文字"命令　　　　　　　　　图 4-6-11　框选文字范围

用鼠标选定文字边框的对角点，用于定义多行文字对象中段落的宽度，多行文字对象的长度取决于文字量，而不是边框的长度。这时将打开如图 4-6-12 所示的"多行文字"编辑器。在文字输入窗口中输入需要创建的多行文字内容，单击"确定"按钮，完成多行文字的输入，如图 4-6-13、图 4-6-14 所示。

图 4-6-12　"多行文字"编辑器

图 4-6-13　输入多行文字

"多行文字"编辑器的功能和使用方法如下。

◆"样式"面板：对多行文字设置所需要的文字样式。前面新建的文字样式只影响用单行文本方式输入的文字，对多行文字则无效。还可以设置文字高度，直接输入高度值，如图 4-6-15 所示。此面板中对"遮罩"也可以进行设置，如图 4-6-16、图 4-6-17 所示。

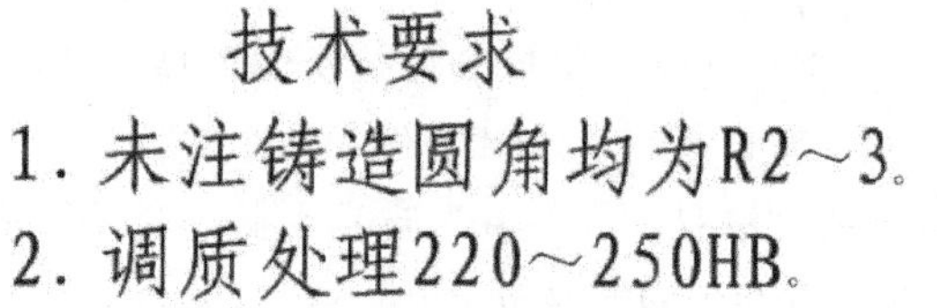

◆"格式"面板：当新样式应用到多行文字对象中，用于字体、高度、粗体或斜体属性的字符格式将被替代。反向和颠倒效果样式无效。堆叠、上、下划线和颜色属性将保留在新样式的字符中，如图 4-6-18 所示。

技术要求
1. 未注铸造圆角均为R2～3。
2. 调质处理220～250HB。

图 4-6-14　完成的多行文字

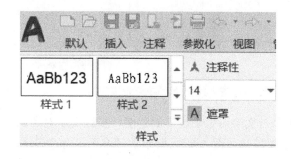

图 4-6-15　"样式"面板

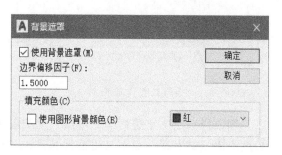

图 4-6-16　"遮罩"对话框

图 4-6-17　完成"遮罩"

图 4-6-18　格式"面板

◆"段落"面板：在"对正"下拉按钮的下拉列表中，选择合适的排列方式，则可设置段落文本对齐方式，如图 4-6-19 所示。在"项目符号和编号"下拉按钮的下拉列表中，根据需要选择需要添加的段落项目符号，如图 4-6-20 所示。在"行距"下拉按钮的下拉列表中，选择合适的行距值，设置段落文本行距，如图 4-6-21 所示。

◆"插入"面板：在"列"下拉按钮的下拉列表中，显示"栏数"菜单。该菜单提供了 3个栏选项，即"不分栏"、"静态栏"、"动态栏"，如图 4-6-22 所示。在"符号"下拉按钮的下拉列表中，在实际绘图中可插入特殊字符，如"度数"、"正/负"、"直径"等符号，如图 4-6-23 所示。如需要插入字段，可打开"字段"对话框，如图 4-6-24 所示。如需显示一系列不同语言的词典，从中可以选择不同的主词典，并与自定义辞典一起使用，可打开"编辑词典"对话框，如图 4-6-25 所示。

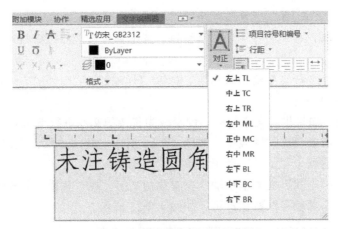

图 4-6-19　设置"对正"方式

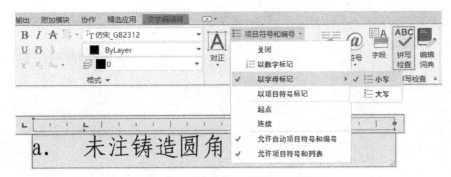

图 4-6-20　设置"段落项目符号"

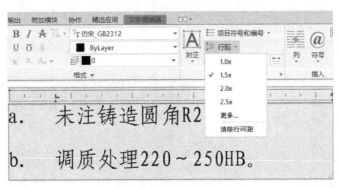

图 4-6-21　设置"行距"

图 4-6-22　设置"列"

图 4-6-23　常用的符号

提示："度数"、"正/负"、"直径"等常用特殊字符的输入方式：

① "插入"面板，单击"符号"下拉按钮，在下拉列表中可选择插入需要的符号，如图 4-6-23 所示；

② 在单行文字、多行文字编辑状态下，输入"%%d"、"%%p"、"%%c"，即可显示"°"、"±"、"φ"等符号。

◆ "工具"面板：如果想对文字较多、内容较为复杂的文本进行编辑，可使用"查找和替换"功能，这样能有效提高作图效率，如图 4-6-26 所示。具体步骤：先将编辑的文本选中，在"文字编辑器"选项卡"工具"面板中单击"查找和替换"按钮，打开"查找和替换"对话框，根据需要在"查找"文本框中输入要查找的文字，在"替换"文本框中输入要替换的文字，最后单击"全部替换"按钮即可，如图 4-6-27 所示。

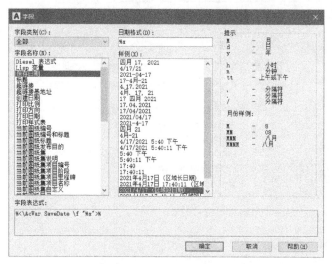

图 4-6-24　"字段"对话框

图 4-6-25　"编辑词典"对话框

图 4-6-26　"工具"面板

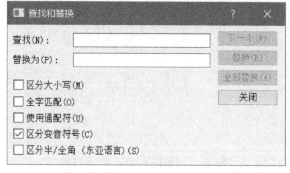

图 4-6-27　"查找和替换"对话框

"查找和替换"对话框中各主要选项说明如下。

① 查找：该文本框中输入要查找的内容，可输入相应的字符，也可以直接选择已存在的字符。

② 替换为：该文本用于确定要替换的新字符。

③ 下一个：单击该按钮可在指定的查找范围内查找下一个匹配的字符。

④ 替换：该按钮用于将当前查找的字符替换为指定的字符。

⑤ 全部替换：该按钮用于对查找范围内所有匹配的字符进行替换。

⑥ 搜索条件（区分大小写、全字匹配）：勾选这些查找条件，可精确定位所需查找的文本。

◆ "选项" 面板：提供可选择的字符集，通常选择简体中文（GB2312），如图 4-6-28 所示。

还可以对编辑器进行设置，显示文字格式工具栏，如图 4-6-29、图 4-6-30 所示。用户可以打开 [文字亮显颜色...] 对话框，选择自己所需的颜色，如图 4-6-31 所示。

图 4-6-28　字符集

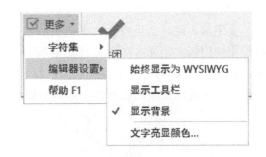

图 4-6-29　编辑器进行设置

图 4-6-30　"文字格式" 工具栏

在 "注释" 选项卡 "文字" 面板中的 "文字" 下拉列表中点击 "缩放" 按钮，可以对选定的文字进行放大或缩小，而保持文字的位置不变，如图 4-6-32 所示。

在 "注释" 选项卡的 "文字" 面板中 "文字" 下拉列表中点击 "对正" 按钮，可保持选定文字对象位置不变，更改其对正点。新的文字对正点的选项包括顶部、中间、底部以及左侧、中心和右侧，如图 4-6-33 所示。

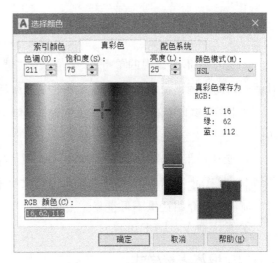

图 4-6-31　"选择颜色" 对话框

4.6.3　文字编辑

在 AutoCAD 中，用户可以对已完成的文字进行编辑，如：更改文字的内容、对正的方式、字体、大小、颜色和效果以及缩放的比例等属性。启用 "编辑文字" 有四种方法。

图 4-6-32　缩放文字

① 单击右键快捷菜单中的"特性"选项，打开"特性"选项板，对其相关内容进行编辑修改。如图 4-6-34 所示为单行文字"特性"选项板。图 4-6-35 所示为多行文字"特性"选项板。

文字编辑时，如果修改文字样式的字体或方向，当前图形中使用该文字样式图形将自动更新，反映修改后的结果。如果修改文字样式的高度、宽度比例和倾斜角度，则不会改变当前图形中的已有文字，只会影响以后输入的文字。

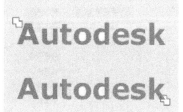

图 4-6-33　改变对正点

图 4-6-34　单行文字"特性"选项板

图 4-6-35　多行文字"特性"选项板

② 选中图形窗口中的单行文字，单击右键，从弹出的快捷菜单中选择" 编辑(I)... "对话框，此时图形窗口中的单行文字处于被激活状态，直接更改即可，如图 4-6-36 所示。

选中图形窗口中的多行文字单击右键，从弹出的快捷菜单中选择" 编辑多行文字(I)... "对话框，打开"文字格式"对话框，如图 4-6-37 所示。此对话框前面做过介绍这里不再重复。

③ 选中图形窗口中的文字（单行或多行文字），单击右键，从弹出的快捷菜单中选择" 查找(F)... "对话框，可更改单行文字和多行文字的内容，如图 4-6-38 所示。此对话框前面做过介绍这里不再重复。

④ 输入命令：DDEDIT

4.6.4　设置表格样式

在工程图样中，常用表格表达一些图形信息，表格是在行和列中包含数据的复合对象，例如工程图样中的明细表。可以通过直接插入表格或设置的表格样式来创建空的表格对象，之后填写相应的内容，还可以将表格链接为 Excel 电子表格。下面介绍创建和使用表格的方法。

(a)　　　　　　　　　　　　　　　(b)

图 4-6-36　编辑单行文字

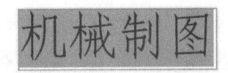

图 4-6-37　编辑多行文字

(1) 定义表格样式

表格的外观由表格样式控制。表格样式是用来控制表格基本形状和间距的一组设置。与文字样式一样，所有 AutoCAD 图形中的表格都有和其相对应的表格样式。

启用"表格样式"命令有三种方法。

① 在"注释"选项卡的"表格"面板中，单击右下方的"表格样式"按钮 ；

② 菜单栏执行"格式＞表格样式"命令；

③ 输入命令：TABLESTYLE。

执行命令后，系统打开"表格样式"对话框，如图 4-6-39 所示。单击" 新建(N)... "按钮，打开"创建新的表格样式"对话框，如图 4-6-40 所示，输入新样式名，并单击"继续"按钮，打开"新建表格样式"对话框，如图 4-6-41 所示，在"单元样式"下拉列表中，设置标题、数据、表头所对应的文字、边框等特性，如图 4-6-42 所示。

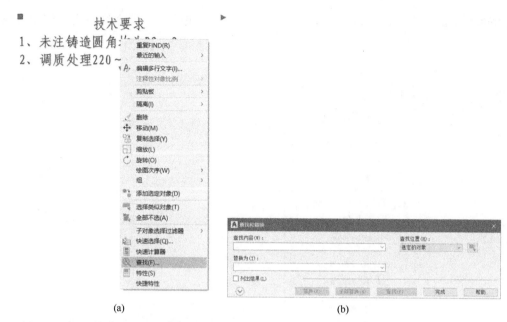

(a)   (b)

图 4-6-38 编辑文字

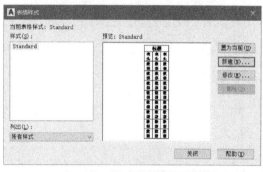

图 4-6-39 "表格样式"对话框

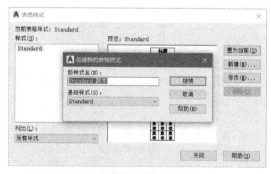

图 4-6-40 "创建新的表格样式"对话框

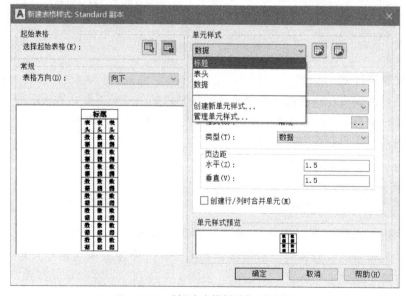

图 4-6-41 "新建表格样式"对话框

设置完成后，单击"确定"按钮，返回"表格样式"对话框。此时在"样式"列表中显示刚创建好的表格样式。

对话框说明如下。

◆ 选择起始表格：选择一个表格用作此表格样式的起始表格，使用户在图形中指定一个表格用作样例来设置此表格样式的格式，选择表格后可以指定要从表格复制到表格样式的结构和内容。

◆ 表格方向：设置表格方向，"向下"将创建由上而下读取的表格，"向上"将创建由下而上读取的表格，如图 4-6-43 所示。

图 4-6-42　设置文字、边框等特性

图 4-6-43　设置表格方向

此对话框中有 3 个选项卡，分别为"常规"、"文字"和"边框"，可用来控制表格中的数据，表头和标题的有关参数。

◆"常规"选项卡：在该选项卡中，用户可以对填充颜色、对齐、格式、类型和页边距进行设置。

填充颜色：指定填充颜色。

对齐：设置表格单元中文字的对正和对齐方式，文字相对于单元的顶部边框和底部边框进行居中对齐、上对齐或下对齐，文字相对于单元和左边框和右边框进行居中对正、左对正或右对正。

格式：为表格中的"数据"、"列标题"或"标题"行设置数据类型和格式。单击该按钮将显示"表格单元格式"对话框，从中可进一步定义格式类型。

类型：将单元样式指定为标签或数据。

页边距：设置表格单元中的内容距水平和垂直的距离。

◆"文字"选项卡：在该选项卡中，用户可以对文字样式、文字高度、文字颜色、文字角度进行设置。这些内容已在 4.6.1 介绍过。如图 4-6-44 所示。

◆"边框"选项卡：在该选项卡中，用户可以对表格边框特性进行设置，如图 4-6-45 所示。在该选项卡中，有 8 个按钮，单击其中任一按钮，可将设置的特性应用到相应的表格边框上。

线宽、线型、颜色：分别表示设置要用于显示边界的线宽、线型和颜色。

双线：勾选指定选定的边框为双线型。

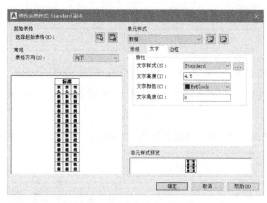

图 4-6-44　"文字"选项卡

图 4-6-45　"边框"选项卡

间距：用于设置边框双线间的间距。

其余 8 个按钮依次如下。

所有边框：将边界特性设置应用到指定单元样式的所有边框。

外边框：将边界特性设置应用到单元样式的外部边框。

内边框：将边界特性设置应用到指定单元样式的内部边框。

底部边框：将边界特性设置应用到指定单元样式的底部边框。

左边框：将边界特性设置应用到指定单元样式的左边框。

上边框：将边界特性设置应用到指定单元样式的上边框。

右边框：将边界特性设置应用到指定单元样式的右边框。

无边框：隐藏指定单元样式的边框。

(2) 修改

对当前表格样式进行修改，方法与定义表格样式相同，不同的是在打开的"表格样式"对话框中点击"修改"按钮。

4.6.5　创建表格

在设置好表格样式后，可启用"插入表格"命令创建表格。在"注释"选项卡的"表格"面板中单击"表格"按钮 ；打开"插入表格"对话框，在"列和行设置"选项组中，设置行数和列数值，如图 4-6-46 所示。

对话框说明如下。

◆ 表格样式：在要从中创建表格的当前图形中选择表格样式。通过单击下拉列表旁边的按钮，用户可创建新的表格样式。

◆ 插入选项：

从空表格开始：创建可以手动填充数据的空表格。

自数据链接：从外部电子表格中的数据创建表格。

自图形中的对象数据（数据提取）：启动"数据提取"向导。

预览：显示当前表格样式的样例。

◆ 插入方式：

指定插入点：指定表格左上角的位置。可以使用定点设备，也可以在命令提示下输入坐标值。如果表格样式将表格的方向设置为由下而上读取，则插入点位于表格的左下角。

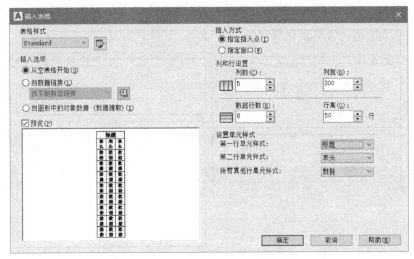

图 4-6-46　"插入表格"对话框

指定窗口：指定表格的大小和位置。可以使用定点设备，也可以在命令提示下输入坐标值。选定此选项时，行数、列数、列宽和行高取决于窗口的大小以及列和行设置。

◆ 列和行设置：

列数：指定列数。选定"指定窗口"选定并指定列宽时，"自动"选项将被选定，且列数由表格的宽度控制。如果已指定包含起始表格的表格样式，则可以选择要添加到此起始表格的其他列的数量。

列宽：指定列的宽度。选定"指定窗口"选项并指定列数时，则选定了"自动"选项，且列宽由表格的宽度控制。最小宽度为一个字符。

数据行数：指定行数。选定"指定窗口"选项并指定行高时，则选定了"自动"选项，行数由表格的高度控制。带有标题行和表格头行的表格样式最少应有 3 行。最小行高为一个文字行。如果已指定包含起始表格的表格样式，则可以选择要添加到此起始表格的其他数据行的数量。

行高：指定表格行高值。

◆ 设置单元样式：

第一行单元样式：指定表格中第一行的单元格式。默认情况下，使用标题单元样式。

第二行单元样式：指定表格中第二行的单元格式。默认情况下，使用表头单元样式。

所有其他行单元样式：指定表格中所有其他行的单元格式。默认情况下，使用数据单元样式。

提示：在"插入方式"选项组中点击"指定窗口"单项按钮后，列和行设置的两个参考数中只能指定一个，另一个由指定的窗口大小自动等分指定。

在"插入表格"对话框中进行相应的设置后，单击"确定"按钮，如图 4-6-47 所示。如果要对行和列进行修改，选中对象打开"表格单元"工具栏，如图 4-6-48 所示。

"表格样式"工具栏中按钮使用说明如下。

◆ 在"行"面板中，可用"从上方插入"按钮 完成在选定的

图 4-6-47　指定插入点

单元上方插入行；可用"从下方插入"按钮![]完成在选定的单元下方插入行；可用"删除行"按钮![]完成把选定的单元行删除掉。

◆ 在"列"面板中，可用"从左侧插入"按钮![]完成在选定的单元左侧插入列；可用"从右侧插入"按钮![]完成在选定的单元右侧插入列；可用"删除列"按钮![]完成把选定的单元列删除掉。

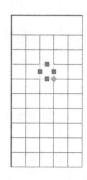

图 4-6-48　"表格单元"选项卡

◆ 在"合并"面板中，可完成合并单元、取消合并单元的操作。

◆ 在"单元样式"面板中，可用"匹配单元"按钮![]将选定表格单元的特性应用到其他表格单元；可用"中上"按钮![]设置表格文字的对齐方式；可用"表格单元样式"按钮![]对标题、表头、数据进行设置，可把"创建新单元样式"及"管理单元样式"对话框打开，如图 4-6-49、图 4-6-50 所示；可用

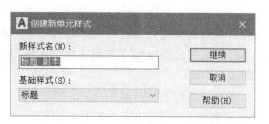

图 4-6-49　"创建新单元样式"对话框

按钮![] 无　　设置单元格的背景颜色；可用"编辑边框"按钮![]设置表格的边框样式。

◆ 在"单元格式"面板中，可用"单元锁定"按钮![]把内容、格式、内容格式进行锁定；可用"数据格式"按钮![]对角度、货币、日期、十进制数、常规、百分比、点、文字、整数进行设置；还可以选择"自定义表格单元格式……"命令，打开"表格单元样式"对话框，如图 4-6-51 所示。

◆ 在"插入"面板中，可用"块"按钮![]将块插入到当前的表格单元；可用"字段"按钮![]将文字插入到当前的表格单元；可用"公式"按钮$f_{(x)}$将公式插入到当前的表格单元。

◆ 在"数据"面板中，可用"链接单元"按钮![]在表格单元中的数据与 Microsoft Excel 文件中的数据之间建立链接。

图 4-6-50　"管理单元样式"对话框　　　　图 4-6-51　"表格单元格式"对话框

表格插入完成后，可进入文字编辑状态，如图 4-6-52 所示。

提示：在插入后的表格中选择某一个单元格，单击后出现夹点，如图 4-6-53 所示，通过移动夹点，可以改变单元格的大小。

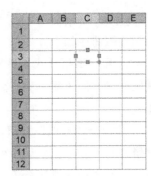

图 4-6-52　空表格和多行文字编辑器　　　　图 4-6-53　选中单元格

4.6.6　表格文字编辑

表格单元数据可以包括文字和多个块。创建表格后，会亮显第一个单元，当显示"文字格式"工具栏时可以开始输入文字。按 Tab 键移动到下一个单元，使用箭头键向左、向右、向上、向下移动。

启用"表格文字编辑"命令常用以下四种方法。

① 在选定的单元中按 F2 键，弹出"文字编辑器"选项卡，可以快速编辑单元文字，如图 4-6-54 所示。

图 4-6-54　"文字编辑器"选项卡

② 选中表格，在弹出的右键快捷菜单中，执行"特性"命令，如图 4-6-55 所示；在"特性"选项板"内容"选项的"内容"文本框中输入所需文字即可，如图 4-6-56 所示。

③ 在选中表格内双击，打开"文字格式"。

④ 输入命令：TABLEDIT，按回车键后，按命令行提示操作即可。

图 4-6-55　快捷菜单

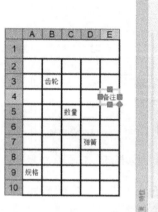

图 4-6-56　快速编辑单元文字

【例】　绘制如图 4-6-57 所示的明细表。步骤简述如下。

① 定义表格样式。启动"表格样式"对话框按钮 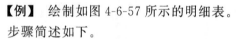（菜单栏执行"格式＞表格样式"）。

② 单击"修改"按钮，系统打开"修改表格样式"对话框，在此对话框中对表格方

4		泵体	1	HT200	
3		泵盖	1	HT200	
2		齿轮	1	45	m=4, z=10
1	GB/T 119—2000	销	2		A5×30
序号	代号	名称	数量	材料	备注

图 4-6-57　明细表

向，单元样式的填充颜色、对齐方式、格式、水平及垂直页边距，文字的样式、高度、颜色，边框的线宽、线型、颜色等特性进行设置。

③ 在设置好表格样式后，可启用"插入表格"按钮 ，创建表格。设置插入方式为"指定插入点"，行和列设置为 5 行 6 列，行高为 1、列宽为 10。

④ 单击第二列中的任意一个单元格，出现夹点后都可以根据需要改变列宽（改变行宽）。

⑤ 双击要输入文字的单元格，打开"文字格式"，在各单元输入相应的文字或数据既可。

4.7　参数化绘图

参数化绘图是指工程技术人员在用计算机绘图时，只需按屏幕菜单提示输入少量必要的参数，然后通过计算机程序的计算、检索、数据处理等大量工作，最后生成符合工厂要求的零部件图纸。这种方法的最大优点就是操作简单、实用。参数化功能包括几何约束和标注约束两种模式。

4.7.1 几何约束

我们可以为指定的对象，或者是对象上的点，添加几何约束。之后，在编辑图形时如果没有"临时取消约束"的话，这些约束将被保留下来。

各种几何约束的图标，都在"参数化"选项卡的"几何"面板中，根据需要选择相应的约束命令，即可进行限制操作。此面板中有平行、水平、垂直、竖直、同心、固定、相切、平滑、对称、共线等，如图 4-7-1 所示。

图 4-7-1 "参数化"选项卡

"参数化"选项卡中"几何"面板的功能和使用方法如下。

◆ 自动约束 ：将多个几何约束应用于选定的对象。

◆ 重合约束 ：约束两个点使其重合，或者约束一个点，使其位于对象或对象延长部分的任意位置。

◆ 共线约束 ：约束两条直线，使其位于同一无限长的线上，如图 4-7-2 所示。

◆ 同心约束 ：约束选定的圆、圆弧或椭圆具有相同的圆心点，如图 4-7-3 所示。

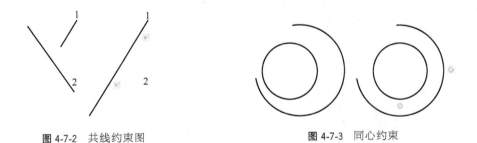

图 4-7-2 共线约束图 　　　　　　　　　　　**图 4-7-3** 同心约束

◆ 固定约束 ：约束一个点或一条直线，使其固定在相对于世界坐标系的特定位置和方向上，如图 4-7-4 所示。

◆ 平行约束 ：约束两条直线，使其具有相同的角度。

◆ 垂直约束 ：约束两条直线，使其夹角始终保持为 90°，如图 4-7-5 所示。

◆ 水平约束 ：约束一条直线或一对点与水平方向平行，如图 4-7-6 所示。

◆ 竖直约束 ：约束一条直线或一对点与水平方向垂直。

◆ 相切约束 ：约束两条直线，使其彼此相切或其延长线彼此相切，如图 4-7-7 所示。

◆ 平滑约束 ：约束一条样条曲线，使其与其他样条曲线、直线、圆弧或多段线彼此相连并保持平滑度，如图 4-7-8 所示。

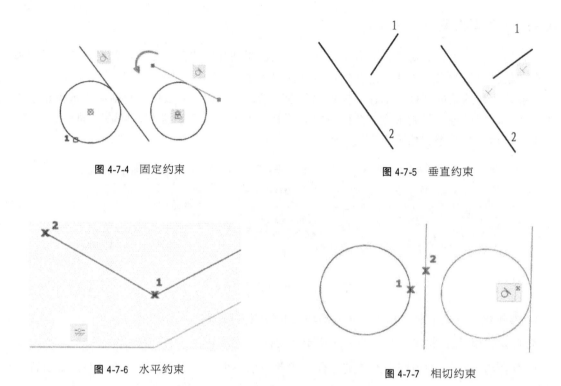

图 4-7-4　固定约束　　　　　　　　图 4-7-5　垂直约束

图 4-7-6　水平约束　　　　　　　　图 4-7-7　相切约束

◆ 对称约束 [ ]：约束对象上的两条直线或两个点，使其已选定直线为对称轴彼此对称，如图 4-7-9 所示。

◆ 相等约束 ＝：约束两条直线或多段线线段，使其具有相同长度或约束圆弧和圆使其具有相同半径值，如图 4-7-10 所示。

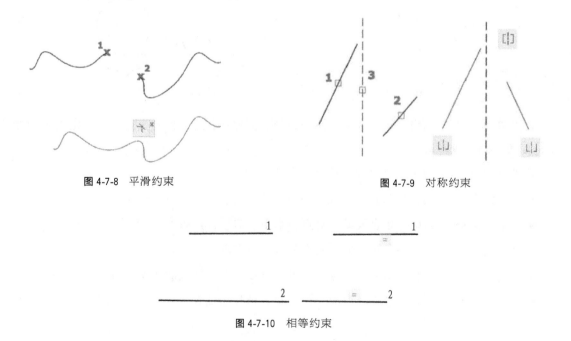

图 4-7-8　平滑约束　　　　　　　　图 4-7-9　对称约束

图 4-7-10　相等约束

4.7.2　标注约束

标注约束实际上就是具体实现尺寸驱动的过程，通过标注约束时输入所需要的尺寸，来驱动图形元素使之改变大小或位置以符合设计要求。在"参数化"选项卡中"标注"面板中，根据需要选择相应的约束命令即可，如图 4-7-11 所示。

图 4-7-11　"标注"面板

图 4-7-12　"线性"按钮

"参数化"选项卡中"标注"面板的功能和使用方法如下。

（1）线性约束

线性约束约束两点之间的水平或垂直距离。单击"参数化"选项卡中"标注"面板的"线性"按钮🔒，如图 4-7-12 所示。根据命令行的提示，选定直线或圆弧后，对象的端点之间的水平或垂直距离将受到约束，如图 4-7-13 所示。

命令行提示如下：

命令：_DcLinear

指定第一个约束点或[对象(O)]<对象>：

指定第二个约束点：

指定尺寸线位置：

标注文字＝18.501

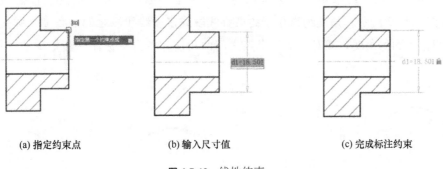

(a) 指定约束点　　　　　(b) 输入尺寸值　　　　　(c) 完成标注约束

图 4-7-13　线性约束

（2）水平约束

约束对象上两个点之间或不同对象上两个点之间水平方向的距离。单击"标注"面板的"线性"下拉列表中的"水平约束"按钮🔒，命令行的提示与线性约束相同，水平约束如图 4-7-14 所示。

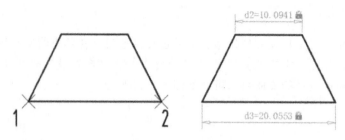

图 4-7-14　水平约束

（3）竖直约束

与水平约束正好相反，约束对象上两个点之间或不同对象上两个点之间竖直方向的距离。单击"标注"面板的"线性"下拉列表中的"竖直约束"按钮 ，命令行的提示与线性约束相同。

（4）对齐约束

约束对象上两个点之间的距离或约束不同对象上两个点之间的距离。单击"标注"面板中的"对齐约束"按钮 ，命令行的提示与线性约束相同。对齐约束如图 4-7-15 所示。

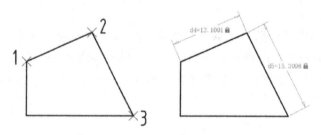

图 4-7-15　对齐约束

（5）直径约束、半径约束和角度约束

半径约束用于约束圆或圆弧的半径。单击"标注"面板中的"半径约束"按钮 ，如图 4-7-16 所示。直径约束用于约束圆的直径。单击"标注"面板中的"直径约束"按钮 ，如图 4-7-17 所示。角度约束用于约束直线段或多段线线段之间的角度，圆弧或多段线圆弧段扫掠得到的角度，或对象上三个点之间的角度。单击"标注"面板中的"角度约束"按钮 ，如图 4-7-18 所示。

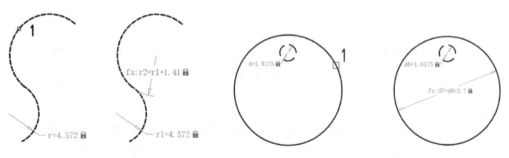

图 4-7-16　半径约束　　　　　　　图 4-7-17　直径约束

(6) 转换约束

将标注转换为标注约束。单击"标注"面板中的"转换约束"按钮 ，如图 4-7-19 所示，就是把对齐约束转换成了角度约束。可通过下拉列表应用标注约束，也可以将现有的标注转换为标注约束。

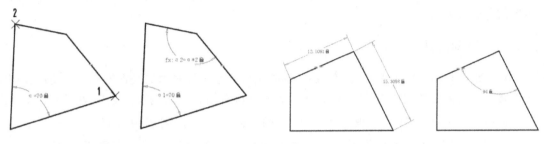

图 4-7-18　角度约束　　　　　　　　　　图 4-7-19　转换约束

若对标注效果不满意，可通过"约束设置"对话框进行设置、调整，如图 4-7-20 所示。此对话框中对标注名称的格式进行了调整，得到的结果如图 4-7-21 所示。

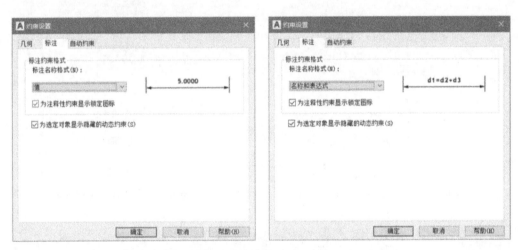

图 4-7-20　"约束设置"对话框

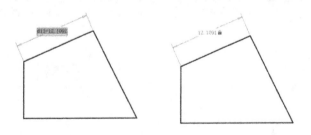

图 4-7-21　调整结果

注意：所有约束都是用于二维平面作图的情况下，如果想在三维立体作图绘制平面轮廓时使用约束，必须记住，约束只能应用于世界坐标系或用户坐标系的 XY 平面上，而不能用于动态坐标系（的 XY 平面）中。

4.8 查询图形对象信息

查询功能主要是通过查询工具，对图形的面积、周长、图形面域质量以及图形之间的距离等信息进行查询。

4.8.1 查询距离

查询距离是测量两个点之间最短连线的长度值，它是最常用的查询方式。在使用查询距离工具时，只需要指定要查询的两个点，系统就将自动显示出两个点之间的距离。在“默认”选项卡“实用工具”面板（图 4-8-1）的“测量”下拉列表中选择“距离”，如图 4-8-2 所示。根据命令行提示，选择要测量图形的两个测量点，即可得出距离值，如图 4-8-3 所示。

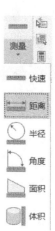

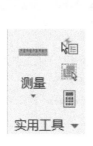

测量
实用工具

图 4-8-1 “实用工具”面板

测量
快速
距离
半径
角度
面积
体积

图 4-8-2 “测量”下拉列表

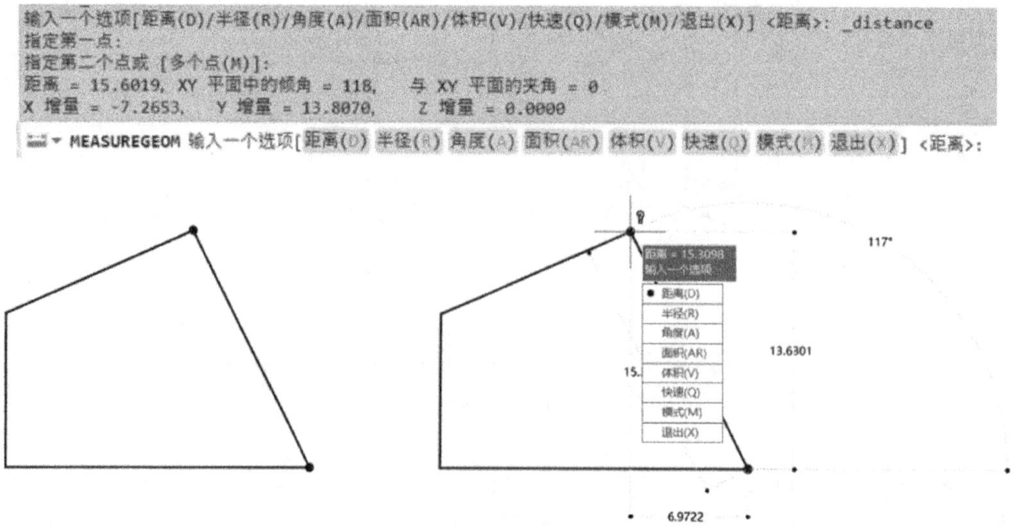

输入一个选项[距离(D)/半径(R)/角度(A)/面积(AR)/体积(V)/快速(Q)/模式(M)/退出(X)] <距离>: _distance
指定第一点:
指定第二个点或 [多个点(M)]:
距离 = 15.6019, XY 平面中的倾角 = 118, 与 XY 平面的夹角 = 0
X 增量 = -7.2653, Y 增量 = 13.8070, Z 增量 = 0.0000
MEASUREGEOM 输入一个选项[距离(D) 半径(R) 角度(A) 面积(AR) 体积(V) 快速(Q) 模式(M) 退出(X)] <距离>:
距离(D)
半径(R)
角度(A)
面积(AR)
体积(V)
快速(Q)
模式(M)
退出(X)
117°
13.6301
6.9722

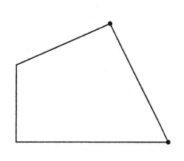

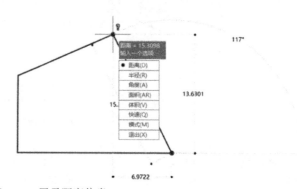

图 4-8-3 显示距离信息

4.8.2　查询半径

测量圆或圆弧的半径或直径数值。在"默认"选项卡"实用工具"面板的"测量"下拉列表中选择"半径" ⊘，根据命令行提示，选择要测量图形的圆或圆弧，即可得出半径值、直径值，如图 4-8-4 所示。

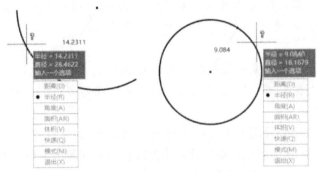

图 4-8-4　显示半径、直径信息

4.8.3　查询角度

在"默认"选项卡"实用工具"面板的"测量"下拉列表中选择"角度" ，根据命令行提示，选中要查询夹角的两条线段，即可得出角度值，如图 4-8-5 所示。

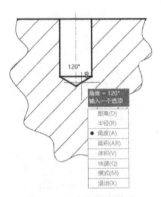

图 4-8-5　显示角度信息

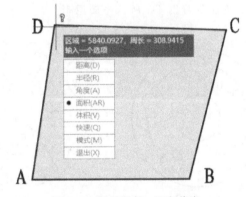

图 4-8-6　显示周长、面积信息

4.8.4　查询面积和周长

通过查询面积可以测量出对象的面积和周长。在"默认"选项卡"实用工具"面板的"测量"下拉列表中选择"面积"按钮 ；或在菜单栏执行"工具＞查询＞面积"命令；或键盘输入命令 AREA（简写为 AR）后回车，根据命令行提示，可以通过指定点来选中要查询的图形范围，即可得出面积值，如图 4-8-6 所示。

命令行提示如下。

命令：_MEASUREGEOM

输入一个选项[距离（D）/半径（R）/角度（A）/面积（AR）/体积（V）/快速（Q）/模式（M）/退出（X）]＜距离＞：_area

指定第一个角点或[对象(O)/增加面积(A)/减少面积(S)/退出(X)]<对象(O)>:(指定点A)

指定下一个点或[圆弧(A)/长度(L)/放弃(U)]:(指定点B)

指定下一个点或[圆弧(A)/长度(L)/放弃(U)]:(指定点C)

指定下一个点或[圆弧(A)/长度(L)/放弃(U)/总计(T)]<总计>:(指定点D)

指定下一个点或[圆弧(A)/长度(L)/放弃(U)/总计(T)]<总计>:↙(按回车)

区域 = 5840.0927,周长 = 308.9415(显示查询结果)

命令选项说明。

◆ 对象（O）：求出所选对象的面积，有以下两种情况。

① 若被选择的对象是圆、椭圆、面域、正多边形和矩形，则用户按要求选择对象后，系统直接显示出面积和周长。

② 若选择的对象是非封闭的多段线及样条曲线，AutoCAD 将假定有一条连线使其闭合，然后计算出闭合区域的面积，而所计算出的周长却是多段线或样条曲线的实际长度。

◆ 增加面积（A）：进入"加"模式。该选项使用户可以将新测量的面积加入总面积中。

◆ 减少面积（S）：进入"减"模式。该选项使用户可以从总面积中减去新测量的面积。

提示：用户可以将复杂的图形创建成面域，然后用 LIST 命令查询面积和周长（对于某一图形对象，用户也可以用 LIST 命令查询相关信息）。

思考与练习

1. 完成练习图 4-1 所示平面图形。

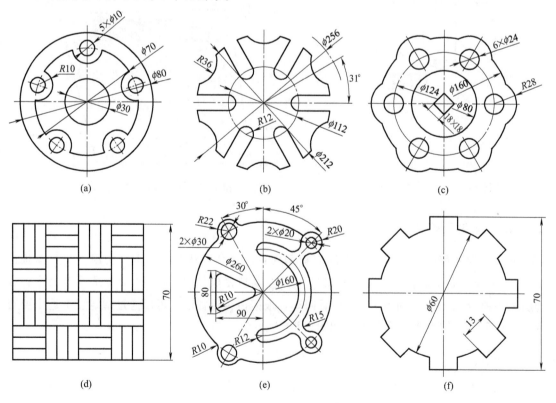

(a)　　　　　　(b)　　　　　　(c)

(d)　　　　　　(e)　　　　　　(f)

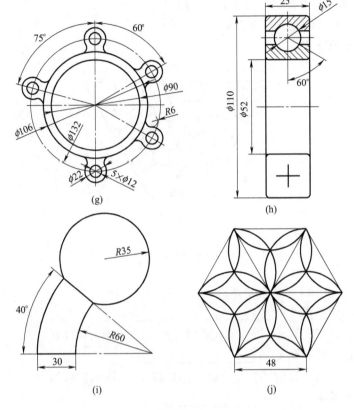

练习图 4-1

2. 绘制练习图 4-2 中图形，并回答所提出的问题。已知（单位：mm）$AB=100$；$AC=56.2$；$CD=32.4$；$DE=58.8$；$EF=63.5$；$FG=38.2$；$HI=30$（水平线）；

回答问题：

（1）图中 GH 是多少？

（2）图中 $ABCDEFGHI$ 的周长是多少？

（3）图中 $ABCDEFGHI$ 的面积是多少？

（4）图中 H 到 D 的角度是多少？

（5）图中 ID 是多少？

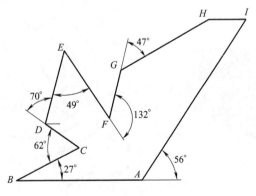

练习图 4-2

3. 绘制练习图 4-3 中图形，并回答以下问题。

(1) 图中 A、B、C、D 圆的直径分别是多少？

(2) 图中 EF 为多少？

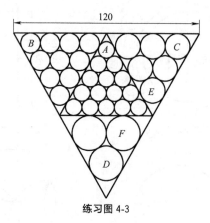

练习图 4-3

4. 如练习图 4-4 所示，已知（单位：mm）$a=54$；$b=36$；$c=20$；$d=18$。回答以下问题：

(1) 图中 Ⅰ 区域的周长是＿＿＿＿＿＿＿＿＿＿＿。

A. 155.96　　　B. 163.11　　　C. 170.25　　　D. 148.82

(2) 图中 Ⅱ 区域的面积是＿＿＿＿＿＿＿＿＿＿＿。

A. 1331.33　　　B. 1182.85　　　C. 1231.27　　　D. 1280.77

(3) 图中 Ⅲ 的距离是＿＿＿＿＿＿＿＿＿＿＿。

A. 33.97　　　B. 35.38　　　C. 36.80　　　D. 38.21

(4) 图中 Ⅳ 的距离是＿＿＿＿＿＿＿＿＿＿＿。

A. 30.17　　　B. 31.24　　　C. 28.11　　　D. 29.12

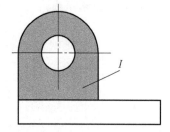

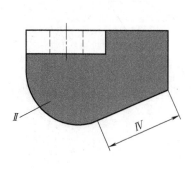

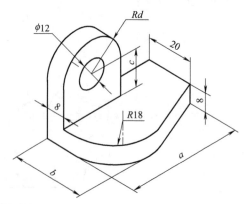

练习图 4-4

5. 如练习图 4-5 所示，已知：（单位：mm）$a=83$；$b=61$；$c=59$；$d=26$；回答以下问题：

（1）图中Ⅰ区域的周长是_____。

A. 201.13　　　B. 199.13　　　C. 205.13　　　D. 203.13

（2）图中Ⅱ区域的面积是_____。

A. 2843.77　　　B. 2816.18　　　C. 2827.80　　　D. 2837.00

（3）图中Ⅲ的距离是_____。

A. 77.62　　　B. 78.41　　　C. 79.20　　　D. 80.00

（4）图中Ⅳ的距离是_____。

A. 29.07　　　B. 29.00　　　C. 29.10　　　D. 29.21

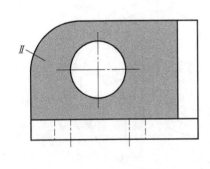

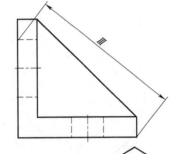

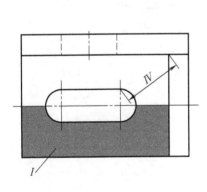

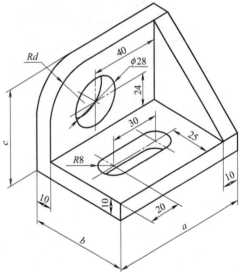

练习图 4-5

6. 用两种方法作出练习图 4-6 所示圆柱螺旋压缩弹簧的视图、剖视图（已知：圆柱螺旋压缩弹簧的簧丝直径 $d=5$，中径 $=40$，节距 $t=10$，自由高度 $H_0=76$，支承圈为 2.5）。

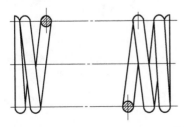

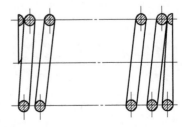

练习图 4-6

7. 绘制练习图 4-7 所示平面图形。

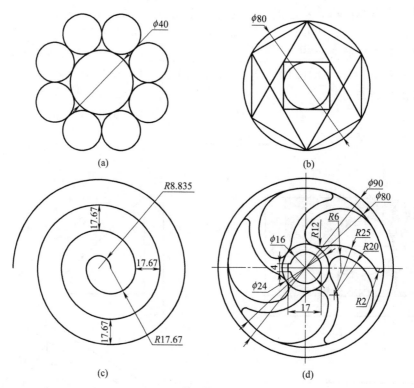

(a)

(b)

(c)

(d)

练习图 4-7

第**5**章

零件图的表达

5.1 图案填充

当用户需要用一个图形图案填充一个区域时，可以用 HATCH 或 BHATCH（简写为 H 或 BH）命令建立一个相关联的填充阴影对象，指定相应的区域进行填充，即所谓的图案填充。用户可以使用图案进行填充，也可以使用渐变色进行填充，还可以对填充的图形进行编辑。

5.1.1 图案的填充方法

在"默认"选项卡的"绘图"面板中单击"图案填充"按钮▨，打开"图案填充创建"选项卡，如图 5-1-1 所示。在该选项卡中，用户可以根据需要选择填充的图案、颜色及其他需要设置的选项。

图 5-1-1　"图案填充创建"选项卡

"图案填充创建"选项卡中的常用命令说明如下。

◆ 边界：用来选择填充的边界点或边界线段。

◆ 图案：在其下拉列表中可以选择图案类型。

◆ 特性：根据需要用户可设置填充的方式、填充颜色、填充透明度、填充角度和填充比例等选项。

◆ 原点：设置原点可使用户在填充图形时，方便与指定原点对齐，如图 5-1-2 所示为指定不同原点 A 与 B 时的图案填充结果。默认情况下，所有图案填充原点都对应于当前的 UCS 原点，如图 5-1-3 所示。

◆ 选项：根据需要选择的设置项目有，是否自动更新图案（关联图案填充）、是否依据视口比例自动调整填充图案比例（注释性）、图案填充的特性匹配、是否创建独立的图案填充和孤岛检测（如图 5-1-4 所示）等。

◆ 关闭：退出该功能面板。

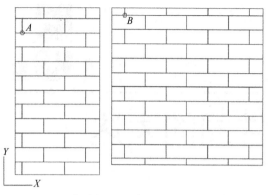

图 5-1-2 指定不同原点 A 或 B 的填充结果

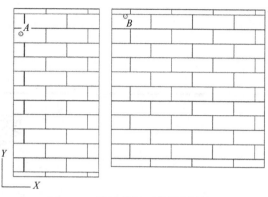

图 5-1-3 默认情况下的填充结果

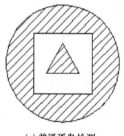

(a) 普通孤岛检测

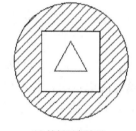

(b) 外部孤岛检测

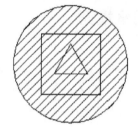

(c) 忽略孤岛检测

图 5-1-4 孤岛检测方式

（1）图案填充的操作方法

① 打开所需图形，在"默认"选项卡的"绘图"面板中单击"图案填充"按钮，或在菜单栏执行"绘图＞图案填充"命令，或在命令行输入 H 或 BH，按 Enter 键，在打开的"图案填充创建"选项卡中，单击"图案"面板中的按钮，在其下拉列表中，选择所需的图案，如图 5-1-5 所示。

② 根据命令行提示，在绘图区指定要填充的区域（拾取内部点），则可显示填充的图案，如图 5-1-6 所示。

③ 按 Enter 键或按空格键或单击"关闭图案填充创建"按钮，即可完成图案填充。

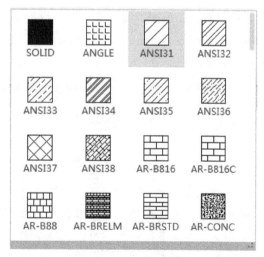

图 5-1-5 选择填充的图案

（2）编辑填充图案的步骤

① 选中填充图案，弹出"图案填充编辑器"，如图 5-1-7 所示。单击该选项卡"特性"面板中的"填充图案比例"文本框，设置图案比例 0.3，此时填充的图案发生了变化，如图 5-1-8 所示。

② 选择需要编辑的填充图形图案，在"特性"面板中的"角度"数值框中输入所需角度"90"，在"图案填充颜色"下拉列表中选择所需颜色"蓝色"，在"图案填充透明度"数值框中输入所需数值"50"（数值越大，颜色越透明，最大值为 90），即可更改填充图形的角度、颜色和透明度，如图 5-1-9 所示。

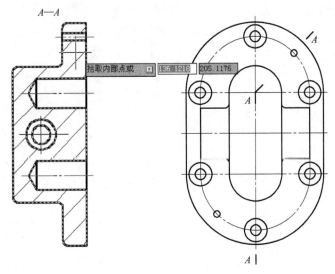

图 5-1-6　显示填充的图案

图 5-1-7　"图案填充编辑器"选项卡

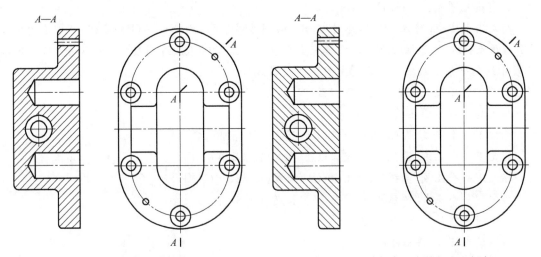

图 5-1-8　设置图案填充比例　　　　　图 5-1-9　更改填充图案的角度和颜色

　　说明：用户选中需要编辑的填充图案后，可以右键单击，在弹出的快捷菜单中，如图 5-1-10 所示，选择"图案填充编辑"命令，在打开的"图案填充编辑"对话框中，如图 5-1-11 所示，同样可以更改填充图案的图案、颜色、角度、比例、透明度、图层等选项。

5.1.2　无边界填充图案

　　图案填充方法是基于有封闭边界的区域，对于无边界填充图案，可在命令行输入-Hatch（简化命令为 -H）并回车，按提示进行操作即可。

图 5-1-10 快捷菜单

图 5-1-11 "图案填充编辑"对话框

命令:-h↙

-HATCH

当前填充图案:ANGLE

指定内部点或[特性(P)/选择对象(S)/绘图边界(W)/删除边界(B)/高级(A)/绘图次序(DR)/原点(O)/注释性(AN)/图案填充颜色(CO)/图层(LA)/透明度(T)]:W↙(输入选项W表示绘制一条多段线来作为填充图案的边界线)

是否保留多段线边界?[是(Y)/否(N)]<N>:↙

指定起点:(绘图区拾取一点)

指定下一个点或[圆弧(A)/长度(L)/放弃(U)]:120↙

指定下一个点或[圆弧(A)/闭合(C)/长度(L)/放弃(U)]:60↙

指定下一个点或[圆弧(A)/闭合(C)/长度(L)/放弃(U)]:120↙

指定下一个点或[圆弧(A)/闭合(C)/长度(L)/放弃(U)]:c↙

指定新边界的起点或<接受>:↙

当前填充图案:ANGLE

指定内部点或[特性(P)/选择对象(S)/绘图边界(W)/删除边界(B)/高级(A)/绘图次序(DR)/原点(O)/注释性(AN)/图案填充颜色(CO)/图层(LA)/透明度(T)]:P↙(输入选项P表示将要设置填充图案的属性)

输入图案名称或[? /实体(S)/用户定义(U)/渐变色(G)]<ANGLE>:u↙

指定十字光标线的角度<0>:45↙

指定行距<1.0000>:3

是否双向图案填充区域?[是(Y)/否(N)]<N>:y↙

当前填充图案: _USER

指定内部点或[特性(P)/选择对象(S)/绘图边界(W)/删除边界(B)/高级（A）/绘图次序(DR)/原点(O)/注释性（AN）/图案填充颜色(CO)/图层(LA)/透明度(T)]：↙（回车结束命令）

绘图命令结束后，填充图案效果如图 5-1-12 所示。

5.1.3　渐变色的填充

渐变色是指从一种颜色到另一种颜色的平滑过渡。渐变色能产生光的效果，可为图形添加视觉效果。在"默认"选项卡的"绘图"面板中单击"图案填充"下拉按钮，在其下拉列表中选择"渐变色 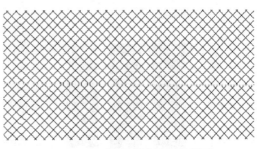" 选项，打开"图案填充创建"选项卡，如图 5-1-13 所示。

图 5-1-12　无边界填充图案效果图

图 5-1-13　渐变色"图案填充创建"选项卡

（1）渐变色填充操作的方法步骤

① 在图 5-1-13 所示的渐变色"图案填充创建"选项卡中，单击"渐变色 1 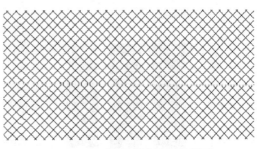"下拉按钮，选择所需渐变颜色，如图 5-1-14 所示。

② 单击"渐变色"下拉按钮，选择双色渐变选项，选择完成后，单击所需填充的区域，则可显示渐变效果，按 Enter 键或按空格键或单击"关闭图案填充创建"按钮完成填充操作，结果如图 5-1-15 所示。

提示："渐变色"按钮 弹起是单色渐变，按下则开启双色渐变。

图 5-1-14　选择渐变色的颜色

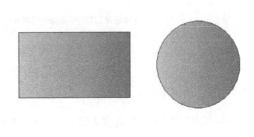

图 5-1-15　填充渐变色

（2）编辑填充的渐变色

① 选中填充的渐变色，在弹出的"图案填充编辑器"选项卡中的各个面板上直接进行所需编辑；或单击"选项"面板右下角箭头按钮 ，打开"图案填充编辑"对话框，此时用户可对渐变路径、方向和角度进行设置，如图 5-1-16 所示。设置完成后可单击"预览"

按钮，进行填充预览。

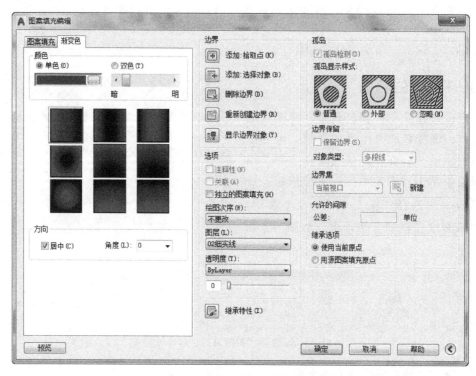

图 5-1-16　"图案填充编辑"对话框

② 用户可单击"单色"或"双色"后，点击颜色后的按钮 [...]，打开"选择颜色"面板，选择所需颜色后，单击"确定"，完成渐变色更改，如图 5-1-17 所示。

(a) 单色球状居中0度渐变色填充　　　(b) 双色球形不居中315度渐变色填充

图 5-1-17　更改后的渐变色

5.1.4　绘制实心多边形

SOLID 命令用于生成填充多边形，如图 5-1-18 所示。发出命令后，AutoCAD 提示用户拾取内部点或选择对象，用户执行相应命令结束后，系统自动填充多边形。

提示：若想将图形对象中的填充修改为不填充，可设置变量 FILL 为 OFF，然后在菜单栏执行"视图＞重生成（regen）"命令即可，此时包括渐变色在内的所有图案填充不再显示，如图 5-1-19 所示。

图 5-1-18　实心多边形

图 5-1-19 不填充的多边形

5.2 尺寸标注样式的创建与修改

尺寸标注是工程设计绘图中必不可少的工作。尺寸可精确地反映图形对象各个部分的大小及其相互关系，是加工零件、装配、安装及检验的重要依据。

AutoCAD 为用户提供了方便、准确、完整的尺寸标注功能。以下内容介绍尺寸标注样式的创建以及尺寸标注样式的管理。

5.2.1 新建尺寸标注样式及其子样式

在尺寸标注前，应先设置好标注的样式，如标注文字大小、箭头大小、尺寸线样式等。这样在标注时才能够统一。

由于 AutoCAD 尺寸标注的缺省设置通常不能满足用户的需要，所以在标注尺寸时，利用"标注样式管理器"用户可以根据需要创建尺寸标注样式。具体操作步骤如下。

① 在功能区"默认"选项卡"注释"面板中，点击下拉按钮 注释 ▼ ，在展开的面板中，单击如图 5-2-1 所示的"标注样式"按钮 ；或在功能区"注释"选项卡"标注"面板的右下角，如图 5-2-2 所示，点击"标注样式"按钮 ；或在菜单栏执行"标注（或格式）>标注样式"命令，如图 5-2-3 所示；或在菜单栏执行"工具>工具栏>AutoCAD>标注"，在打开的标注工具栏中点击"标注样式"按钮 ；打开如图 5-2-4 所示的"标注样式管理器"对话框，单击"新建"按钮 新建(N)... 。

图 5-2-1 "标注样式"按钮

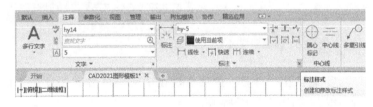

图 5-2-2 "注释"选项卡

② 在打开的"创建新标注样式"对话框中，输入新样式名称"机械样式"，如图 5-2-5 所示，单击"继续"按钮。

③ 打开"新建标注样式：机械样式"对话框，在"线"选项卡中，设置"基线间距"为 8，"超出尺寸线"为 2.25，"起点偏移量"为 0，如图 5-2-6 所示。

④ 切换至"符号和箭头"选项卡中，"箭头"和"引线"选项的形式如图 5-2-7 所示，用户可据需选择；设置"箭头大小"为 3，单选"弧长符号"为"标注文字的上方"，如

图 5-2-8 所示。

⑤ 切换至"文字"选项卡中，设置"文字样式"为事先设置好的"数字"，"文字高度"为 5；在"文字位置"选项组中，设置"垂直"为"上"，"水平"为"居中"，如图 5-2-9 所示。

图 5-2-3 "标注"下拉菜单

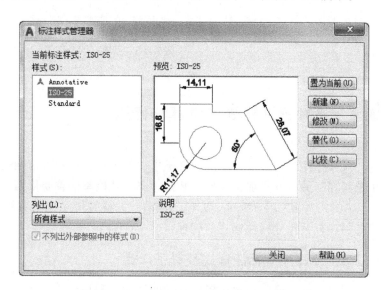

图 5-2-4 "标注样式管理器"对话框

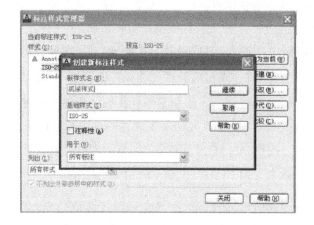

图 5-2-5 命名新样式名称为"机械样式"

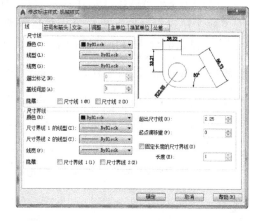

图 5-2-6 设置线

⑥ 切换至"调整"选项卡，在"文字位置"选项组，设置文字位置为"尺寸线上方，带引线"，如图 5-2-10 所示。

⑦ 切换至"主单位"选项卡，在"线性标注"选项组中，设置"精度"为 0.00，"小数分隔符"为"句点"，如图 5-2-11 所示。

⑧ 切换至"公差"选项卡，在"公差格式"选项组中，设置"垂直位置"为"中"，如图 5-2-12 所示。

⑨ 设置完成后，单击"确定"按钮，返回到"标注样式管理器"对话框，选中"机械样式"使之亮显，单击"置为当前"按钮 置为当前(U)，即完成机械样式的创建操作，如图 5-2-13 所示。

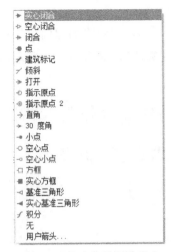

图 5-2-7　箭头和引线的形式

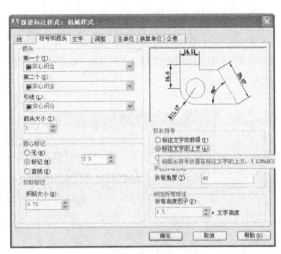

图 5-2-8　设置箭头和符号

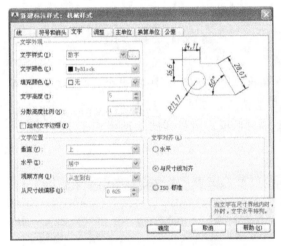

图 5-2-9　设置文字大小与文字位置

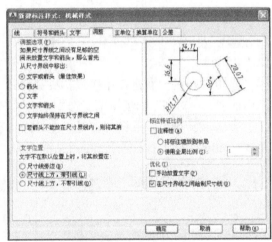

图 5-2-10　设置文字位置

图 5-2-11　线性标注的精度和小数分隔符的设置

图 5-2-12　"公差"选项卡

以下为机械样式子样式的创建方法步骤。

⑩ 点选"机械样式"使其亮显，单击"新建"按钮 新建(N)... ，在弹出的"创建新标注样式"对话框中，单击"用于"下拉列表，在其中选择"角度标注"，如图 5-2-14 所示，单击"继续"按钮。

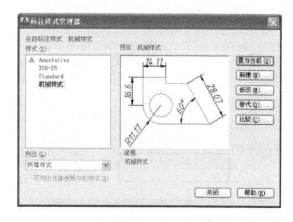

图 5-2-13　完成创建"机械样式"的操作 　　　　图 5-2-14　选择"角度标注"

⑪ 在弹出的"新建标注样式：机械样式：角度"对话框中，选择"文字"选项卡，在其中的"文字对齐"选项组中，选中"水平"单选按钮，如图 5-2-15 所示。

⑫ 点按"确定"按钮，返回标注样式管理器对话框，机械样式下面增加了子样式——角度，如图 5-2-16 所示。

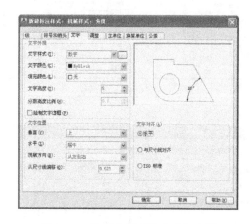

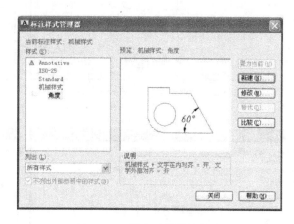

图 5-2-15　选择文字对齐方式为水平 　　　　图 5-2-16　完成子样式的创建

说明： 依照上述方法也可以创建直径标注、半径标注等标注的子样式。

5.2.2　修改尺寸标注样式

尺寸标注样式设置好后，若不满意，用户可对其进行修改操作。在图 5-2-16 所示的"标注样式管理器"对话框中，选中要修改的尺寸样式（选中机械样式），单击"修改"按钮 修改(M)... ，在打开的"修改标注样式：机械样式"对话框中设置即可。

(1) 修改标注线

在"修改标注样式"对话框中，切换至"线"选项卡，根据需要对其线的颜色、线型和线宽等参数选项进行修改，如图 5-2-17 所示。

"线"选项卡各个选项说明如下。

① "尺寸线"选项组主要用于设置尺寸的颜色、线宽、超出标记、基线间距和隐藏控制等属性。

◆ 颜色：设置尺寸线的颜色。

◆ 线型：设置尺寸线的线型。

◆ 线宽：设置尺寸线的宽度。

◆ 超出标记：调整尺寸线超出尺寸界限的距离。

◆ 基线间距：以基线方式标注尺寸时，用以确定相邻两尺寸线之间的距离。

◆ 隐藏：该选项用以确定是否隐藏尺寸线及与其相应的箭头。

② "尺寸界限"选项组主要用以设置尺寸界线的颜色、线宽、超出尺寸线的长度和起点偏移量，以及隐藏控制等属性。

◆ 颜色：设置尺寸界线的颜色。

◆ 线宽：设置尺寸界线的宽度。

◆ 尺寸界线 1/2 的线型：设置尺寸界线的线型样式。

◆ 超出尺寸线：设定尺寸界线超出尺寸线的距离。

◆ 起点偏移量：设定尺寸界线与标注对象之间的距离。

◆ 固定长度的尺寸界线：将标注尺寸的尺寸界线都设置成一样长。尺寸界线的长度可以在"长度"文本框中指定。

(2) 修改符号和箭头

在"修改标注样式"对话框中的"符号和箭头"选项卡中，根据需要可修改箭头样式、箭头大小、圆心标注、弧长符号和折弯标注等参数，如图 5-2-18 所示。

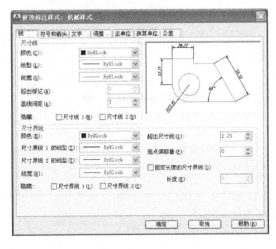

图 5-2-17　"线"选项卡

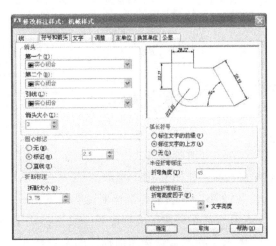

图 5-2-18　"符号和箭头"选项卡

"符号和箭头"选项卡各个选项说明如下。

① "箭头"选项组用于设定标注箭头的外观。

◆ 第一个/第二个：设定尺寸标注中第一个箭头与第二个箭头的外观样式。

◆ 引线：设定快速引线标注时的箭头类型。

◆ 箭头大小：设定尺寸标注中箭头的大小。

② "圆心标记"选项组用来设置是否显示圆心标记以及标记的大小。

◆ "无"单选按钮：在标注圆弧类的图形时，用以设定取消圆心标记。

◆ "标记"单选按钮：用以设定显示圆心。

◆ "直线"单选按钮：设定标注出的圆心标记为中心线。

③ "折断标注"选项组用于设定折断标注的大小。

④ "弧长符号"选项组用以设定弧长标注中圆弧符号的显示位置与状态。

◆ "标注文字的前缀"单选按钮：设定将弧长符号放置在标注文字的前面。

◆ "标注文字的上方"单选按钮：设定将弧长符号放置在标注文字的上方。

◆ "无"单选按钮：设定不显示弧长符号。

⑤ "半径折弯标注"选项组用于折弯半径标注的显示。半径折弯标注通常是在中心点位于页面之外的情况下使用。在"折弯角度"数值框中输入角度值，用以设定折弯半径标注的尺寸线、尺寸界线与折弯线之间的夹角大小，如图 5-2-19 所示。

⑥ "线性折弯标注"选项组用以控制线性标注折弯的显示。当用户标注的尺寸不能精确表示实际尺寸时，通常将折弯线添加到线性标注中。"折弯高度因子"用以设定形成折弯角度的两个顶点之间距离 h 的系数值，如图 5-2-20 所示。折弯高度 h 的数值是折弯高度因子与尺寸文字高度的乘积。

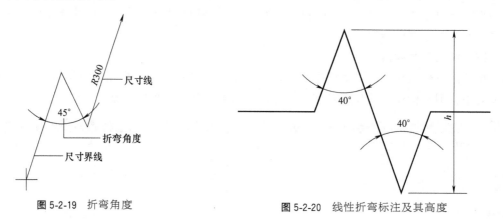

图 5-2-19 折弯角度　　　　　　　　　图 5-2-20 线性折弯标注及其高度

(3) 修改尺寸文字

在"修改标注样式"对话框的"文字"选项卡中，可设置文字外观、文字位置以及对齐方式选项，如图 5-2-21 所示。

"文字"选项卡各个选项说明如下。

① "文字外观"选项组用于设置标注文字的格式和大小。

◆ 文字样式：选择当前标注的文字样式。

◆ 文字颜色：选择尺寸文本的颜色。

◆ 填充颜色：设置尺寸文本的背景颜色。

◆ 文字高度：设置尺寸文字的高度。如果选用的文字样式中，已经设置了文字高度，此时该选项将不可用。如果用户要在"文字"选项卡上设定文字高度，必须确保"文字样式"

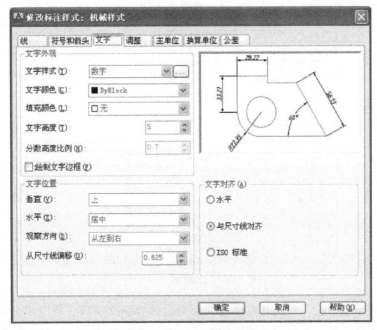

图 5-2-21 "文字"选项卡

中文字高度设定为 0。

◆ 分数高度比例：用于确定尺寸文本中的分数相对于其他标注文字的比例。仅当在"主单位"选项卡上选择"单位格式"为"分数"时，此选项才可用。在此处输入的值乘以文字高度，可确定标注分数相对于标注文字的高度。

◆ "绘制文字边框"复选框：选择此复选框选项，将在标注文字周围绘制一个边框。

② "文字位置"选项组用于设置文字的垂直、水平位置以及由尺寸线偏移的距离。

◆ 垂直：确定尺寸文本相对于尺寸线在垂直方向上的对齐方式。

◆ 水平：确定标注文字相对于尺寸线和尺寸界线在水平方向的位置。

◆ 观察方向：控制标注文字的观察方向。

◆ 从尺寸线偏移：设置尺寸文字与尺寸线之间的距离。

③ "文字对齐"选项组用于控制标注文字放在尺寸界线外边或里边时，其方向是保持水平还是与尺寸界线平行。

◆ 水平：设定尺寸文字为水平放置。

◆ 与尺寸线对齐：设定尺寸文字方向与尺寸线对齐。

◆ ISO 标准：用于设定尺寸文字按 ISO 标准放置。当文字在尺寸界线内时，文字与尺寸线对齐。当文字在尺寸界线外时，文字水平放置。

（4）"调整"选项的修改

在"修改标注样式"对话框的"调整"选项卡中，可对尺寸文字、箭头、引线和尺寸线的位置进行调整，如图 5-2-22 所示。

"调整"选项卡各个选项说明如下。

① "调整选项"选项组用于调整尺寸界线、文字和箭头之间的位置。

◆ "文字或箭头"单选按钮：表示系统将按最佳布局将文字或箭头移动到尺寸界线外部。当尺寸界线间的距离足够放置文字和箭头时，文字和箭头都放在尺寸界线内。否则，将按照

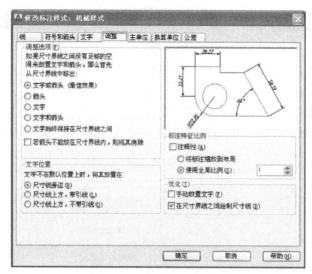

图 5-2-22 "调整"选项卡

最佳效果移动文字或箭头。当尺寸界线间的距离仅够容纳文字时，将文字放在尺寸界线内，而箭头放在尺寸界线外。当尺寸界线间的距离仅够容纳箭头时，将箭头放在尺寸界线内，而文字放在尺寸界线外。当尺寸界线间的距离既不够放文字又不够放箭头时，文字和箭头都放在尺寸界线外。

◆"箭头"单选按钮：表示 AutoCAD 尽量将箭头放在尺寸界线内，否则会将文字和箭头都放在尺寸界线外。

◆"文字"单选按钮：表示当尺寸界线间距离仅能容纳文字时，系统会将文字放在尺寸界线之内，箭头放在尺寸界线之外。

◆"文字和箭头"单选按钮：表示当尺寸界线间距离不足以放下文字和箭头时，文字和箭头都放在尺寸界线之外。

◆"文字始终保持在尺寸界线之间"单选按钮：表示系统会始终将文字放在尺寸界线之间。

◆"若箭头不能放在尺寸界线内，则将其消除"框选按钮：表示当尺寸界线内没有足够的空间，系统则隐藏箭头。

②"文字位置"选项组用于设定尺寸文字必须由默认位置移动时，其应该放置的新位置。

◆"尺寸线旁边"单选按钮：表示尺寸文字必须由默认位置移动时，系统将其放置在尺寸线旁边延伸出的尺寸线上。

◆"尺寸线上方，带引线"单选按钮：表示尺寸文字必须由默认位置移动时，系统将文字置于尺寸线上方，并创建一条连接文字和尺寸线的引线。当文字非常靠近尺寸线时，将省略引线。

◆"尺寸线上方，不带引线"单选按钮：表示尺寸文字必须由默认位置移动时，系统将其放置在尺寸线上方，远离尺寸线的文字与尺寸线之间不设置连接的引线。

③"标注特征比例"选项组用于设置标注尺寸的特征比例，以便于通过设置全局标注比例值或图纸空间比例来增加或减少标注的大小。

◆ "注释性"单框选择按钮：将标注特征比例设置为注释性。

◆ "将标注缩放到布局"单选按钮：可根据当前模型空间视口与图纸空间之间的缩放关系设置比例。

◆ "使用全局比例"单选按钮：为所有标注样式设置一个比例，指定大小、距离或间距。此外还包括文字和箭头大小，但不改变标注的测量数值大小。

(5) 修改主单位

在"修改标注样式"对话框的"主单位"选项卡中，可以设置主单位的格式与精度等属性，如图 5-2-23 所示。

"主单位"选项卡各个选项说明如下。

① "线性标注"选项组用于设置线性标注的格式和精度。

◆ 单位格式：用来设置除角度标注之外的各标注类型的尺寸单位，包括"科学"、"小数"、"工程"、"建筑"、"分数"和"Windows 桌面"等选项。

◆ 精度：用于设置标注文字中的小数位数。

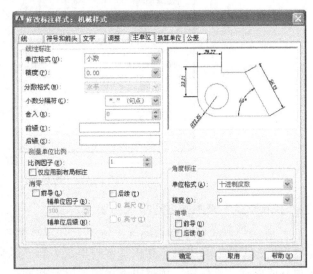

图 5-2-23 "主单位"选项卡

◆ 分数格式：用于设置分数的格式，包括"水平"、"对角"和"非堆叠"三种方式。仅当"单位格式"下拉列表中选择建筑和分数时，此选项才可以使用。

◆ 小数分隔符：用于设定十进制格式的分隔符。包括"句点"、"逗点"和"空格"三种分隔符。

◆ 舍入：用于设置除角度标注以外的尺寸测量值的舍入规则，类似于数学中的四舍五入。如果输入 0.25，则所有标注距离都以 0.25 为单位进行舍入。如果输入 1.0，则所有标注距离都将舍入为最接近的整数。小数点后显示的位数取决于"精度"设置。

◆ 前缀与后缀：用于设定标注文字的前缀和后缀，用户在相应的文本框中输入文本符即可。

◆ 比例因子：设置测量尺寸的缩放比例，AutoCAD 的实际标注值为测量值与该比例的乘积。

◆ 仅应用到布局标注：选中该选项可只对布局（图纸空间）标注应用线性比例因子。

② "消零"选项组用于设置是否显示尺寸标注中的前导和后续 0。

③ "角度标注"选项组用于设置标注角度时采用的角度单位。

◆ 单位格式：设定标注角度时的单位。

◆ 精度：设定标注角度的尺寸精度。

◆ 消零：设定是否消除角度尺寸的前导和后续 0。

(6) 修改换算单位

在"修改标注样式"对话框的"换算单位"选项卡中，可以设置换算单位的格式和精度，如图 5-2-24 所示。

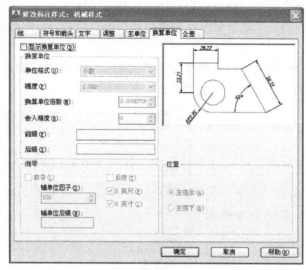

图 5-2-24　"换算单位"选项卡

"换算单位"选项卡各选项说明如下。

① 显示换算单位：勾选该复选框时，其他选项才可用，此时便会向标注文字添加换算测量单位，即同时显示毫米和英寸两种单位。在"换算单位"选项组中修改设置各选项的方法与修改设置"主单位"选项组各选项的方法相同。

② 位置：该选项组用于设置标注文字中换算单位的位置。

◆"主值后"单选按钮：将换算单位尺寸标注放置在主单位标注的后方。

◆"主值下"单选按钮：将换算单位尺寸标注放置在主单位标注的下方。

(7) 修改公差

在"修改标注样式"对话框的"公差"选项卡中，可以设置是否标注公差、公差格式或者输入上、下极限偏差值，如图 5-2-25 所示。

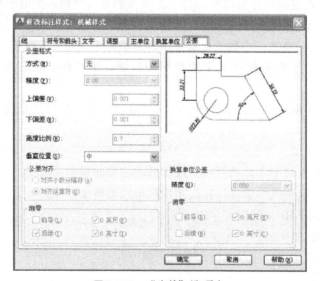

图 5-2-25　"公差"选项卡

"公差"选项卡各选项说明如下。

① "公差格式"选项组用于设定公差的显示方式、精度、上下极限偏差等。

◆ 方式：设定以何种方式标注公差。AutoCAD 为用户提供了 4 种公差样式，分别是"对称"、"极限偏差"、"极限尺寸"和"基本尺寸"，4 种标注情况如图 5-2-26 所示。

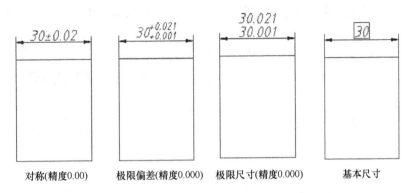

图 5-2-26 公差标注的形式

提示：系统默认在上偏差数值前加"＋"，在下偏差数值前加"－"。如果上偏差是负值或下偏差是正值，都需要在输入的偏差值前加负号。例如下偏差是＋0.015，则需要在"下偏差"微调框中输入－0.015。

◆ 精度：设定公差标注的精度，在下拉列表中选择一个精度值即可。

◆ 上偏差/下偏差：用于设定尺寸的上极限偏差和下极限偏差。使用"上偏差"参数来设置对称公差值，对于极限偏差和极限尺寸，则同时使用"上偏差"和"下偏差"参数来设置。

◆ 高度比例：用于设置公差文字相对于标注文字高度的比例因子。通常公差文字高度要小一些，比如机械图样中取高度比例为 0.7，见图 5-2-26 所示的"极限偏差"。对称公差的高度比例取 1，如图 5-2-26 所示的"对称"。

◆ 垂直位置：控制公差文字相对于尺寸文字的位置。该设置主要对极限偏差标注有很大影响。有"下"、"中"、"上"三种选项，其中"下"选项表示公差文字与尺寸文字的底部对齐；"中"选项表示公差文字与尺寸文字的中部对齐，如图 5-2-26 所示的"极限偏差"；"上"选项表示公差文字与尺寸文字的顶部对齐。

说明："垂直位置"设置选项同样适用于分数，可用于决定分数与整数标注的对齐方式。

② "公差对齐"选项组用于设定对齐小数分隔符或对齐运算符。

③ "消零"选项组用于设定是否省略公差标注中的 0。

④ "换算单位公差"选项组用于设定换算单位公差的精度。该选项仅当在"换算单位"选项卡中勾选"显示换算单位"后方可使用。

5.2.3 删除尺寸标注样式

若想删除多余的尺寸样式，用户可以在"标注样式管理器"对话框中进行删除操作。具体操作步骤如下。

① 打开"标注样式管理器"对话框，在"样式"列表中，选择要删除的"机械样式07"，单击右键，在弹出的快捷菜单中，选择"删除"命令，如图 5-2-27 所示。

说明：在"标注样式管理器"对话框中，除了可对标注样式进行删除外，也可以进行重命名和置为当前等管理操作。用户只需右击选中要管理的标注样式，在快捷菜单中，选择相应的命令即可。

② 在打开的系统提示框中，单击"是"按钮，如图 5-2-28 所示。

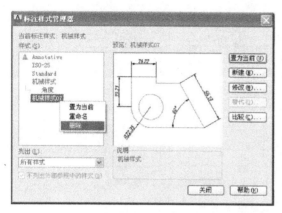

图 5-2-27　选择要删除的"机械样式 07"

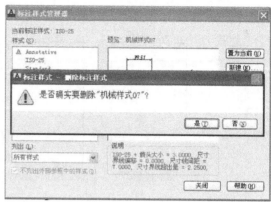

图 5-2-28　确定是否删除

③ 返回上一层对话框，此时多余的"机械样式 07"已经被删除，如图 5-2-29 所示。

注意：当前样式及正被使用的尺寸样式不能被删除，此外，也不能删除样式列表中已有的一个"ISO-25"标注样式。

5.2.4　标注样式的替代

尺寸标注时，用户有时会需要一个特别的标注样式，例如在空间很窄的地方进行标注时需取消箭头、隐藏尺寸线或尺寸界线，使用"特性"选项板更改其特性即可。

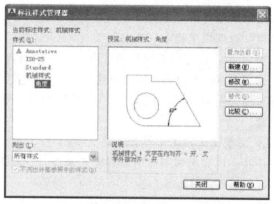

图 5-2-29　完成删除

另一种方法是：创建一个替代样式来替代当前标注样式。它好比是标注样式的子样式。创建一个替代样式，可按以下操作步骤进行。

① 在"标注样式管理器"对话框中，选择一个标注样式（例如选择机械样式），随后点击"置为当前"按钮 置为当前(U)，此时"替代"按钮 替代(O)... 亮显并单击，如图 5-2-30 所示。

② 系统打开"替代当前样式"对话框，如图 5-2-31 所示，此对话框与"新建标注样式"对话框或"修改标注样式"对话框相同，在其各个选项卡中对所需选项进行更改后，单击"确定"按钮。

③ 此时在"标注样式管理器"对话框中机械样式的下面列出了"＜替代样式＞"，如图 5-2-32 所示。

创建替代样式后，使用该样式创建的所有新标注都将包含这些更改。要回到原来的标注样式，必须删除替代样式。也可以将替代样式加到标注样式中或者将它另存为一种新样式。操作方法是：在打开的"标注样式管理器"对话框中，对着"＜样式替代＞"单击右键，在弹出的快捷菜单中，点选相应的命令即可，如图 5-2-33 所示。

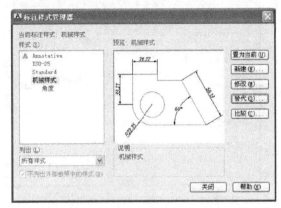

图 5-2-30 点选"替代"按钮

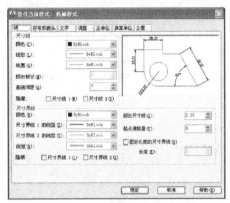

图 5-2-31 更改相关选项的设置

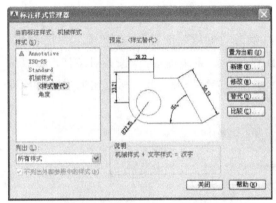

图 5-2-32 完成替代样式的创建

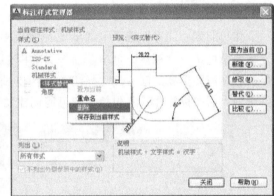

图 5-2-33 管理"样式替代"

各选项说明如下。

◆ 重命名：命名一个新的标注样式名称，按回车键确认后，列表中多了新的标注样式，删除了替代样式。

◆ 删除：该操作直接删除替代样式，但不会更改已经用替代样式创建的标注。

◆ 保存到当前样式：该选项会将替代样式载入到当前标注样式（机械样式）中，并随即更改之前创建的所有标注。

5.2.5 标注样式的比较

标注样式的比较就是将当前样式与选择的另一个标注样式进行对比，从中观察两者的不同变量设置。操作步骤如下。

① 在打开的"标注样式管理器"对话框中，单击"比较"按钮 比较(C)... ，打开如图 5-2-34 所示的"比较标注样式"对话框。

② 分别在"比较"和"与"下拉列表中选择要进行比较的两个标注样式。随后程序以系统变量的形式列出两者的不同，如图 5-2-35 所示。

提示：单击"比较标注样式"对话框右边的"复制"按钮 ，可以将比较结果复制到剪贴板中，再将其粘贴到另一个文档中加以保存。例如，可以用邮件发给客户。

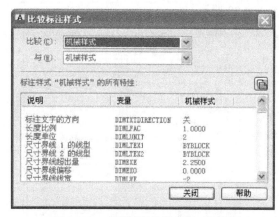

图 5-2-34 "比较标注样式"对话框　　　图 5-2-35 "ISO-25"与"机械样式"的区别

5.2.6 更新标注

在功能区"注释"选项卡"标注"面板中，单击"更新"按钮 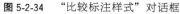，如图 5-2-36 所示；或在菜单栏执行"标注＞更新"命令，如图 5-2-37 所示，系统提示："选择对象："，按系统要求选择需要更新的已有尺寸标注，然后按 Enter 键或按空格键，此时所选定的尺寸对象即更新为当前的标注样式（包括任何可能创建的替代样式）。

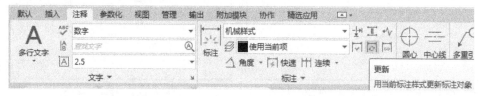

图 5-2-36 "注释"选项卡"标注"面板中"更新"按钮

图 5-2-37 选择"更新"命令

5.3　尺寸的标注

在标注尺寸前应完成以下准备工作。

① 为所有尺寸标注建立单独的图层，通过该图层，就能很方便地将尺寸标注与图形的其他对象区分开来，这一步是非常必要的。

② 专门为尺寸文字创建文本样式。

③ 打开自动捕捉模式，设定捕捉模式类型为"端点"、"中点"、"圆心"和"交点"等，这样在创建尺寸标注时就能更快地拾取标注对象上的点。

④ 创建新的尺寸标注样式。

5.3.1　线性尺寸标注

线性尺寸是指定两点之间的水平或垂直距离的尺寸，也可以是旋转一定角度的直线尺寸。

启用"线性"尺寸标注命令常用的方法如下。

① 在功能区"注释"选项卡"标注"面板中，单击"线性标注"按钮 ⊢ 线性，如图 5-3-1 所示；或在"默认"选项卡"注释"面板中，单击"线性标注"按钮 ⊢，如图 5-3-2 所示。

② 菜单栏执行"标注＞线性"命令，如图 5-3-3 所示。

图 5-3-1　"注释"选项卡

图 5-3-2　"默认"选项卡

图 5-3-3　"标注"菜单

③ 输入命令：DIMLINEAR（或 DIMLIN）。

启用命令后，AutoCAD 命令行窗口提示：

命令：_ dimlinear

指定第一条尺寸界线原点或＜选择对象＞：

在此提示下有两种选择。

第一：在绘图区域点取，指定第一条尺寸界线原点，系统继续提示：

指定第二条尺寸界线原点：

在绘图区继续点取指定第二条尺寸界线原点。

第二：直接按 Enter 键，系统提示：

选择标注对象：

在绘图区选择要标注的对象。系统继续提示：

指定尺寸线位置或

[多行文字（M）/文字（T）/角度（A）/水平（H）/垂直（V）/旋转（R）]：

各个选项内容说明如下。

a. 指定尺寸线位置：确定尺寸线的位置。用户可移动鼠标选择合适的尺寸线位置，然后单击鼠标左键，AutoCAD 则自动测量所标注线段的长度并标注出相应的尺寸。

b. 多行文字（M）：键入 m↙，系统弹出多行文本编辑器，可以此来确定尺寸文本，如图 5-3-4 所示。

图 5-3-4　多行文本编辑器

c. 文字（T）：在命令行提示下输入或编辑尺寸文本。选择此选项后，系统提示：

输入标注文字：

输入所需内容后，按 Enter 键，系统回到前面的提示：

指定尺寸线位置或

[多行文字（M）/文字（T）/角度（A）/水平（H）/垂直（V）/旋转（R）]：

移动光标并选择尺寸线放置的位置，单击鼠标即可。

d. 角度（A）：确定尺寸文本的倾斜角度。

e. 水平（H）：水平标注尺寸，不论标注什么方向的线段，尺寸线均水平放置。

f. 垂直（V）：垂直标注尺寸，不论被标注线段沿什么方向，尺寸线总保持垂直。

g. 旋转（R）：输入尺寸线旋转的角度值，旋转标注尺寸。

对齐标注：标注的尺寸线与所标注的轮廓线平行。

角度标注：标注两个对象之间的角度。

弧长标注：标注圆弧或多段线弧线段的弧长。

坐标标注：标注点的纵坐标或横坐标。

直径或半径标注：标注圆或圆弧的直径或半径。

折弯标注：创建圆和圆弧的折弯标注。

上面所述这几种尺寸标注与线性标注类似。

5.3.2　基线标注

基线尺寸标注是指多个尺寸共用一条基准线，适用于长度尺寸标注、角度标注和坐标标注等。在使用基线标注方式之前，应该先标注出一个相关的尺寸，系统以该尺寸的第一条尺

寸界线为测量基准线进行基线标注，如图 5-3-5
所示。

注意： 基线标注两平行尺寸线间距由"新建（修
改）标注样式"对话框"线"选项卡"尺寸线"选项
区域中"基线间距"文本框中的数值决定。

启用"基线"标注命令的方法如下。

① 在功能区"注释"选项卡"标注"面板中，
单击"基线"标注按钮 基线，如图 5-3-6 所示。

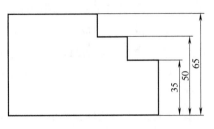

图 5-3-5　"基线"标注

图 5-3-6　"注释"选项卡

② 菜单栏执行"标注＞基线"命令。

③ 输入命令：DIMBASELINE。

启用命令后，AutoCAD 命令行窗口提示：

命令：＿dimbaseline

指定第二条尺寸界线原点或［放弃（U）/选择（S）]＜选择＞：

在此提示下有两种选择：

第一：在绘图区点取直接确定第二条尺寸界线原点，AutoCAD 以上次标注尺寸的第一
条尺寸界线为基准标注出相应尺寸。

第二：直接按 Enter 键，系统提示：

选择基准标注：

用户可以选择一尺寸界线作为基准，此时系统提示：

指定第二条尺寸界线原点或［放弃（U）/选择（S）]＜选择＞：

在绘图区点取以确定第二条尺寸界线原点，系统标注出相应尺寸。

"连续"标注：连续标注也称为尺寸链标注，用于
产生一系列连续的尺寸标注，后一个尺寸标注均把前
一个标注的第二尺寸界线作为它的第一条尺寸界线。
与基线标注一样，在使用连续标注方式之前，应该先
标注出一个相关的尺寸。其标注过程与基线标注类似，
如图 5-3-7 所示。

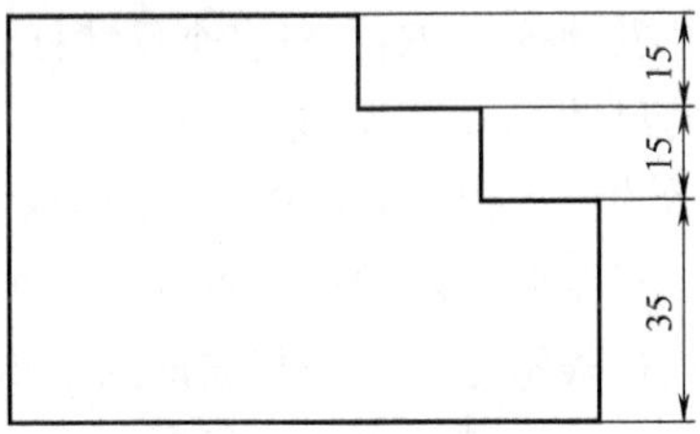

5.3.3　快速标注和标注

图 5-3-7　"连续"标注

快速尺寸标注命令 QDIM 使用户可以交互地、动态地、自动化地进行尺寸标注。在
QDIM 命令中可以同时选择多个圆或圆弧进行直径或半径标注，也可同时选择多个对象进行
基线标注和连续标注，选择一次即可完成多个标注，因此可节省时间，提高工作效率。

启用"快速标注"命令的方法如下。

① 在功能区"注释"选项卡的"标注"面板中，点击"快速标注"按钮 快速 。

② 菜单栏执行"标注＞快速标注"命令。

③ 输入命令：QDIM。

启用命令后，AutoCAD 命令行窗口提示：

命令：QDIM

选择要标注的几何图形：

选择要标注尺寸的多个对象［如图 5-3-8（a）所示］后，按 Enter 键，系统提示：

指定尺寸线位置或［连续（C）/并列（S）/基线（B）/坐标（O）/半径（R）/直径（D）/基准点（P）/编辑（E）/设置（T）]＜连续＞：

各个选项说明如下。

① 指定尺寸线位置：绘图区移动光标，单击鼠标左键，直接确定尺寸线的位置。此时系统按默认尺寸标注类型标注出相应尺寸。

② 连续（C）：产生一系列连续标注的尺寸。紧接上面的提示，直接↙（或键入 C↙，返回上面的提示），给定尺寸线位置，完成连续尺寸标注，如图 5-3-8 所示。

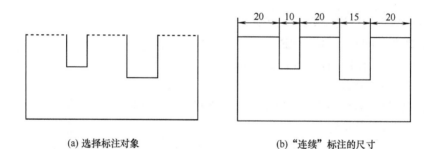

(a) 选择标注对象 　　　　　　　(b) "连续"标注的尺寸

图 5-3-8 "连续"标注

③ 并列（S）：产生一系列交错的尺寸标注，如图 5-3-9 所示。

④ 基线（B）：产生一系列基线标注的尺寸。后面的"坐标（O）"、"半径（R）"、"直径（D）"含义与此类同。

⑤ 基准点（P）：为基线标注指定一个新的基准点。

⑥ 编辑（E）：对多个尺寸标注进行编辑。系统允许对已存在的尺寸标注添加或移去尺寸点。选择此选项，图 5-3-8（a）显示为 5-3-10（a），并且系统提示：

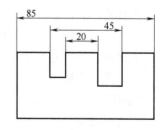

图 5-3-9 "并列"标注结果

指定要删除的标注点或［添加（A）/退出（X）]＜退出＞：

此提示下确定要移去的点（如图 5-3-10（b）所示为移去中间两点）之后↙，AutoCAD 对尺寸标注进行更新，如图 5-3-10（c）所示。

⑦ 设置（T）：设置关联标注是端点或是交点优先。

标注命令 DIM 使用户可以在单个命令会话中创建多种类型的标注。

在功能区"注释"选项卡的"标注"面板中或在"默认"选项卡的"注释"面板中，点击"标注"按钮 或者命令行输入 DIM，即可启动标注命令。

启用命令后，AutoCAD 命令行窗口提示：

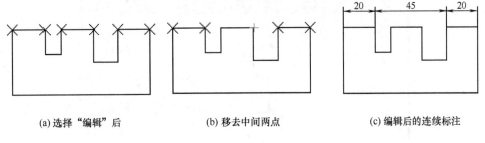

(a) 选择"编辑"后   (b) 移去中间两点   (c) 编辑后的连续标注

图 5-3-10 编辑多个尺寸标注

命令：DIM

选择对象或指定第一个尺寸界线原点或［角度(A)/基线(B)/连续(C)/坐标(O)/对齐(G)/分发(D)/图层(L)/放弃(U)］：

用户可根据需要选择角度、基线、连续等不同的命令进行标注。

【例】 如图 5-3-11 所示，画出挂轮架图形并标注其尺寸。

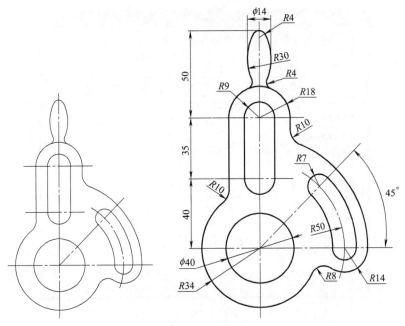

图 5-3-11 挂轮架

操作步骤叙述如下。

① 为标注样式"GB-5"创建"文字样式"：

a. 打开如图 5-3-12 所示的"标注样式管理器"，在"样式"列表中选中"GB-5"，单击"修改"按钮 修改(M)... ，在弹出的"修改标注样式：GB-5"对话框中，选择"文字"选项卡，如图 5-3-13 所示。

b. 在图 5-3-13 中，单击"文字样式"选项后的"创建文字样式"按钮 ... （其他创建"文字样式"的方法在第四章已经介绍），弹出"文字样式"对话框，如图 5-3-14 所示。单击"新建"按钮，弹出"新建文字样式"对话框，如图 5-3-15 所示。输入新样式名称：

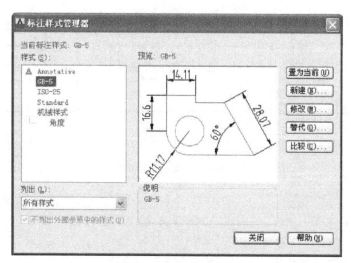

图 5-3-12 标注样式管理器

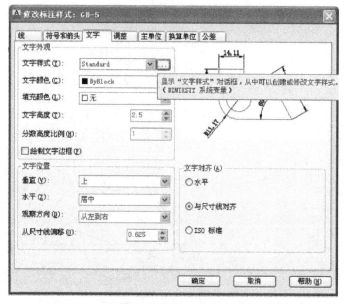

图 5-3-13 修改标注样式对话框的"文字"选项卡

HYSZ-5，单击"确定"按钮，返回到"文字样式"对话框，如图 5-3-16 所示。

　　c. 在图 5-3-16 所示的对话框中，单击"字体名"下拉列表框，选取 gbenor. shx，此时"使用大字体"复选框亮显，选中，此时"字体名"变为"SHX 字体"；"字体样式"变为"大字体"。在"大字体"下拉列表框中选取 gbcbig. shx，"高度"设置为 5（也可以设置为其他标准数值），"宽度因子"设置为 0. 75（也可以不设置）。

　　d. 单击"置为当前"按钮，再单击"应用"按钮，最后单击"关闭"按钮，新的文字样式"HYSZ-5"创建设置完成。

　　e. 返回到"修改标注样式：GB-5"对话框，在"文字样式"下拉列表框选择"HYSZ-5"，如图 5-3-17 所示，单击"确定"按钮，返回到"标注样式管理器"对话框。

图 5-3-14　"文字样式"对话框

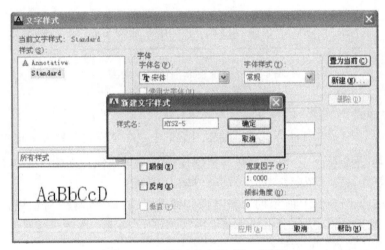

图 5-3-15　"新建文字样式"对话框

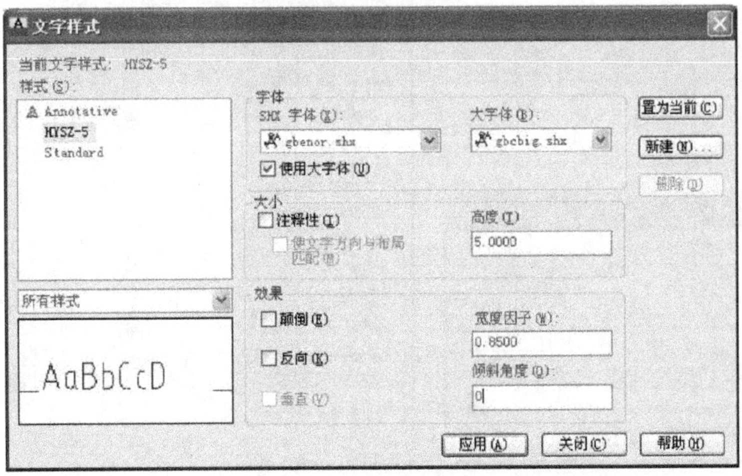

图 5-3-16　新文字样式"HYSZ-5"的创建设置

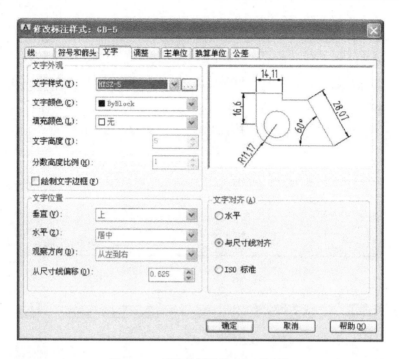

图 5-3-17 "修改标注样式"对话框

② 对标注样式"GB-5"的再设置。

a. 在图 5-3-12 所示"标注样式管理器"对话框中，在"样式"列表中选中"GB-5"，单击"新建"按钮 新建(N)… ，弹出"创建新标注样式"对话框，如图 5-3-18 所示，在"用于"下拉列表框中选择"角度标注"，单击"继续"按钮。

b. 系统弹出如图 5-3-19 所示的"新建标注样式：GB-5：角度"对话框，选择"文字"选项卡，在"文字对齐"单选框中选择"水平"，单击"确定"按钮，返回到如图 5-3-20 所示的"标注样式管理器"对话框。

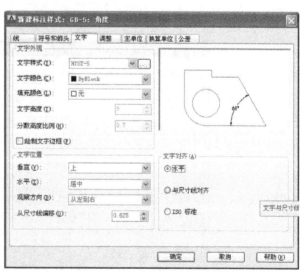

图 5-3-18 "创建新标注样式"对话框　　　　**图 5-3-19** "新建标注样式：GB-5：角度"对话框

c. 在图 5-3-20 的对话框中继续单击"新建"按钮，弹出如图 5-3-21 所示的"创建新标注样式"对话框，在"用于"下拉列表框选择"半径标注"，点"继续"，在弹出的"文字"选项卡中，选"文字对齐"方式为"ISO 标准"，如图 5-3-22 所示。

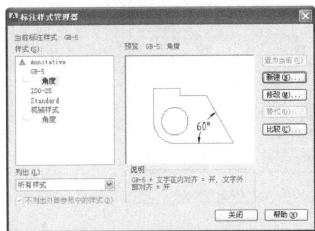

图 5-3-20 "标注样式管理器"对话框

图 5-3-21 "创建新标注样式"对话框

图 5-3-22 "文字"选项卡中

d. 用同样的方法设置"直径标注"的"文字对齐"为"ISO 标准"，最后返回到"标注样式管理器"对话框，选中"GB-5"并单击"置为当前"按钮，设置完成后如图 5-3-23 所示。单击"关闭"，完成设置。

③ 调用"线性"标注命令，标注尺寸 40，再用"连续"标注命令标注 35、50，如图 5-3-24 所示。

④ 调用"角度"标注命令标注 45°；调用"直径"标注命令标注 ϕ40；再用"半径"标注命令标注所有半径，如图 5-3-25 所示。

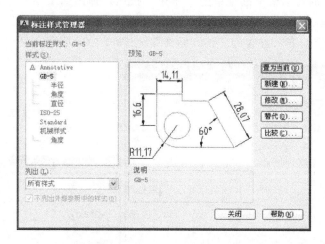

图 5-3-23　"GB-5"标注样式设置完成

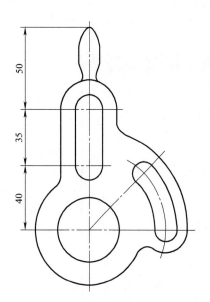

图 5-3-24　标注线性尺寸

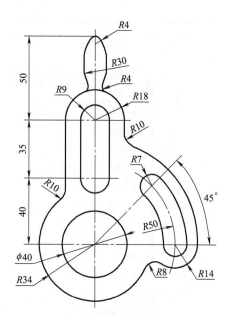

图 5-3-25　标注直径和半径尺寸

⑤ 标注挂轮架手柄部分的直径尺寸 φ14。

a. 调用"偏移"命令，偏移距离为 7，对竖直中心线进行偏移（目的是找到偏移后的中心线与 R30 圆弧的切点），如图 5-3-26 所示。

b. 用"线性"命令标注尺寸 14，如图 5-3-27 所示。

c. 删除偏移的竖直中心线；在状态栏点击"快捷特性"按钮 ▤，启用快捷特性（也可单击尺寸 14，亮显后单击右键，在弹出的快捷菜单中点选"快捷特性"或者点选"特性"），单击尺寸 14，AutoCAD 弹出"快捷特性"面板，在"文字替代"输入框中键入"%%c14"，按 Enter 键，如图 5-3-28 所示右侧为"快捷特性"面板。

d. "文字替代"结果如图 5-3-29 所示。最终结果如图 5-3-11 所示。

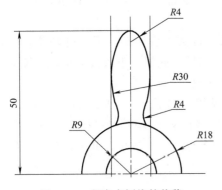

图 5-3-26 竖直点划线的偏移

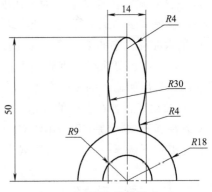

图 5-3-27 标注线性尺寸 14

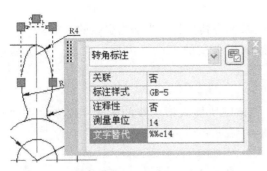

图 5-3-28 "快捷特性"面板的"文字替代"

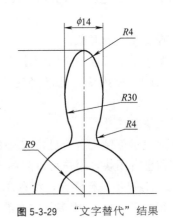

图 5-3-29 "文字替代"结果

5.3.4 引线标注

AutoCAD 提供的引线标注功能，可以标注特定的尺寸，如圆角、倒角等，可以实现在图中添加多行旁注、说明，还可以添加基准符号等。在创建引线标注的过程中，用户可以控制引线的形式和箭头的外观形式以及注释文字的对齐方式。

(1) 利用 LEADER 命令进行引线标注

LEADER 命令可以创建灵活多样的引线标注形式，可以根据需要把指引线设置为折线或曲线，指引线可以带箭头，也可以不带箭头，注释文本可以是多行文本，也可以是形位公差，还可以从图形其他部位复制或者插入一个图块。

启用 LEADER 命令进行引线标注的方法：

命令行输入：LEADER↙

执行命令后，AutoCAD 提示：

命令：LEADER

指定引线起点：(输入指引线的起始点)

指定下一点：(输入指引线的另一点)

指定下一点或[注释(A)/格式(F)/放弃(U)]<注释>：

选项说明如下。

① 指定下一点：直接输入一点，系统根据前面的点画出折线作为指引线。

② 注释：输入注释文本，为默认项。在上面的提示下直接回车，系统提示如下：

输入注释文字的第一行或＜选项＞：

a. 输入注释文字的第一行：在此提示下输入第一行文本后回车，用户可以继续输入第二行文本，如此反复执行，直到输入全部注释文本，然后在此提示下直接回车，系统会在指引线终端标注出所输入的多行文本，并结束 LEADER 命令。

b. 直接回车：若在上面的提示下直接回车，系统提示如下。

输入注释选项[公差(T)/副本(C)/块(B)/无(N)/多行文字(M)]＜多行文字＞：

在此提示下选择一个注释选项或直接回车选择"多行文字"选项。其中，各选项的含义如下。

公差（T）：标注形位公差。

副本（C）：把已由 LEADER 命令创建的注释复制到当前指引线末端。执行该选项，系统提示如下。

选择要复制的对象：

在此提示下选取一个已创建的注释文本，则系统将其复制到当前指引线的末端。

块（B）：插入块，把已经定义好的图块插入指引线的末端。执行该选项，系统提示如下。

输入块名或［?］：

在此提示下输入一个已定义好的图块名，将该图块插入指引线的末端。或者输入"?"列出当前已有图块，用户可以从中选择。

无（N）：不进行注释，没有注释文本。

多行文字（M）：用多行文本编辑器标注注释文本并定制文本格式，为默认选项。

③ 格式（F）：确定指引线的形式。选择该项，系统提示如下：

输入引线格式选项［样条曲线（S）/直线（ST）/箭头（A）/无（N）]＜退出＞：

选择指引线形式，或直接回车回到上一级提示。各选项的含义如下。

样条曲线（S）：设置指引线为样条曲线。

直线（ST）：设置指引线为折线。

箭头（A）：在指引线的起始位置画箭头。

无（N）：在指引线的起始位置不画箭头。

＜退出＞：默认选项。选取该项退出"格式"选项，返回"指定下一点或［注释(A)/格式(F)/放弃(U)]＜注释＞："提示，并且指引线形式按默认方式设置。

(2) 利用 QLEADER 命令进行引线标注

利用 QLEADER 命令可以快速生成指引线及注释，而且可以通过命令行优化对话框进行用户自定义，由此可以消除不必要的命令行提示，取得最高的工作效率。

启用 QLEADER 命令进行引线标注的方法：

命令行：QLEADER ↙

执行命令后，AutoCAD 提示：

命令：QLEADER

指定第一个引线点或[设置(S)]＜设置＞：

选项说明如下。

① 指定第一个引线点：确定一点作为指引线的第一点，系统提示如下。

指定下一点：（输入指引线的第二点）

指定下一点：（输入指引线的第三点）

提示用户输入的点的数目由"引线设置"对话框确定。输入完指引线的点后出现如下提示。

指定文字宽度<0>：（输入多行文本的宽度）

输入注释文字的第一行<多行文字（M）>：

此时，有两种命令输入选择，含义如下。

a. 输入注释文字的第一行：在命令行中输入第一行文本，系统继续提示具体如下。

输入注释文字的下一行：（输入另一行文本）

输入注释文字的下一行：（输入另一行文本或回车）

b. <多行文字（M）>：打开多行文字编辑器，如图 5-3-4 所示，输入编辑多行文字，之后单击确定，结束 QLEADER 命令并且把多行文本标注在指引线的末端附近。

② 设置（S）：直接✓或输入 S，打开如图 5-3-30 所示的"引线设置"对话框，允许对引线标注进行设置。该对话框包含"注释"、"引线和箭头"、"附着"3 个选项卡。

a. "注释"选项卡：如图 5-3-30 所示，用于设置引线标注中注释文本的类型、多行文本的格式并确定注释文本是否多次使用。

b. "引线和箭头"选项卡：如图 5-3-31 所示，用来设置引线标注中指引线和箭头的形式。其中，"点数"选项组设置执行 QLEADER 命令时系统提示用户输入的点的数目。例如，设置点数为 3，执行 QLEADER 命令时当用户在提示下指定 3 个点后，系统自动提示用户输入注释文本。注意设置的点数要比用户希望的指引线的段数多 1。可以利用微调框进行设置，如果选中"无限制"复选框，系统会一直提示用户输入点直到连续回车两次为止。"角度约束"选项组设置第一段和第二段指引线的角度约束。

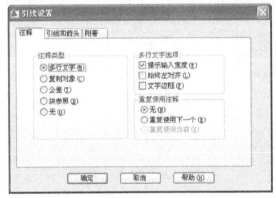

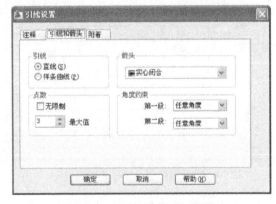

图 5-3-30　"注释"选项卡　　　　　　**图 5-3-31**　"引线和箭头"选项卡

c. "附着"选项卡：如图 5-3-32 所示，设置注释文本和指引线的相对位置。如果最后一段指引线指向右边，系统自动把注释文本放在右侧；反之放在左侧。利用本选项卡左侧和右侧的单选按钮分别设置位于左侧和右侧的注释文本与最后一段指引线的相对位置。两者可以相同，也可以不相同。

(3) 多重引线

多重引线可以创建为箭头优先、引线基线优先或内容优先。

① 创建多重引线样式。系统默认的多重引线样式为 Standard。若想创建新的多重引线样式，其操作方法步骤如下。

a. 在功能区"注释"选项卡的"引线"面板中，点击右下角的"多重引线样式管理器"按钮 🔽，打开"多重引线样式管理器"对话框，如图 5-3-33 所示。也可以在"默认"选项卡"注释"面板的下拉列表中，单击"多重引线样式"按钮 📐，打开"多重引线样式管理器"对话框。

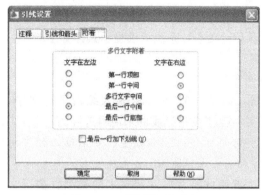

图 5-3-32 "附着"选项卡

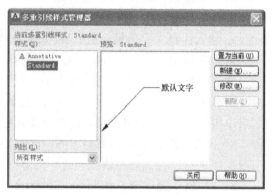

图 5-3-33 "多重引线样式管理器"对话框

b. 点选"新建"按钮，在弹出的"创建新多重引线样式"对话框中，输入新样式名称"YX2.5-3-6"，如图 5-3-34 所示，然后单击"继续"按钮。

c. 打开"修改多重引线样式"对话框，切换至"引线格式"选项卡，设置箭头大小为2.5，如图 5-3-35 所示。

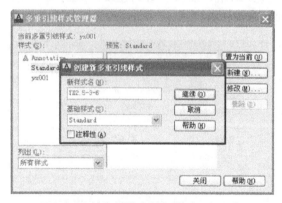

图 5-3-34 输入新样式名称"YX2.5-3-6"

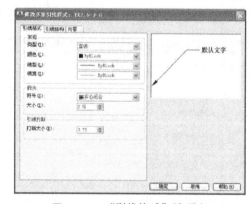

图 5-3-35 "引线格式"选项卡

d. 切换至"引线结构"选项卡，勾选"最大引线点数"并设定为 3，勾选"设置基线距离"并设定为 6，如图 5-3-36 所示。

e. 切换至"内容"选项卡，设定"文字高度"为 5，如图 5-3-37 所示。

f. 单击"确定"按钮，返回上一层对话框，单击"置为当前"按钮，完成多重引线样式的设置。

② 启用"多重引线"命令进行引线标注的方法。

a. 功能区"注释"选项卡"引线"面板中，点击"多重引线"按钮 📐，如图 5-3-38 所示；或在功能区"默认"选项卡"注释"面板中，点击"多重引线"按钮 📐，如图 5-3-39 所示。

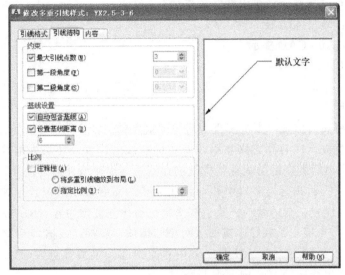

图 5-3-36 "引线结构"选项卡

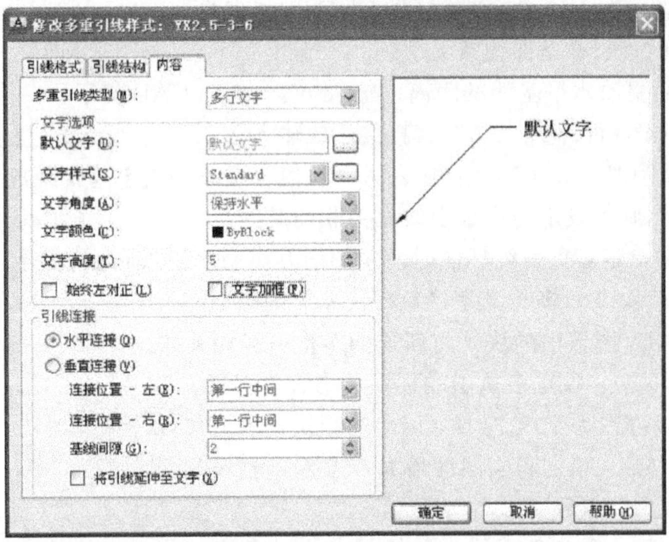

图 5-3-37 "内容"选项卡

图 5-3-38 "注释"选项卡"引线"面板"多重引线"按钮

图 5-3-39 "默认"选项卡"注释"面板"多重引线"按钮

b. 菜单栏执行"标注>多重引线"菜单命令；

c. 输入命令：MLEADER。

启用命令后，AutoCAD 提示：

命令：MLEADER

指定引线箭头的位置或［引线基线优先（L）/内容优先（C）/选项（O）］<选项>：

选项说明如下。

a. 指定引线箭头的位置：指定多重引线对象箭头的位置。

b. 引线基线优先（L）：指定多重引线对象的基线的位置。如果先前绘制的多重引线对象是基线优先，则后续的多重引线也将优先创建基线（除非另外指定）。

c. 内容优先（C）：指定与多重引线对象相关联的文字或块的位置。如果先前绘制的多重引线对象是内容优先，则后续的多重引线对象也将优先创建内容（除非另外指定）。

d. 选项（O）：指定用于放置多重引线对象的选项。直接↙或输入 O↙，提示如下：

输入选项［引线类型(L)/引线基线(A)/内容类型(C)/最大节点数(M)/第一个角度(F)/第二个角度(S)/退出选项(X)］<内容类型>：

引线类型(L)：指定要使用的引线类型。输入 L↙，系统提示：

选择引线类型［直线(S)/样条曲线(P)/无(N)］<直线>：

用户可以选择直线、样条曲线或无引线。

引线基线(A)：更改水平基线的距离。输入 A↙，AutoCAD 提示：

使用基线［是(Y)/否(N)］<是>：（直接↙或输入 Y↙）

指定固定基线距离<8.0000>：（输入另一数值可以改变固定基线距离）

如果选择"否"，则不设定与多重引线相关联的基线。

内容类型(C)：指定多重引线标注时使用的内容类型。输入 C↙，提示：

选择内容类型［块(B)/多行文字(M)/无(N)］<多行文字>：

• 块（B）：指定图形中的块，与新建的多重引线相关联。

• 多行文字（M）：设定多重引线标注的内容为多行文字。

• 无（N）：只有引线，无内容（以后另指定内容时可以选择此项）。

最大节点数（M）：指定新引线的最大节点数。输入 M↙，提示：

输入引线的最大节点数<2>：

第一个角度（F）：约束新引线中的第二节点的角度（指定引线箭头时，所选的点为第一节点）。

输入第一个角度约束<0>：

第二个角度（S）：约束新引线中的第三节点的角度。

输入第二个角度约束<0>：

退出选项（X）：返回到 MLEADER 命令提示。

③ 添加/删除引线。在绘图过程中，如果遇到需要创建同样的引线注释时，只需要利用"添加引线"功能即可轻松完成操作。

在功能区"注释"选项卡"引线"面板中单击"添加引线"按钮 ✕ 添加引线，如图 5-3-40 所示；或在菜单栏执行"修改>对象>多重引线>添加引线"命令。

根据命令行提示，选中已经创建好的多重引线，然后在绘图区中指定引线箭头位置，指定后按 Enter 键即可，如图 5-3-41 所示。

图 5-3-40　"引线"面板"添加引线"按钮

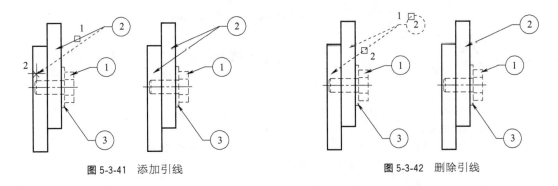

图 5-3-41　添加引线　　　　　　　　　　　　　图 5-3-42　删除引线

如果想删除多余的引线位置，用户可以在功能区"注释"选项卡"引线"面板中，单击"删除引线"按钮 ✕ 删除引线；或在菜单栏执行"修改＞对象＞多重引线＞删除引线"命令，根据命令行提示，选择需删除的引线，并按 Enter 键即可，如图 5-3-42 所示。

④ 对齐引线。创建好的引线大多长短不一，画面不太美观。此时用户可以利用"对齐引线"功能，将这些多重引线进行对齐操作。

在功能区"注释"选项卡"引线"面板中，单击"对齐"按钮 ⌐8 ；或在菜单栏执行"修改＞对象＞多重引线＞对齐"命令，按照命令行提示，选中所有需对齐的引线标注，然后选择需要对齐到的引线标注，并指定好对齐方向即可，如图 5-3-43 所示。

⑤ 合并引线。对于包含块的多重引线，可将其选中合并到一起，并使用单引线显示结果。

在功能区"注释"选项卡"引线"面板中，单击"合并"按钮 ⌐8 ；或在菜单栏执行"修改＞对象＞多重引线＞合并"命令，按命令行提示，选中需要合并的多重引线，按 Enter 键，再按提示指定多重引线合并后所有序号块的排列方向（水平、垂直或缠绕）及其位置即可，如图 5-3-44 所示。

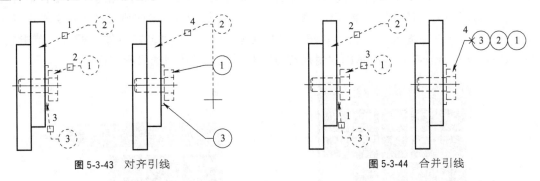

图 5-3-43　对齐引线　　　　　　　　　　　　　图 5-3-44　合并引线

提示：多重引线的内容不包含块时，则无法进行合并操作。

5.3.5 公差标注

可以利用"公差"命令来创建各种几何公差（形位公差）。几何公差的标注包括指引线、特征代号、公差值、基准代号和附加符号。

启用"公差"命令的方法如下。

① 在功能区"注释"选项卡"标注"展开面板中，单击"公差"按钮，如图 5-3-45 所示；

图 5-3-45 "注释"选项卡"标注"面板"公差"按钮

② 在菜单栏执行"标注＞公差"命令；

③ 输入命令：TOLERANCE。

启用命令后，AutoCAD 打开如图 5-3-46 所示"形位公差"对话框，可以在此对话框进行形位公差的标注设置。

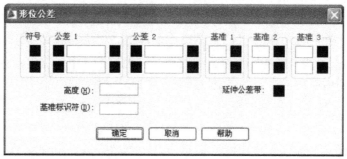

图 5-3-46 "形位公差"对话框

单击图 5-3-46 对话框中"符号"项下面的黑方块，系统打开如图 5-3-47 所示的"特征符号"对话框，可从中选取公差代号。"公差 1（2）"项白色文本框左侧的黑块控制是否在公差值之前加一个直径符号，单击它，则显示一个直径符号，再单击则又消失；文本框用于确定公差值，在其中输入一个具体数值。右侧黑块用于插入"包容条件"符号，单击它，AutoCAD 打开如图 5-3-48 所示的"附加符号"对话框，可从中选取所需符号。

图 5-3-47 "特征符号"对话框

图 5-3-48 "附加符号"对话框

【**例**】 绘制如图 5-3-49 所示齿轮轴，并标注尺寸。

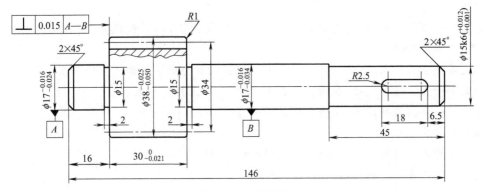

图 5-3-49 齿轮轴

操作步骤如下。

① 设置"文字样式"、"标注样式"。

② 用"线性"标注命令标注线性尺寸 $\phi17$、$\phi15$、$\phi38$、$\phi34$、2，随后用"快捷特性"或"特性"面板中的"文字替代"选项添加直径符号；"线性"标注命令标注尺寸 16，"连续"标注命令标注尺寸 30，"线性"标注命令标注尺寸 6.5，"连续"标注命令标注尺寸 18；"基准"标注命令：＜选择＞基准，标注尺寸 146、45；"半径"命令标注 $R2.5$，如图 5-3-50 所示。

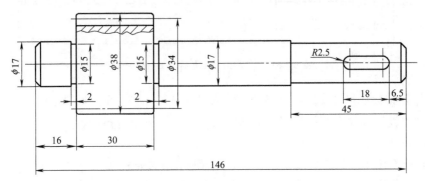

图 5-3-50 线性尺寸、基线尺寸的标注

③ 用引线标注齿轮圆角半径及倒角。

a. 用引线标注齿轮圆角半径。

输入 LEADER ✓，命令行提示：

命令：leader

指定引线起点：(指定齿轮右上部圆角上一点)

指定下一点：(移动鼠标，在适当位置单击)

指定下一点或[注释(A)/格式(F)/放弃(U)]＜注释＞：(向左移动鼠标，在适当位置单击)

指定下一点或[注释(A)/格式(F)/放弃(U)]＜注释＞：✓

输入注释文字的第一行或＜选项＞：R1 ✓

输入注释文字的下一行：✓

b. 用引线标注齿轮轴端部的倒角。

输入 QLEADER↙，命令行提示：

命令：qleader

指定第一个引线点或[设置(S)]<设置>：↙（在弹出的"引线设置"对话框进行设置，完成后，单击"确定"按钮）

指定第一个引线点或[设置(S)]<设置>：（捕捉齿轮轴左端部倒角的端点）

指定下一点：（移动鼠标，在适当位置点击，在屏幕上指定相应位置）

指定下一点：（移动鼠标，在适当位置点击）↙

指定文字宽度<0>：↙

输入注释文字的第一行<多行文字(M)>：2×45%%d↙

输入注释文字的下一行：↙

重复命令 QLEADER，标注右端倒角。

结果如图 5-3-51 所示。

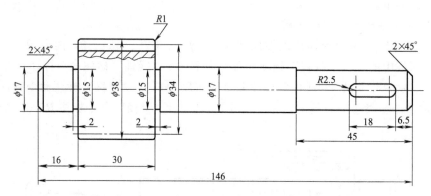

图 5-3-51 引线标注圆角半径 R1 及倒角

④ 为齿轮轴标注尺寸 $\phi15k6$ $\left(^{+0.012}_{+0.001}\right)$，为尺寸 $\phi17$、$\phi38$ 标注极限偏差。

a. 用"线性"标注命令标注尺寸 $\phi15k6$ $\left(^{+0.012}_{+0.001}\right)$，命令行提示：

命令：_dimlinear

指定第一条延伸线原点或<选择对象>：↙（捕捉轴右端一点）

指定第二条延伸线原点：（捕捉轴右端另一点）

指定尺寸线位置或[多行文字(M)/文字(T)/角度(A)/水平(H)/垂直(V)/旋转(R)]：T↙

输入标注文字<15>：%%c15k6({\H0.7x;\S+0.012^+0.001;})↙（注意：圆括号中"H0.7x"表示公差字高比例系数为 0.7，x 为小写，H、S 为大写）

指定尺寸线位置或[多行文字(M)/文字(T)/角度(A)/水平(H)/垂直(V)/旋转(R)]：（移动鼠标，在适当位置单击）

标注文字＝15

结果如图 5-3-52 所示。

b. 用"快捷特性"面板中的"文字替代"（如图 5-3-53 所示）为尺寸 $\phi17$、$\phi38$ 添加极限偏差，结果如图 5-3-54 所示。

⑤ 为齿轮轴的线性尺寸 30 添加尺寸偏差。

a. 启用命令，打开如图 5-3-55 所示的"标注样式管理器"对话框，在"样式"列表中选择"GB-3.5"，并单击"置为当前"按钮，随后单击"替代"按钮。

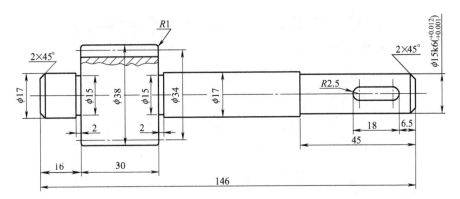

图 5-3-52　线性尺寸 $\phi15k6$（$^{+0.012}_{+0.001}$）标注结果

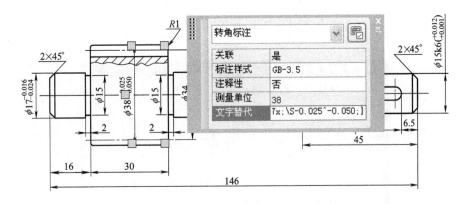

图 5-3-53　"快捷特性"面板中的"文字替代"

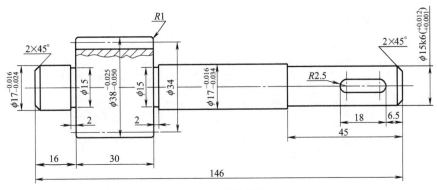

图 5-3-54　标注结果

b. 系统弹出"替代当前样式"对话框，选择"公差"选项卡，在"公差格式"选项组中，设置"方式"为"极限偏差"，设置"精度"为 0.000，设置"上偏差"为 0，"下偏差"为 0.021，"高度比例"为 0.7，设置"垂直位置"为"中"，如图 5-3-56 所示。设置完成后单击"确定"按钮，关闭"标注样式管理器"对话框。

c. 在功能区"注释"选项卡"标注"面板中，单击"更新"按钮，或在菜单栏执行"标注＞更新"命令，系统提示：

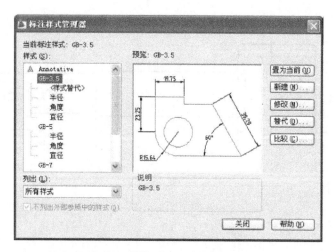

图 5-3-55 替代"GB-3.5"标注样式

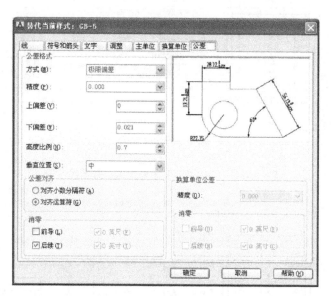

图 5-3-56 "公差"选项卡

命令：_-dimstyle

当前标注样式：GB-3.5　注释性：否

当前标注替代：

DIMTDEC　　　3

DIMTOL　　　开

DIMTP　　　0.0000

输入标注样式选项

［注释性(AN)/保存(S)/恢复(R)/状态(ST)/变量(V)/应用(A)/?]＜恢复＞:_apply

选择对象:找到 1 个(选择线性尺寸 30)

选择对象：↙

结果如图 5-3-57 所示。

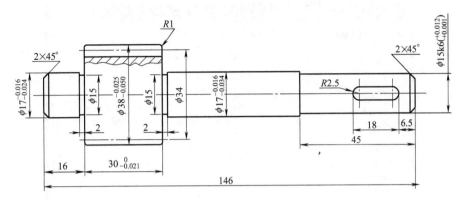

图 5-3-57 添加极限偏差结果

⑥ 为齿轮轴标注几何公差（形位公差）。

a. 设置多重引线样式的箭头为"实心基准三角形"，大小为 2.5，设置"设置基线距离"为 0，设置"多重引线类型"为"无"，绘制基准代号，如图 5-3-58 所示。

b. 调用"公差"命令标注几何公差（形位公差），如图 5-3-58 所示。

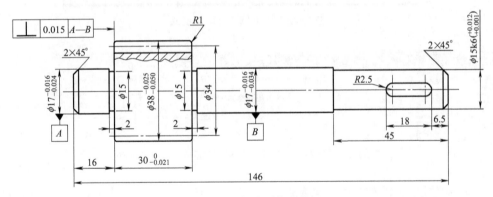

图 5-3-58 标注形位公差

提示：对于线性尺寸中的非圆直径，如 $\phi17$、$\phi15$、$\phi38$、$\phi34$ 等，可以单独建立一个名称为"非圆直径"的图层，在"主单位"选项卡"前缀"文本框中添加"%%c"即可，如图 5-3-59 所示。

用户也可根据需要在"主单位"选项卡"后缀"文本框中添加所需内容。

5.3.6 检验标注

检验标注指定需要零件制造商检查其度量的频率以及允许的公差。检验标注允许向现有标注添加标签和检验百分比。

创建检验标注的方法如下。

① 在功能区"注释"选项卡"标注"面板中，点击"检验"按钮，如图 5-3-60 所示；

② 菜单栏执行"标注＞检验"命令。

启用命令后，打开"检验标注"对话框，如图 5-3-61 所示。

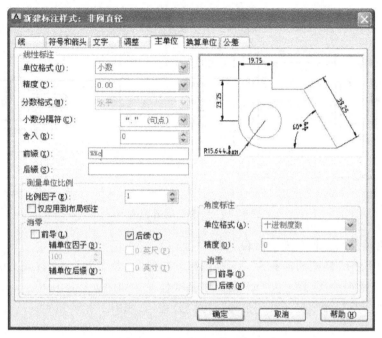

图 5-3-59 为非圆直径添加前缀

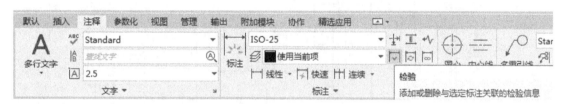

图 5-3-60 "注释"选项卡"标注"面板"检验"按钮

图 5-3-61 "检验标注"对话框

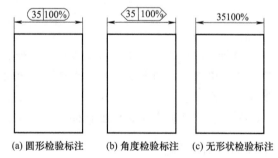

图 5-3-62 不同形状的检验标注

"检验标注"对话框选项说明如下。

◆"选择标注"按钮：该按钮用于选择需要添加标签和检验百分比的尺寸。

◆圆形/角度/无：此三个单选项用于选择检验标注的外部轮廓形状是圆形的、带角度的还是无外部轮廓形状，如图 5-3-62 所示。

◆标签：该复选项用于指定是否添加文字标签。如果要添加文字标签，可以选中"标签"选项，然后在文本框输入标签文字。

◆检验率：该复选框用于指定检验的百分比。默认情况下，"检验率"选项是选中的，且检验率设置为 100%。

5.4 编辑尺寸标注

5.4.1 编辑尺寸

启用"尺寸编辑"命令的方法如下。

1）在菜单栏执行"标注＞对齐文字＞默认"命令，如图 5-4-1 所示；

2）点击"标注"工具栏中的"编辑标注"按钮 ，如图 5-4-2 所示；

提示：需要先在菜单栏执行"工具＞工具栏＞AutoCAD＞标注"命令，调出标注工具栏。

3）输入命令：DIMEDIT。

启用命令后，AutoCAD 提示：

命令：DIMEDIT

输入标注编辑类型［默认（H）/新建（N）/旋转（R）/倾斜（O）］＜默认＞：

选项说明如下。

① ＜默认＞：按尺寸标注样式中设置的默认位置和方向放置尺寸文本，如图 5-4-3（a）所示。

② 新建（N）：打开多行文字编辑器，可利用此编辑器对尺寸文本进行修改。

图 5-4-1 菜单栏启动
尺寸编辑命令

③ 旋转（R）：改变尺寸文本行的倾斜角度。尺寸文本的中心点不变，使文本沿给定的角度方向倾斜排列，如图 5-4-3（b）所示。

④ 倾斜（O）：修改长度型尺寸标注的尺寸界线，使其倾斜一定角度，与尺寸线不垂直，如图 5-4-3（c）所示。

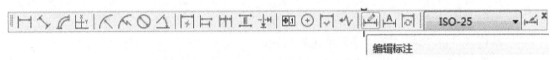

图 5-4-2 "标注"工具栏中的"编辑标注"按钮

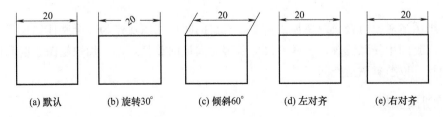

| (a) 默认 | (b) 旋转30° | (c) 倾斜60° | (d) 左对齐 | (e) 右对齐 |

图 5-4-3 尺寸标注的编辑

5.4.2　编辑标注文字

启用"编辑标注文字"命令的方法如下。

① 在功能区"注释"选项卡"标注"展开面板中，点击"文字角度"按钮 ；或"左对正"按钮 ；或"居中对正"按钮 ；或"右对正"按钮 ；如图 5-4-4 所示；

图 5-4-4　"注释"选项卡"标注"展开面板

② 在菜单栏执行除"标注＞对齐文字＞默认"外的其他命令，如图 5-4-1 所示；

③ "标注"工具栏中的"编辑标注文字"按钮 ，如图 5-4-2 所示；

④ 输入命令：DIMTEDIT。

执行命令后，AutoCAD 命令窗口提示：

命令：DIMTEDIT

选择标注：（选择一个尺寸标注）

为标注文字指定新位置或〔左对齐（L）/右对齐（R）/居中（C）/默认（H）/角度（A）〕：

选项说明如下。

① 为标注文字指定新位置：更新尺寸文本的位置。用鼠标把文本拖动到新的位置。

② 左（右）对齐：使尺寸文本沿尺寸线左（右）对齐，如图 5-4-3（d）和（e）所示。

③ 居中（C）：把尺寸文本放在尺寸线上的中间位置，如图 5-4-3（a）所示。

④ 默认（H）：把尺寸文本按默认位置放置。

⑤ 角度（A）：改变尺寸文本行的倾斜角度。

提示： 菜单栏执行"修改＞对象＞文字＞编辑"命令，或命令行输入 DDEDIT，或者双击已经标注的尺寸，根据提示可对标注文字进行编辑。

5.5　图块的创建与应用

把一组图形对象组合成图块加以保存，需要的时候把图块作为一个整体以任意比例和旋转角度插入到图中任意位置，这样不仅可以避免大量的重复工作，加快绘图速度和提高工作效率，而且可以节省磁盘空间。

5.5.1　创建图块

在使用块之前，用户需要定义一个图块，然后利用插入命令将定义好的块插入图形中。

图块可分为内部图块和外部图块两种。首先绘制要创建图块的图形，然后再按系统要求定义图块。

(1) 定义内部块

内部块（以 BLOCK 命令定义的图块）是储存在图形文件内部的，因此只能在打开该图形文件后才能使用。

启用定义图块命令的方法如下。

① 功能区"插入"选项卡"块定义"面板中，点击"创建块"按钮，如图 5-5-1 所示；或在功能区"默认"选项卡"块"面板中，点击"创建块"按钮，如图 5-5-2 所示；

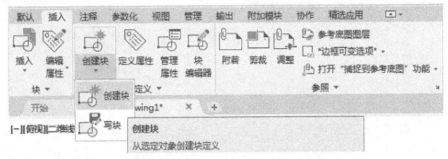

图 5-5-1　"插入"选项卡"块定义"面板中"创建块"按钮

图 5-5-2　"默认"选项卡"块"面板中"创建块"按钮

② 菜单栏执行"绘图＞块＞创建"命令；

③ AutoCAD 的"绘图"工具栏中单击"创建块"按钮，如图 5-5-3 所示；

图 5-5-3　AutoCAD 的"绘图"工具栏

提示：需要先在菜单栏执行"工具＞工具栏＞AutoCAD＞绘图"命令，调出绘图工具栏。

④ 输入命令：BLOCK。

执行命令后，系统打开如图 5-5-4 所示的"块定义"对话框，利用该对话框可为图块命名、定义对象、基点以及其他参数。

"块定义"对话框各选项说明。

◆名称：该栏中输入新建图块的名称，最多可使用 255 个字符。单击右边的下拉列表按钮，该列表中显示了当前图形的所有图块。

◆基点：用于确定块在插入时的基准点。单击拾取点按钮，AutoCAD 切换到绘图窗

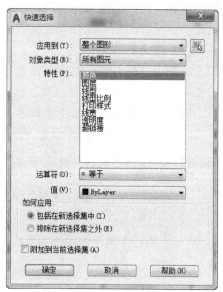

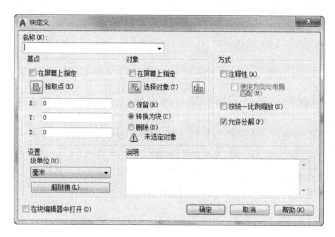

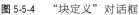

图 5-5-4　"块定义"对话框　　　　　　　图 5-5-5　"快速选择"对话框

口，用户可直接在图形中拾取或指定某点作为块的插入基点，此时在 X、Y、Z 的文本框中显示相应的坐标点；也可直接在 X、Y、Z 文本框中分别输入基点的 x、y、z 坐标值来作为图块的插入基点。

◆选择对象：单击左边的"选择对象"按钮，AutoCAD 切换到绘图窗口，用户在绘图区选择构成图块的图形对象即可；单击右边的"快速选择"按钮，打开如图 5-5-5 所示的快速选择对话框，用户可按所需进行设置和选择。

◆保留：选取该单选项，则 AutoCAD 生成图块后，还保留生成图块的原图形对象。

◆转换为块：选取该单选项，则 AutoCAD 生成图块后，还把构成图块的原图形对象转化为块。

◆删除：选取该单选项，则 AutoCAD 生成图块后，把构成图块的原图形对象删除。

◆方式：该选项组用于指定图块的单位。其中"块单位"用来指定块参照插入单位；"超链接"可将某个超链接与块定义相关联。

◆说明：可对所定义的块进行必要的说明。

◆在块编辑器中打开：勾选该复选框后，表示在块编辑器中打开当前的块定义。

（2）定义外部块（写块）

外部图块（以 WBLOCK 命令保存的图块）其实就是一个新的、独立的图形，不依赖于当前图形，它可以在任意图形中调入并插入。

启用外部块命令的方法如下。

① 功能区"插入"选项卡"块定义"面板中，点击"写块"按钮，如图 5-5-1 所示；

② 命令行输入：WBLOCK↙

执行上述命令，系统打开如图 5-5-6 所示的"写块"对话框，利用此对话框可以把图形对象保存为图块或把图块转换成图形文件。

"写块"对话框中的各选项说明。

◆源：用来指定块和对象，将其保存为文件并指定插入点。其中"块"选项可将创建的内部图块作为外部图块来保存，用户可从下拉列表中选择需要的内部图块；"整个图形"选项用来将当前图形文件中的所有对象作为外部图块保存；"对象"选项用来将当前绘制的图形对象作为外部图块存盘。

◆基点：该选项组的作用与"块定义"对话框中的相同。

◆目标：用来指定文件的新名称和新位置，以及插入块时所用的测量单位。

图 5-5-6　"写块"对话框

5.5.2　插入图块

创建图块完成后，就可将其插入图形中。

启用插入图块命令的方法如下。

① 在功能区"默认"选项卡"块"面板中，点击"插入"按钮，如图 5-5-7 所示；或在"插入"选项卡"块"面板中，点击"插入"按钮，如图 5-5-8 所示；

图 5-5-7　"默认"选项卡"块"面板"插入"按钮

图 5-5-8　"插入"选项卡"块"面板"插入"按钮

图 5-5-9　"插入块"对话框

② 菜单栏执行"插入＞块选项板"命令；

③ AutoCAD 的"绘图"工具栏中，单击"插入块"按钮，如图 5-5-3 所示；

④ 输入命令：INSERT 。

执行上述命令，系统打开"插入块"对话框，如图 5-5-9 所示。利用此对话框可以指定要插入的图块名称、插入点位置、插入比例以及旋转角度。

"插入块"对话框中各选项说明如下。

◆插入点：该选项用于指定一个插入点，以便插入块参照定义的一个副本。若取消该选项，则在 X、Y、Z 文本框中输入图块插入点的坐标值。

◆比例：用于指定插入块的缩放比例或统一比例。

◆旋转：用于设置块参照插入时旋转角度。其角度无论是正值或负值，都是参照于块的原始位置。若勾选此复选框，则表示用户可在屏幕上指定旋转角度。

◆重复放置：勾选此项，可重复插入所选的块。

◆分解：该复选框用于指定插入块时，是否将其进行分解操作。勾选此项时，比例选项只能是统一比例。

5.6 图块的属性

图块除了包含图形对象以外，还可以具有非图形信息。例如：把一只螺母的图形定义为图块后，还可以把螺母的号码、材料、重量、价格以及说明等文本信息一并加到图块当中。图块的这些非图形信息称为图块的属性。属性是图块的一个组成部分，与图形对象一起构成一个整体，在插入图块时，系统图形对象连同属性一起插入图形中。

5.6.1 图块属性定义

启动图块属性定义的方法如下。

① 在功能区"默认"选项卡"块"展开面板中，点击"定义属性"按钮 ◈，如图 5-6-1 所示；或在"插入"选项卡"块定义"面板中，点击"定义属性"按钮 ◈，如图 5-6-2 所示；

图 5-6-1 "默认"选项卡"块"展开面板"定义属性"按钮

图 5-6-2 "插入"选项卡"块定义"面板"定义属性"按钮

② 菜单栏执行"绘图＞块＞定义属性"命令；

③ 输入命令：ATTDEF。

启用命令后，AutoCAD 打开如图 5-6-3 所示的"属性定义"对话框。

① "模式"选项组：确定属性的模式。各项含义如下。

◆ "不可见"复选框：选中此复选框，属性为不可见显示方式，即插入图块并输入属性值后，属性值在图中并不显示出来。

◆ "固定"复选框：选中此复选框，属性值为常量，即属性值在属性定义时给定。在插入图块时系统不再提示输入属性值。

◆ "验证"复选框：选中此复选框，当插入图块时系统重新显示属性值，让用户验证该值是否正确。

◆ "预设"复选框：选中此复选框，当插入图块时系统自动把事先设置好的默认值赋予属性，而不再提示输入属性值。

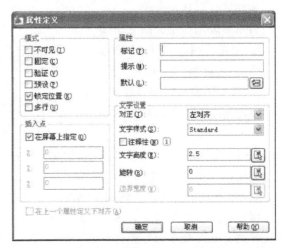

图 5-6-3 "属性定义"对话框

◆ "锁定位置"复选框：选中此复选框，当插入图块时系统锁定块参照中属性的位置。解锁后，属性可以相对于使用夹点编辑的块的其他部分移动。并且可以调整多行属性的大小。

◆ "多行"复选框：指定属性值可以包含多行文字。

② "属性"选项组：用于设置属性值。在每个文本框中系统允许输入不超过 256 个字符。各项含义如下。

◆ "标记"文本框：输入属性标签。属性标签可由除空格和感叹号以外的所有字符组成，系统自动把小写字母改为大写字母。

◆ "提示"文本框：输入属性提示。属性提示是插入图块时系统要求输入属性值的提示，如果不在此文本框内输入文本，则以属性标签作为提示。如果在"模式"选项组选中"固定"复选框，即设置属性为常量，则不需要设置属性提示。

◆ "默认"文本框：设置默认的属性值，可以把使用次数较多的属性值作为默认值，也可以不设置默认值。

③ "插入点"选项组：确定属性文本的位置，可以在插入时由用户在图形中确定属性文本的位置，也可以在 X、Y、Z 文本框中直接输入属性文本的位置坐标。

④ "文字设置"选项组：设置属性文本的对齐方式、文本样式、字高和旋转角度。

⑤ "在上一个属性定义下对齐"复选框：选中此复选框，表示把属性标签直接放在前一个属性的下面，而且该属性继承前一个属性的文本样式、字高和旋转角度等特性。若之前没有创建属性定义，则该选项不可用。

完成"属性定义"对话框中各项的设置后单击"确定"按钮，即可完成一个图块属性的定义，用户可以用此方法定义多个属性。

5.6.2 修改属性定义

在定义图块之前，可以对属性的定义加以修改，不仅可以修改属性标记，还可以修改属性提示和属性默认值。

启用修改属性定义的方法如下。

① 菜单栏执行"修改＞对象＞文字＞编辑"命令；

② 输入命令：DDEDIT；

③ 双击需要修改的属性定义项。

启动命令后，AutoCAD 提示：

命令：_ddedit

选择注释对象或［放弃(U)/模式(M)］:

在此提示下选择要修改的属性定义，AutocAD 打开"编辑属性定义"对话框，如图 5-6-4 所示，可以在该对话框中修改属性定义。

提示：用户也可以直接选择要修改的属性定义，然后单击鼠标右键，在弹出的快捷菜单中选择"特性"命令，打开"特性"对话框，其中的"文字"选项组中列出了属性定义的标记、提示、值、文字样式、文字高度、旋转角度及宽度因子等项目，进行相关修改即可。

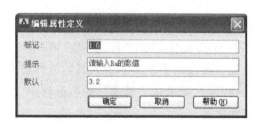

图 5-6-4 "编辑属性定义"对话框 　　　　　　 **图 5-6-5** "编辑属性"对话框

5.6.3 图块属性编辑

当属性被定义到图块中甚至图块被插入到图形中之后，用户还可以对属性进行编辑。利用 ATTEDIT 命令可以通过对话框对指定图块的属性值进行修改，利用 ATTEDIT 命令不仅可以修改属性值，还可以对属性的位置、文本等其他设置进行编辑。

(1) 一般属性编辑

启用一般属性编辑的方法如下。

命令行：ATTEDIT

启用命令后，AutoCAD 提示：

命令：ATTEDIT

选择块参照：

选择块参照后，光标变为拾取框，选择要修改属性的图块，弹出如图 5-6-5 所示的"编辑属性"对话框，对话框中显示出所选图块中包含的前 15 个属性的值，用户可以对这些属性值进行修改。如果该图块中还有其他属性，可以单击"上一个"和"下一个"按钮对其进行观察和修改。

(2) 增强属性编辑

启用图块增强属性编辑的方法如下。

① 功能区"插入"选项卡"块"面板中，点击"单个编辑属性"按钮 ，如图 5-6-6 所示；

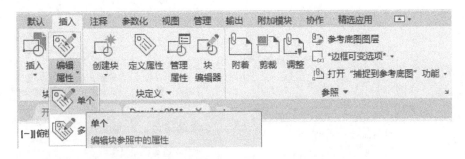

图 5-6-6 "插入"选项卡"块"面板"编辑属性"按钮

② 菜单栏执行"修改＞对象＞属性＞单个"命令；

③ AutoCAD 的"修改Ⅱ"工具栏，点击"编辑属性"按钮 ；

④ 输入命令：EATTEDIT；

⑤ 双击需要编辑属性的图块。

启用命令后，AutoCAD 提示：

命令：EATTEDIT

选择块：

选择块后，系统打开"增强属性编辑器"对话框，如图 5-6-7 所示。该对话框不仅可以编辑属性值，还可以编辑属性的文字选项和图层、线型、颜色等特性值。

另外，还可以通过"块属性管理器"对话框来编辑属性。方法是：在功能区"插入"选项卡"块定义"面板点击"块属性管理器"按钮 ，或在功能区"默认"选项卡"块"展开面板点击"块属性管理器"按钮 ；或在菜单栏执行"修改＞对象＞属性＞块属性管理器"命令；或点击 AutoCAD"修改Ⅱ"工具栏中的"块属性管理器" 按钮，打开"块属性管理器"对话框，如图 5-6-8 所示。单击"编辑"按钮，打开"编辑属性"对话框，如图 5-6-9 所示，用户可以通过该对话框编辑属性。单击"设置"按钮，打开如图 5-6-10 所示的"块属性设置"对话框，用户可以设置在"块属性管理器"对话框的属性列表中显示哪些内容。

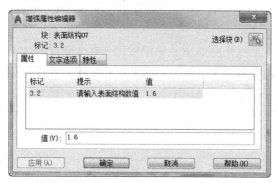

图 5-6-7　"增强属性编辑器"对话框

图 5-6-8　"块属性管理器"对话框

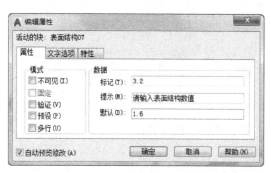

图 5-6-9　"编辑属性"对话框

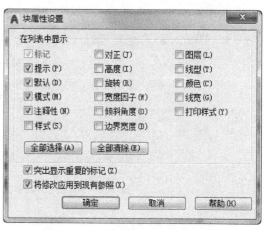

图 5-6-10　"块属性设置"对话框

【例】　标注如图 5-6-11 所示的齿轮轴的表面结构符号。

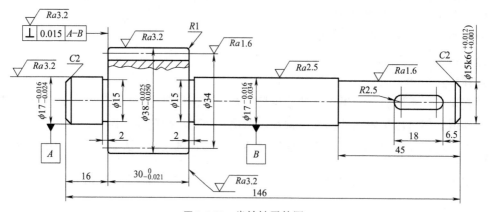

图 5-6-11　齿轮轴零件图

操作步骤如下。

① 绘制表面结构符号图形。

② 定义图块属性。

③ 调用"写块"命令，命名并保存块。

④ 调用菜单栏"插入＞块"命令（或在功能区"插入"选项卡"插入"面板中单击

"插入"按钮），插入块，如图 5-6-11 所示。

5.7 动态块

动态块具有灵活性和智能性。用户在操作时可以轻松地更改图形中的动态块参照，可以通过自定义夹点或自定义特性（参数与动作等）来操作动态块参照中的几何图形，这使得用户可以根据需要在位调整块，而不用搜索另一个块以插入或重定义现有的块。

5.7.1 创建动态块

可以使用块编辑器创建动态块。块编辑器是一个专门的编写区域，用于添加能够使块成为动态块的元素。用户可以从头创建块，可以向现有的块定义中添加动态行为，也可以像在绘图区域中一样创建几何图形。

启用块编辑器命令的方法如下。

① 功能区"默认"选项卡"块"面板中，点击"块编辑器"按钮，如图 5-7-1 所示；

或在"插入"选项卡"块定义"面板中，点击"块编辑器"按钮，如图 5-7-2 所示；

图 5-7-1 "默认"选项卡"块"面板"块编辑器"按钮

图 5-7-2 "插入"选项卡"块定义"面板"块编辑器"按钮

② 菜单栏执行"工具＞块编辑器"命令；

③ 点击"标准"工具栏中的"块编辑器"按钮；

④ 输入命令：BEDIT。

快捷菜单：选择一个块参照，单击鼠标右键，选择"块编辑器"命令。

执行上述命令后，AutoCAD 打开"编辑块定义"对话框，如图 5-7-3 所示，在"要创建或编辑的块"文本框中输入块名或在列表框中选择已定义的块或当前图形。确认后，系统打开"块编写选项板"和"块编辑器"，如图 5-7-4、图 5-7-5 所示。

在块编辑器中，用户可按要求创建所需的动态块。

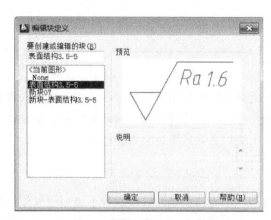

图 5-7-3　"编辑块定义"对话框

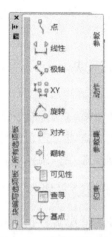

图 5-7-4　块编写选项板

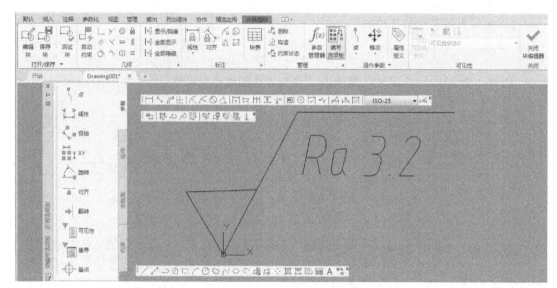

图 5-7-5　"块编辑器"工作界面

5.7.2　块编写选项板

"块编写选项板"有"参数"、"动作"、"参数集"和"约束"选项卡，各个选项说明如下。

①"参数"选项卡：如图 5-7-4 所示为"参数"选项卡，该选项卡提供用于向块编辑器中的动态块定义中添加参数的工具。参数用于指定几何图形在块参照中的位置、距离和角度。将参数添加到动态块定义中时，该参数将定义块的一个或多个自定义特性。此选项卡也可以通过命令 BPARAMETER 来打开。

a. 点参数：此操作将向动态块定义中添加一个点参数，并定义块参照的自定义 X 和 Y 特性。点参数定义图形中的 X 和 Y 位置。在块编辑器中，点参数类似于一个坐标标注。

b. 线性参数：此操作将向动态块定义中添加一个线性参数，并定义块参照的自定义距离特性。线性参数显示两个目标点之间的距离。线性参数限制沿预设角度进行的夹点移动。

在块编辑器中，线性参数类似于对齐标注。

c. 基点参数：此操作将向动态块定义中添加一个基点参数。基点参数用于定义动态块参照相对于块中的几何图形的基点。基点参数无法与任何动作相关联，但可以属于某个动作的选择集。在块编辑器中，基点参数显示为带有十字光标的圆。

d. 可见性参数：此操作将向动态块定义中添加一个可见性参数，并定义块参照的自定义可见性特性。可见性参数允许用户创建可见性状态并控制对象在块中的可见性。可见性参数总是应用于整个块，并且无须与任何动作相关联。在图形中单击夹点可以显示块参照中所有可见性状态的列表。在块编辑器中，可见性参数显示为带有关联夹点的文字。

e. 查寻参数：此操作将向动态块定义中添加一个查寻参数，并定义块参照的自定义查寻特性。查寻参数用于定义自定义特性，用户可以指定或设置该特性，以便从定义的列表或表格中计算出某个值。该参数可以与单个查寻夹点相关联，在块参照中单击该夹点可以显示可用值的列表。在块编辑器中，查寻参数显示为文字。

其他参数与上面各项类似。

② "动作"选项卡：如图 5-7-5 左边所示，该选项卡用于向块编辑器中的动态块定义中添加提供动作的工具。动作定义了在图形中操作块参照的自定义特性时，动态块参照的几何图形将如何移动或变化。应将动作与参数相关联。此选项卡也可以通过命令 BACTION-TOOL 来打开。

a. 移动动作：此操作在用户将移动动作与点参数、线性参数、极轴参数或 XY 参数关联时，将该动作添加到动态块定义中。移动动作类似于 MOVE 命令。在动态块参照中，移动动作使对象移动指定的距离和角度。

b. 极轴拉伸动作：在用户将极轴拉伸动作与极轴参数关联时，将该动作添加到动态块定义中。当通过夹点或"特性"选项板更改关联的极轴参数上的关键点时，极轴拉伸动作将使对象旋转、移动和拉伸指定的角度和距离。

c. 旋转动作：在用户将旋转动作与旋转参数关联时将该动作添加到动态块定义中。在动态块参照中，当通过夹点或"特性"选项板编辑相关联的参数时，旋转动作将使其相关联的对象进行旋转。

d. 查寻动作：此操作将向动态块定义中添加一个查寻动作。将查寻动作添加到动态块定义中并将其与查寻参数相关联。它将创建一个查寻表，可以使用查寻表指定动态块的自定义特性和值。

其他动作与上面各项类似。

③ "参数集"选项卡：如图 5-7-6 所示，该选项卡提供用于在块编辑器中向动态块定义中添加一个参数和至少一个动作的工具。将参数集添加到动态块中时，动作将自动与参数相关联。将参数集添加到动态块中后，双击黄色警示图标（或使用 BACTIONSET 命令），然后按照命令行上的提示将动作与几何图形选择集相关联。此选项卡也可以通过命令 BPA-RAMETER 来打开。

a. 点移动：此操作将向动态块定义中添加一个点参数。系统会自动添加与该点参数相关联的移动动作。

b. 线性移动：此操作将向动态块定义中添加一个线性参数。系统会自动添加与该线性参数的端点相关联的移动动作。

c. 可见性集：此操作将向动态块定义中添加一个可见性参数并允许定义可见性状态。

无须添加与可见性参数相关联的动作。

d. 查寻集：此操作将向动态块定义中添加一个查寻参数。系统会自动添加与该查寻参数相关联的查寻动作。

其他参数集与上面各项类似。

④"约束"选项卡：如图 5-7-7 所示，该选项卡提供用于在块编辑器中向动态块定义中添加几何约束和参数约束。只有约束参数才可以编辑动态块的特性。约束后的参数包含参数信息，可以显示或编辑参数值。

说明：由于定义动态块需要一定的时间，因此动态块最普遍的用途是创建块库。通常情况下，用户定义自己的动态块并保存它们以备将来在图形中使用。换言之，除非在某一图形中需要以各种变化插入一个新块多次，否则不要为当前正在使用的图形创建动态块。

图 5-7-6　"参数集"选项卡

图 5-7-7　"约束"选项卡

5.7.3　"块编辑器"工作界面

该工作界面提供了在块编辑器中创建动态块、定义属性、更新以及设置可见性状态的全部工具。

在"块编辑器"选项卡中，提供了"打开/保存"、"几何"、"标注"、"管理"、"操作参数"和"可见性"等面板，如图 5-7-5 所示，用户可按需要进行方便的操作。

思考与练习

一、思考题

1. 如何实现无边界填充图案？

2. 什么是标注样式？如何创建标注样式及其子样式？

3. 创建基线形式标注时，如何控制尺寸线间的距离？

4. 尺寸标注的替代样式有何作用，如何创建替代样式？

5. 如何设定标注全局比例因子？它的作用是什么？

6. 如何修改标注文字内容及调整标注数字的位置？

7. 如何标注几何公差？

8. 编辑尺寸标注主要有哪些方法？

9. BLOCK 命令与 WBLOCK 命令有什么区别与联系？

10. 什么是图块的属性？如何定义图块的属性？它有何用途？插入定义属性的图块后，如何进行属性的修改？

11. 动态块有什么优点？

二、操作题

1. 标注练习图 5-1 所示垫片的尺寸。

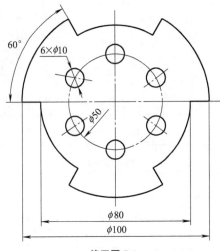

练习图 5-1

2. 绘制练习图 5-2 所示的齿轮并标注尺寸。

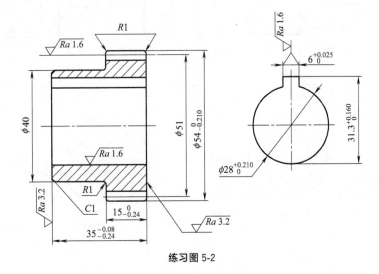

练习图 5-2

3. 绘制练习图 5-3 所示的零件图，并标注尺寸。

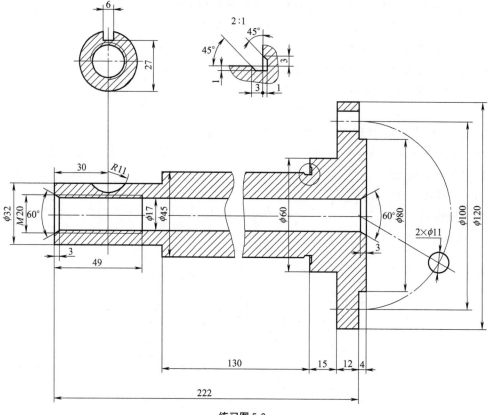

练习图 5-3

4. 绘制练习图 5-4 所示的轴零件图。

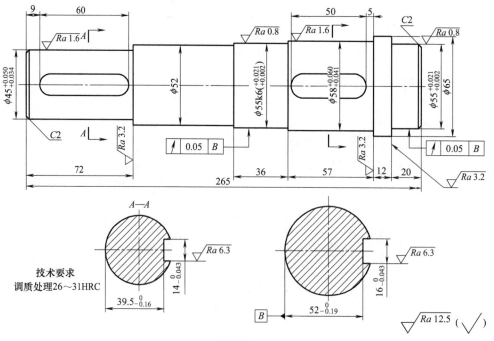

技术要求
调质处理26~31HRC

练习图 5-4

5. 绘制练习图 5-5 所示的脚踏板零件图。

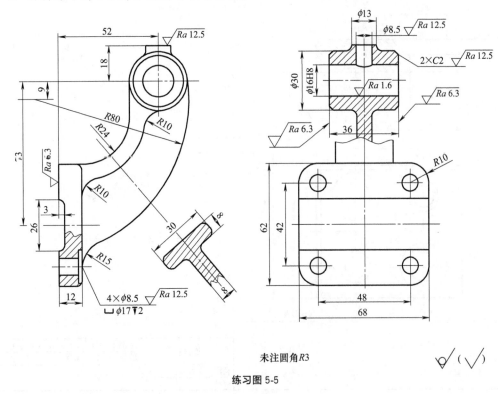

未注圆角 *R3*

练习图 5-5

6. 绘制练习图 5-6、练习图 5-7 所示的零件图。

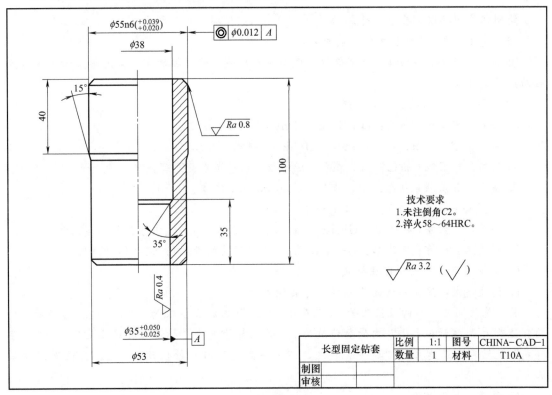

技术要求
1. 未注倒角 *C2*。
2. 淬火 58~64HRC。

长型固定钻套		比例	1:1	图号	CHINA-CAD-1
		数量	1	材料	T10A
制图					
审核					

练习图 5-6

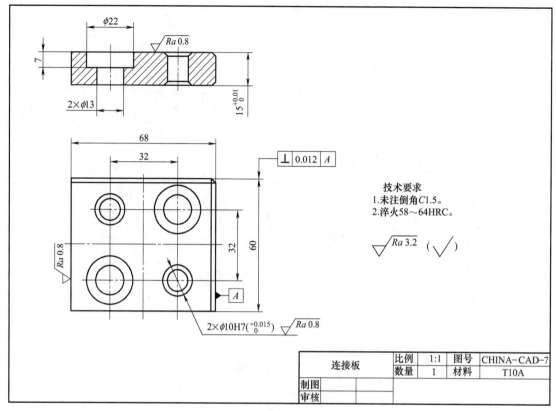

绘制零件图按以下要求进行。

（1）建立一个 A4 样板文件，要求：

① 设置绘图界限为 A4、长度单位精度小数点后面保留 3 位数字，角度单位精度小数点后面保留 1 位数字。

② 按照下面要求设置图层、线型。

a. 层名：中心线；颜色：红；线型：Center；线宽：0.25。

b. 层名：虚线；颜色：黄；线型：Hidden；线宽：0.25。

c. 层名：细实线；颜色：蓝；线型：Continuous；线宽：0.25。

d. 层名：粗实线；颜色：白；线型：Continuous；线宽：0.50。

③ 设置文字样式（使用大字体 gbcbig. shx）。

a. 样式名：数字；字体名：Gbeitc. shx；文字宽的系数：1；文字倾斜角度：0。

b. 样式名：汉字；字体名：Gbenor. shx；文字宽的系数：1；文字倾斜角度：0。

④ 根据图形设置尺寸标注样式。

a. 机械样式：建立标注的基础样式，其设置为：

将"基线间距"内的数值改为 7，"超出尺寸线"内的数值改为 2.5，"起点偏移量"内的数值改为 0，"箭头大小"内的数值改为 3，弧长符号选择"标注文字的上方"，将"文字样式"设置为已经建立的"数字"样式，"文字高度"内的数值改为 3.5，其他选用默认选项。

b. 角度，其设置为：

建立机械样式的子尺寸，在标注角度的时候，尺寸数字是水平的。

c. 非圆直径，其设置为：

在机械样式的基础上，建立将在标注任何尺寸时，尺寸数字前都加注符号 φ 的尺寸。

⑤ 将标题栏（括号内文字为属性）制作成带属性的内部图块，其样式如练习图 5-8 所示，其中"零件名称"、"中华人民共和国"字高为 5，其余字高为 3.5，不标注尺寸。

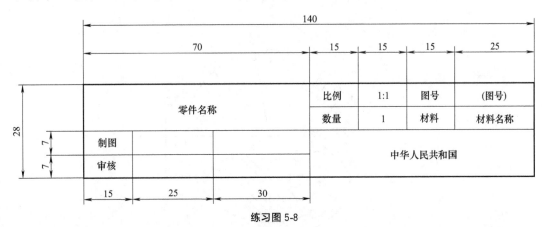

练习图 5-8

⑥ 将表面结构（Ra 数值为属性）符号制作成带属性的内部图块，如练习图 5-9 所示，Ra 字高为 5。

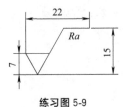

练习图 5-9

⑦ 根据以上设置建立一个 A4 样板文件。

（2）利用建立的 A4 样板文件，在模型空间绘制零件图。

7. 绘制练习图 5-10 中图形，并回答以下问题：

（1）图中 A 区、B 区、C 区面积分别是多少？

（2）图中 DE 和 FG 分别是多少？

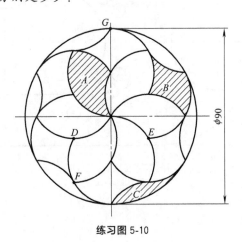

练习图 5-10

8. 绘制练习图 5-11 中图形，并回答以下问题：

（1）图中 A 的弧长是多少？

（2）图中 BC 和 BD 分别是多少？

（3）图中 E 区面积是多少？

（4）图中填充区域的周长是多少？

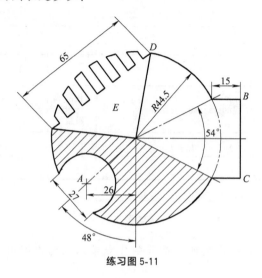

练习图 5-11

9. 绘制练习图 5-12 中图形，并回答以下问题：

（1）图形扣除小圆后的面积是多少？

（2）图中 AB 的长度是多少？

（3）图中 C 圆弧的长度是多少？

（4）图中三角形 ABC 的面积是多少？

（5）图中若 D 点的坐标为（500，200），则 A 点的坐标是多少？

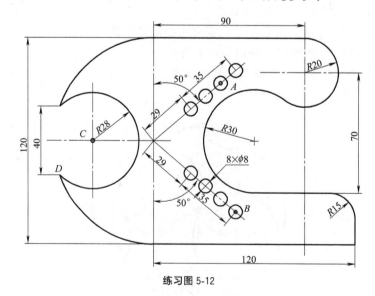

练习图 5-12

第6章

零件图及装配图的绘制

本章在平面几何图形绘制的基础上，重点介绍机械零件三视图、零件图、装配图的绘制方法和步骤，并在此基础上进行标注尺寸。

6.1 三视图的绘制

AutoCAD 软件绘制平面图形的命令很丰富，相同图形元素的作图方法也多种多样，这使得同一个图样的绘制可采取许多不同的作图顺序来完成。以图 6-1-1 所示的支架为例简单介绍三视图的绘制方法和步骤。

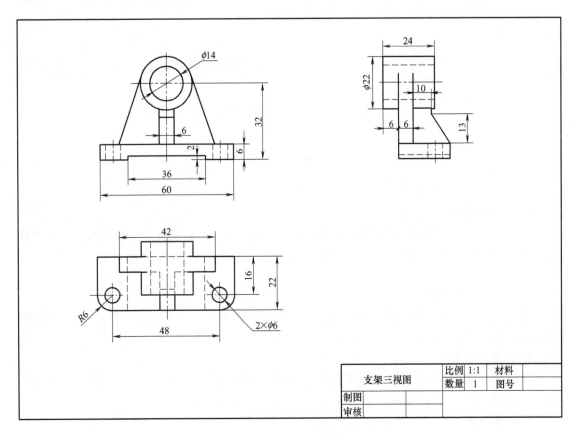

支架三视图	比例	1:1	材料	
	数量	1	图号	
制图				
审核				

图 6-1-1　支架三视图

6.1.1 设置绘图环境

(1) 创建图形文件

启动 AutoCAD 2021 应用程序，执行"文件＞新建"菜单命令，打开"选择样板文件"对话框，选择已有的样板图建立新文件；或者用创建新图形创建新文件，将此文件命名为"支架三视图"并进行保存。

(2) 设置图层

根据"支架三视图"中的线型要求，在"图层管理器"中设置粗实线、中心线、虚线、标注尺寸、细实线五种线型即可。

(3) 显示图形界限

执行"视图＞缩放＞全部"命令，调整绘图窗口的显示比例。

6.1.2 绘制三视图

(1) 绘制基准线

调用"中心线"图层，绘制支架的高度基准为底板下面，支架的左右对称线为长度方向定位基准，支架的后面为宽度方向定位基准，为保证宽度方向尺寸相等，在两个宽度基准线交线处画一条 45°斜线，如图 6-1-2 所示。

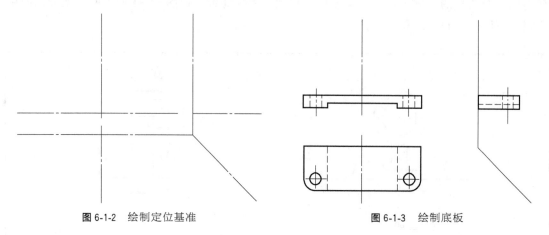

图 6-1-2　绘制定位基准　　　　　　　　图 6-1-3　绘制底板

(2) 绘制底板

调用"粗实线"图层，启用直线、偏移、圆、修剪等命令绘制底板的轮廓线。调用"虚线"图层，启用直线、偏移、修剪、镜像等命令绘制底板三视图中的虚线，如图 6-1-3 所示。

(3) 绘制空心圆柱

将高度方向基准线向上偏移 32，确定空心圆柱的中心，根据尺寸和投影关系，启用圆、直线、偏移、修剪等命令，画出图形如图 6-1-4 所示。

(4) 绘制支承板

支承板与空心圆柱相切，与底座叠加且后端面平齐，长为 42，宽为 6，根据尺寸和投影关系，启用直线、偏移、修剪、镜像等命令，画出图形如图 6-1-5 所示。

(5) 绘制肋板

肋板与底板、支承板相叠加，与空心圆柱相交，宽为 6，距离空心圆柱前面 2，距离底板顶面高为 13，绘制图形时注意他们之间的关系。启用直线、偏移、修剪等命令，画出图形如图 6-1-6 所示。

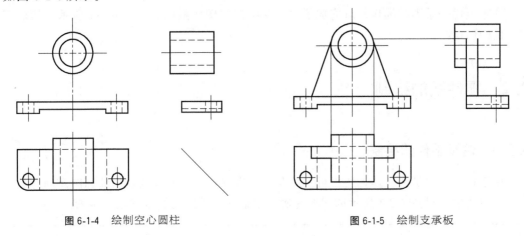

图 6-1-4　绘制空心圆柱　　　　　　　　图 6-1-5　绘制支承板

6.1.3　标注尺寸

分析支架各部分之间的定形、定位、总体尺寸，设置合适的尺寸样式。调用"标注"图层，进行标注尺寸，如图 6-1-7 所示。

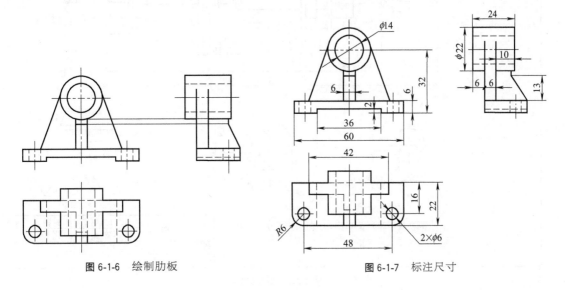

图 6-1-6　绘制肋板　　　　　　　　　图 6-1-7　标注尺寸

6.1.4　填写标题栏

标题栏的填写可以利用单行文字插入的方法来完成。在这里将零件名放在"细实线"图

		比例	1:1	材料	
（名称）		数量	1	图号	
制图	（姓名）	（日期）	（单位）		
审核					

图 6-1-8　填写标题栏

层，文字高度设置为 10，将标题栏注释文字高度设置为 5，填写好的标题栏如图 6-1-8 所示。

通过上述一系列的操作，就完成了整个支架三视图的绘制，如图 6-1-1 所示。然后把绘制好的图形保存。

6.2 零件图的绘制

6.2.1 轴类零件的绘制

由于轴类零件是回转体，所以可只绘制一个主视图，再配以其他的断面图及局部放大图即可表达清楚。以图 6-2-1 所示的图形为例介绍轴的零件图的绘制方法和步骤。

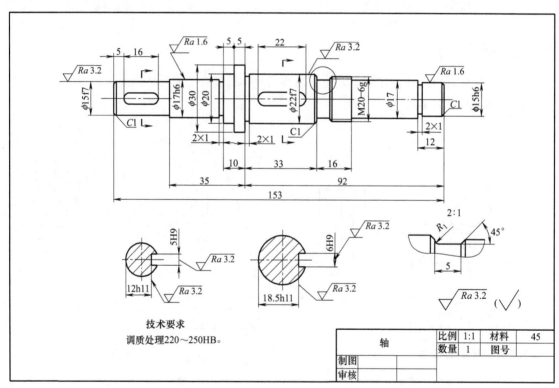

图 6-2-1 轴的零件图

(1) 设置绘图环境

启动 AutoCAD 2021 应用程序，用创建新图形或是以样板文件创建一个 A3 新文件，将新文件命名为"轴的零件图"并保存。图形内设置好粗实线、中心线、标注尺寸、细实线图层等。

(2) 绘制视图

① 将"中心线"层设置为当前图层，调用"直线"命令，绘制轴的中心线和轴的长度方向定位线，如图 6-2-2 所示。

② 根据图中的图形及尺寸，调用偏移、直线、圆、倒角、修剪等命令绘制轴的上半部

分，如图 6-2-3 所示。

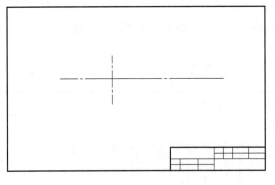

图 6-2-2　确定绘制基准

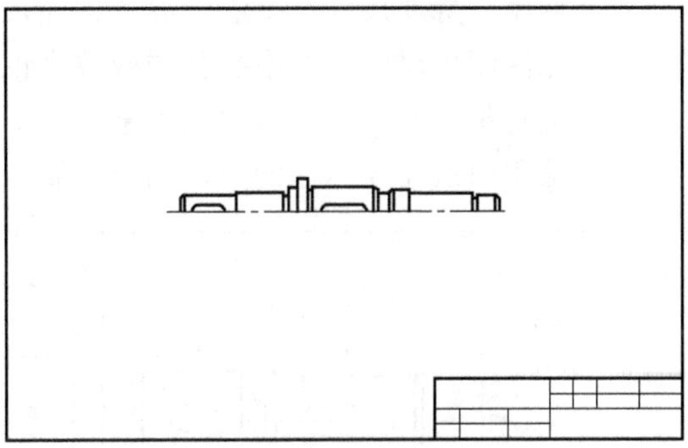

图 6-2-3　绘制轴的上半部分

③ 调用镜像命令，将轴的上半部分以"轴"中心线为对称轴进行镜像，如图 6-2-4 所示。

④ 键槽断面图，调用圆、直线、偏移、修剪、填充命令绘制剖面线，如图 6-2-5 所示。

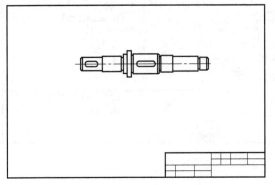

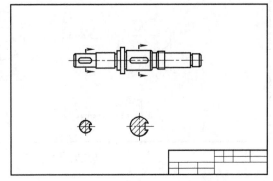

图 6-2-4　镜像轴的下半部分

图 6-2-5　键槽断面图的绘制

⑤ 绘制局部放大图，首先复制一个轴的主视图，以放大部位画一个圆，以圆为边界，将其他部分剪切掉，采用样条曲线绘制细实线局部边界，用缩放命令进行放大，再根据实际结构绘出图形，如图 6-2-6 所示。

⑥ 运用移动命令调整主视图、断面图和局部放大图的位置，留出标注尺寸的位置，如图 6-2-7 所示。

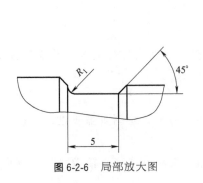

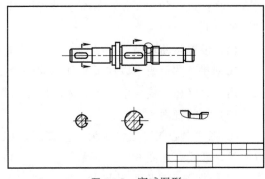

图 6-2-6　局部放大图

图 6-2-7　完成图形

(3) 标注尺寸

① 调用"标注尺寸"图层，设置标注尺寸样式。

② 标注图中尺寸，图中有公差或技术说明时应进行编辑处理，如图 6-2-8 所示。

③ 创建带属性的块，标注表面结构，如图 6-2-8 所示。

④ 采用引线命令标注倒角，创建带属性的块，标注表面结构要求，如图 6-2-8 所示。

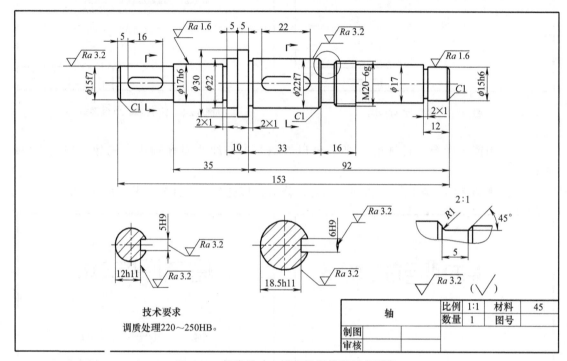

图 6-2-8　标注尺寸、填写标题栏和技术要求

(4) 填写标题栏和技术要求

在视图中文字注释是必不可少的，包括技术要求和其他一些文字注释。图形中插入文本注释有单行文本和多行文本两种。采用文字样式命令，设定文字样式，填写标题栏和技术要求等。

完成最后图形如图 6-2-8 所示。

6.2.2　盘盖类零件的绘制

盘盖类零件的结构要复杂一些，其视图表达的一般原则是将主视图以加工位置摆放，投射方向根据机件的主要结构特征去选择。以如图 6-2-9 所示的泵盖零件图为例介绍盘盖类零件图的绘制。

(1) 设置绘图环境

用创建新图形或是以样板文件创建一个 A3 新文件，将新文件命名为"泵盖"并保存。图形内设置好粗实线、中心线、标注尺寸、细实线图层等。

(2) 绘制视图

① 将"中心线"层设置为当前图层，调用"直线"命令，绘制泵盖长度、宽度、高度方向的基准线，如图 6-2-10 所示。

② 根据图中的图形及尺寸，采用圆、直线、圆角、偏移、修剪、镜像、阵列等命令绘

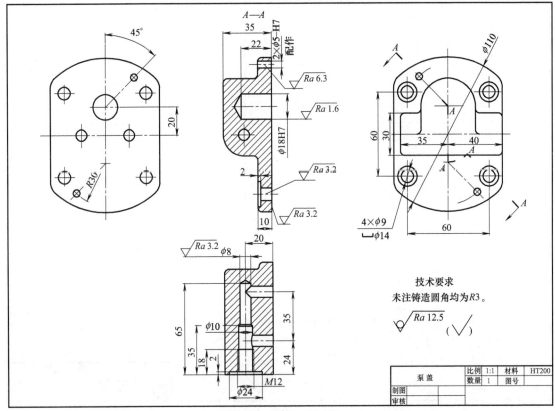

图 6-2-9　泵盖零件图

制泵盖的左视图和右视图，如图 6-2-11 所示。

③ 根据图中的图形及尺寸，采用圆、直线、圆角、偏移、修剪、镜像等命令绘制泵盖的主视图和俯视图，如图 6-2-12 所示。

④ 调用图案填充命令绘制泵盖主视图和俯视图中的剖面线，如图 6-2-13 所示。

(3) 标注尺寸

① 调出"标注尺寸"图层，设置标注尺寸样式。

② 标注图中尺寸，对于图中有公差或技术说明时应进行编辑处理，如图 6-2-14 所示。

③ 创建带属性的块，标注表面结构，如图 6-2-15 所示。

(4) 填写标题栏和技术要求

采用文字样式命令，设定文字样式，填写标题栏和技术要求。完成最后图形如图 6-2-15 所示。

6.2.3　箱体类零件的绘制

箱体类零件是构成机器或部件的主要零件之一，由于其内部要安装其他各类零件，因而形状较为复杂。表达箱体结构所采用的视图往往较多，除基本视图外，还常用其他视图。以图 6-2-16 所示的泵体零件图为例介绍该零件图的绘制。

(1) 设置绘图环境

用创建新图形或是以样板文件创建一个 A2 新文件，将新文件命名为"泵体"并保存。设置好粗实线、中心线、标注尺寸、细实线图层等。

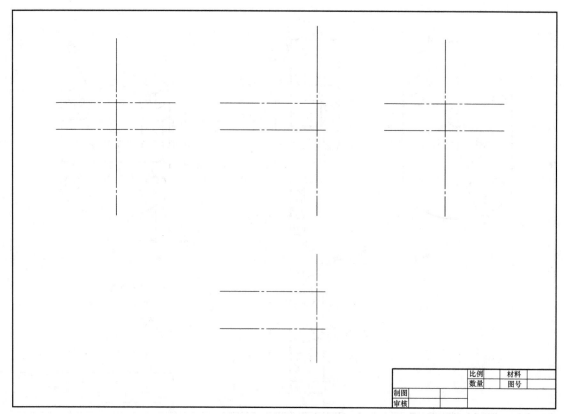

图 6-2-10 确定绘制基准

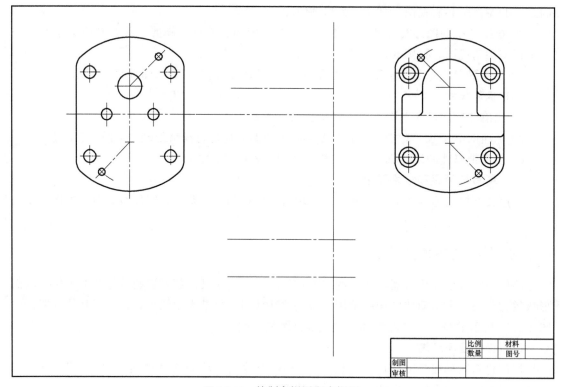

图 6-2-11 绘制左视图和右视图

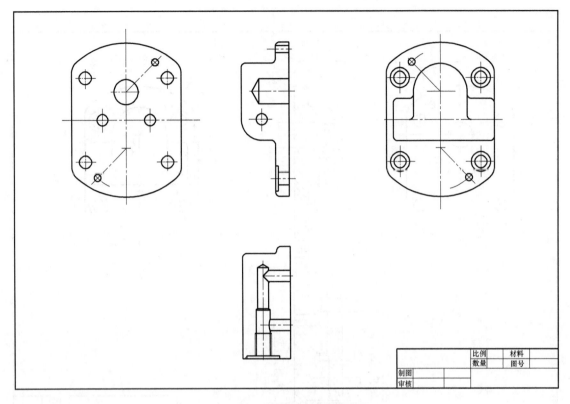

	比例		材料	
	数量		图号	
制图				
审核				

图 6-2-12　绘制主视图和俯视图

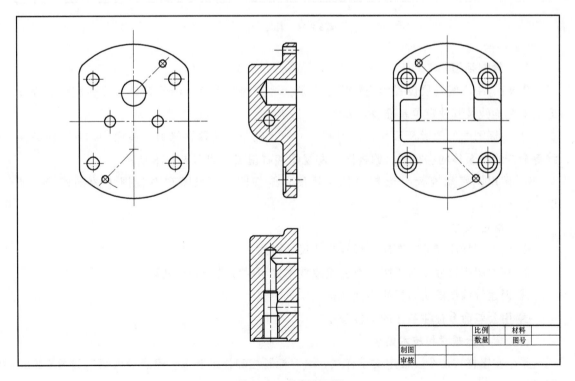

	比例		材料	
	数量		图号	
制图				
审核				

图 6-2-13　绘制剖面线

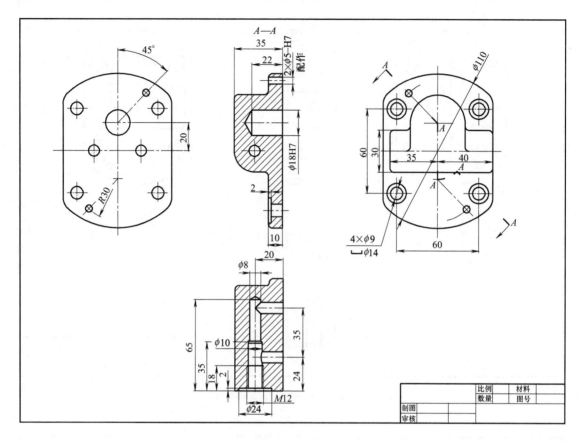

图 6-2-14　标注尺寸

（2）绘制视图

① 将"中心线"层设置为当前图层，调用"直线"命令，绘制泵体长度、宽度、高度方向的基准线及其他定位基准线，如图 6-2-17 所示。

② 根据图中的图形及尺寸，采用圆、直线、圆角、偏移、修剪、镜像、阵列、样条曲线等命令绘制泵体的主视图、俯视图、左视图和右视图，如图 6-2-18 所示。

③ 调用图案填充命令绘制泵体主视图、俯视图、左视图和右视图中的剖面线，如图 6-2-19 所示。

（3）标注尺寸

① 调出"标注尺寸"图层，设置标注尺寸样式。

② 标注图中尺寸，对于图中有公差或技术说明时应进行编辑处理。

③ 创建带属性的块，标注表面结构。

④ 用公差命令标注泵体的形位公差。

（4）填写标题栏和技术要求

采用文字样式命令，设定文字样式，填写标题栏和技术要求。完成最后图形如图 6-2-20 所示。

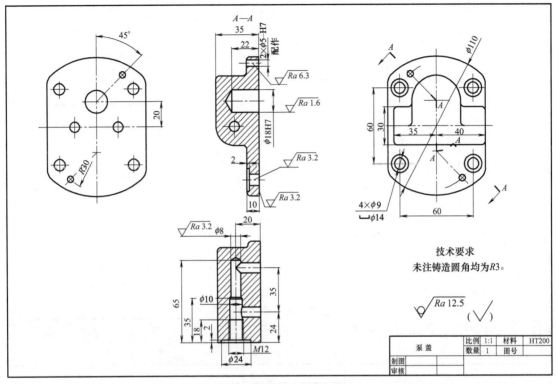

图 6-2-15 填写标题栏和技术要求

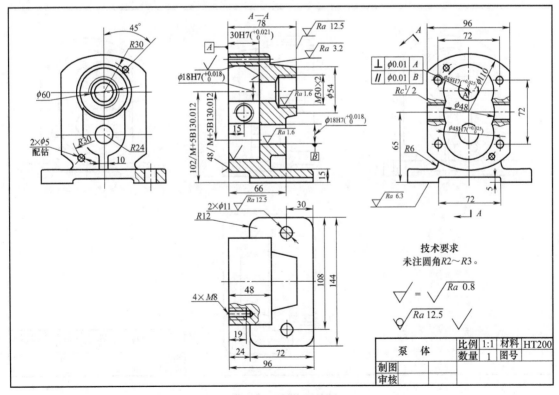

图 6-2-16 泵体零件图

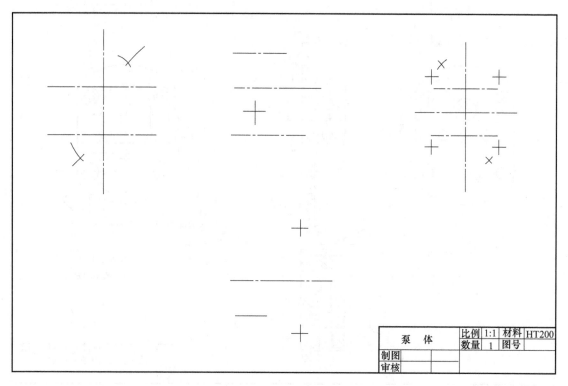

图 6-2-17　确定绘制基准

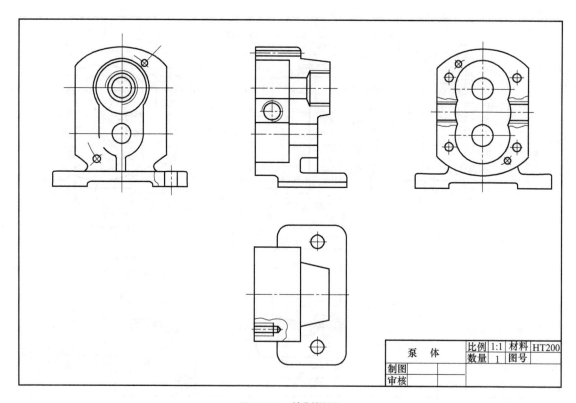

图 6-2-18　绘制视图

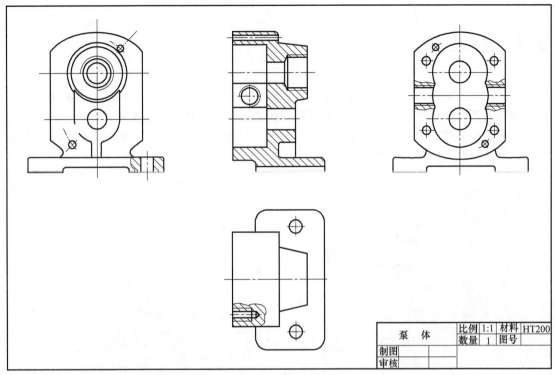

图 6-2-19　绘制剖面线

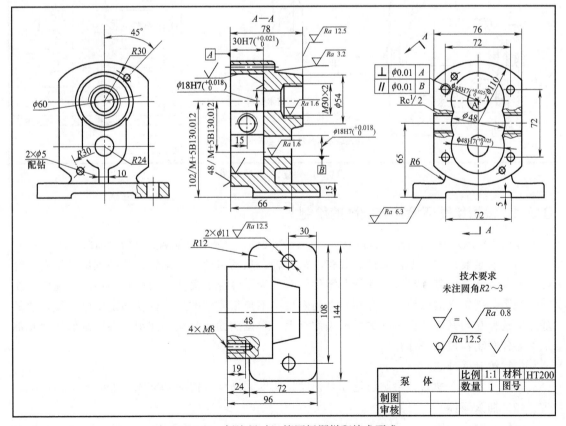

图 6-2-20　标注尺寸、填写标题栏和技术要求

6.3 装配图的绘制

装配图是零部件加工和装配过程中重要的技术文件。用 AutoCAD 绘制装配图时，首先将组成装配体的零件绘制出零件图，然后将视图进行修改制作成块，再将这些块插入装配图中，写块的步骤用户可以参考本书 5.5.1 的介绍。以图 6-3-1 所示的齿轮油泵装配图为例介绍该部件的绘制。

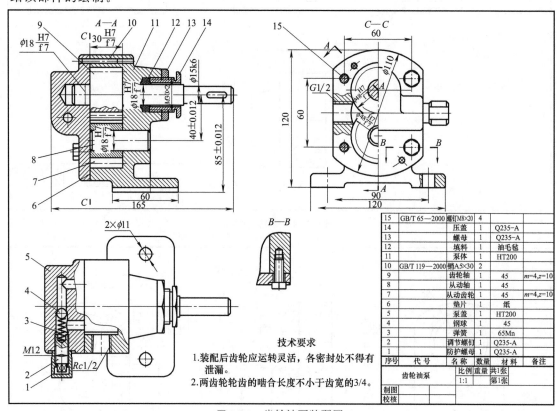

图 6-3-1 齿轮油泵装配图

6.3.1 设置绘图环境与装配图的绘制

用创建新图形或是以样板文件创建一个 A2 新文件，将新文件命名为"齿轮油泵"并保存。

齿轮油泵装配图主要由泵体、泵盖、齿轮轴、从动齿轮、从动轴、防护螺母、压盖、螺母、钢球、弹簧等零件组成。在绘制零件图时，为了装配的需要，可以将零件的主视图以及其他视图分别定义成图块，但是在定义的图块中不包括零件的尺寸标注和定位中心线，块的基点应选择在与其零件有装配关系的关键点上。根据前面所学块的知识，将绘制好的齿轮油泵各零件图制作成块并保存。

(1) 绘制基准线

调用"直线"命令，绘制齿轮油泵长度、宽度、高度方向的基准线，如图 6-3-2 所示。

(2) 插入泵体

鼠标左键点击插入工具条库中块操作，如图 6-3-3（a），也可执行"插入＞块"菜单命

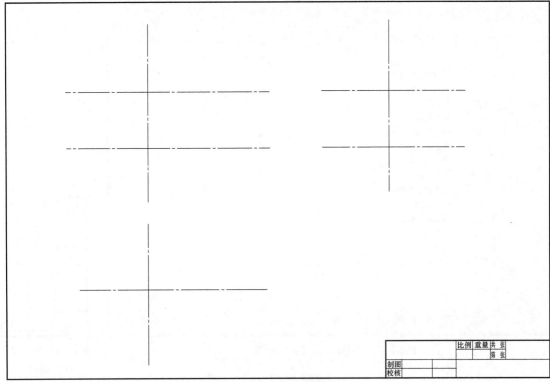

图 6-3-2　确定绘制基准

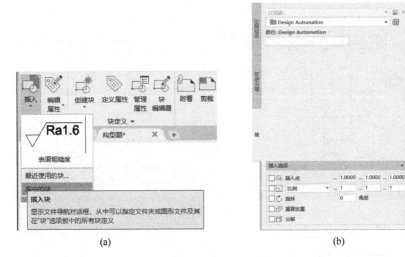

图 6-3-3　插入工具按钮

令，打开"插入"对话框，如图 6-3-3（b）所示。在对话框中单击 ▦ ，系统将弹出"选择图形文件"选项卡，用户可以根据需要选择已定义好的装配图块文件。

　　选择相应的文件，如图 6-3-4 所示选择"齿轮油泵-零件图-块"。在文件中选择"泵体主视图"块，在界面基准线插入位置移动鼠标，插入图形块即出现。在图 6-3-3 对话框中选择图形各坐标轴方向比例为 1，旋转角度为 0°，在齿轮油泵主视图基准位置用光标捕捉基点，单击左键即可将"泵体主视图"插入到装配图中，如图 6-3-5 所示，如插入位置需调整可使用移动操作进行调整。

图 6-3-4 "选择图形文件"选项卡

图 6-3-5 插入泵
体主视图

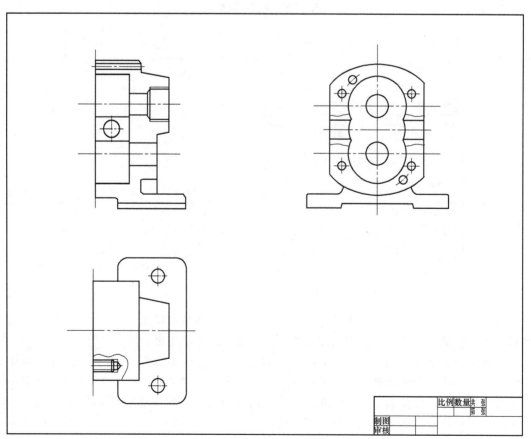

图 6-3-6 插入泵体俯视图和左视图

在"插入"对话框中继续插入"泵体俯视图"、"泵体左视图"块，结果如图 6-3-6 所示。

（3）插入齿轮轴

在"插入"对话框中继续插入"齿轮轴"块，把块分解并进行修改，结果如图 6-3-7 所示。

（4）插入泵盖

在"插入"对话框中继续插入"泵盖主视图"、"泵盖俯视图"、"泵盖左视图"块，把块分解并进行修改，结果如图 6-3-8 所示。

（5）插入从动轴

在"插入"对话框中继续插入"从动轴"块，把块分解并进行修改，结果如图 6-3-9 所示。

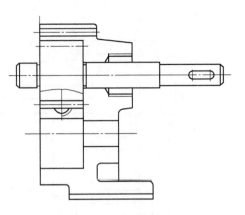

图 6-3-7 插入齿轮轴

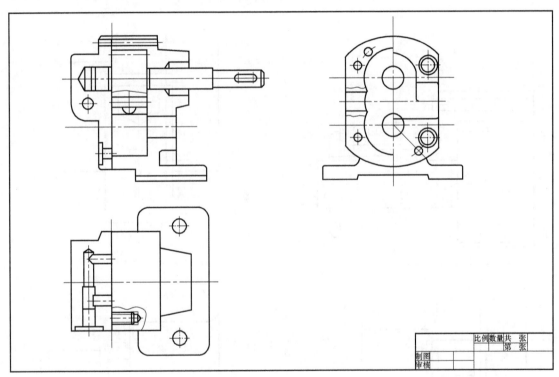

图 6-3-8 插入泵盖三视图

（6）插入从动齿轮

在"插入"对话框中继续插入"齿轮主视图"、"齿轮左视图"块，把块分解并进行修改，注意啮合处的画法，结果如图 6-3-10 所示。

（7）插入压盖和螺母

在"插入"对话框中继续插入"压盖主视图"、"螺母主视图"块，把块分解并进行修改，结果如图 6-3-11 所示。

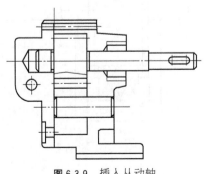

图 6-3-9 插入从动轴

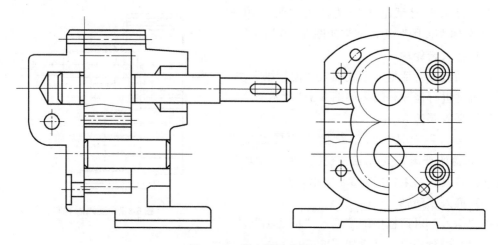

图 6-3-10　插入从动齿轮

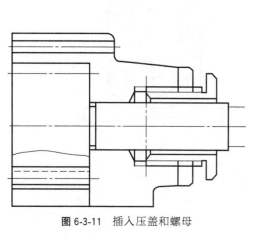

图 6-3-11　插入压盖和螺母

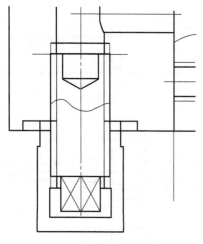

(a)

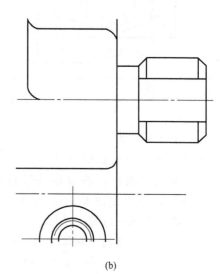

图 6-3-12　插入调节螺钉

(b)

图 6-3-13　插入防护螺母

(8) 插入调节螺钉

在"插入"对话框中继续插入"调节螺钉"块，把块分解并进行修改，结果如图 6-3-12 所示。

(9) 插入防护螺母

在"插入"对话框中继续插入"防护螺母俯视图"、"防护螺母左视图"块，把块分解并进行修改，结果如图 6-3-13 所示。

(10) 调整装配图

为了表达防护螺母左视图，将进油口、钢球、弹簧、调节螺钉、防护螺母在俯视图用局部剖视图表达出来。螺钉、泵体、泵盖的装配关系用局部剖视图单独表达出来，结果如图 6-3-14 所示。

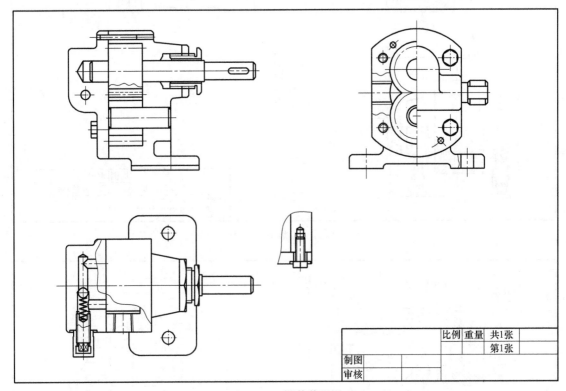

图 6-3-14 调整装配图

(11) 填充剖面线

综合运用各种命令，对装配图进行修改并填充剖面线。如果填充后用户感觉不满意，可以双击图形中的剖面线进行修改，结果如图 6-3-15 所示。

6.3.2 装配图的尺寸标注与绘制明细栏

在装配图中需要标注的尺寸有规格尺寸、装配尺寸、外形尺寸、安装尺寸以及其他重要尺寸。在标注时先标注尺寸，后标注零件序号，结果如图 6-3-16 所示。

表格的绘制参考本书相关内容。

6.3.3 填写标题栏、明细栏和技术要求

调用文字样式命令，设定文字样式，填写标题栏、明细栏和技术要求。完成最后图形如图 6-3-17 所示。

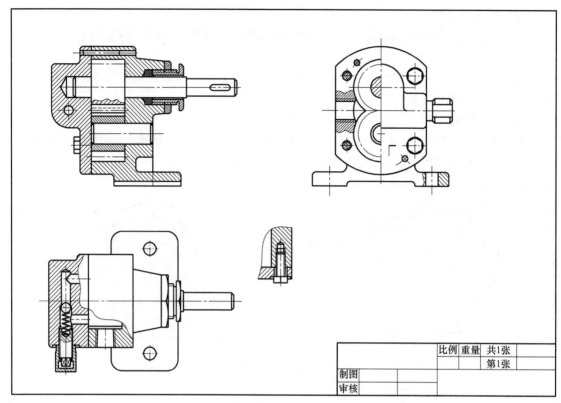

图 6-3-15　填充剖面线

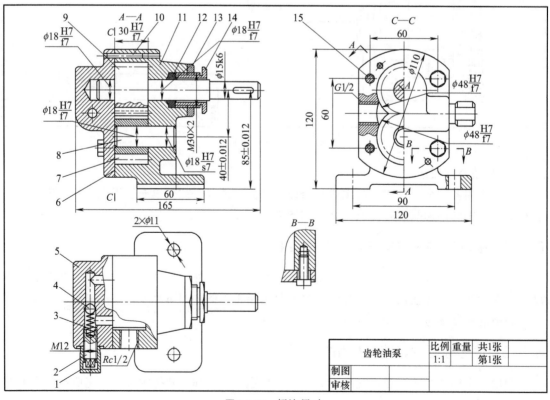

图 6-3-16　标注尺寸

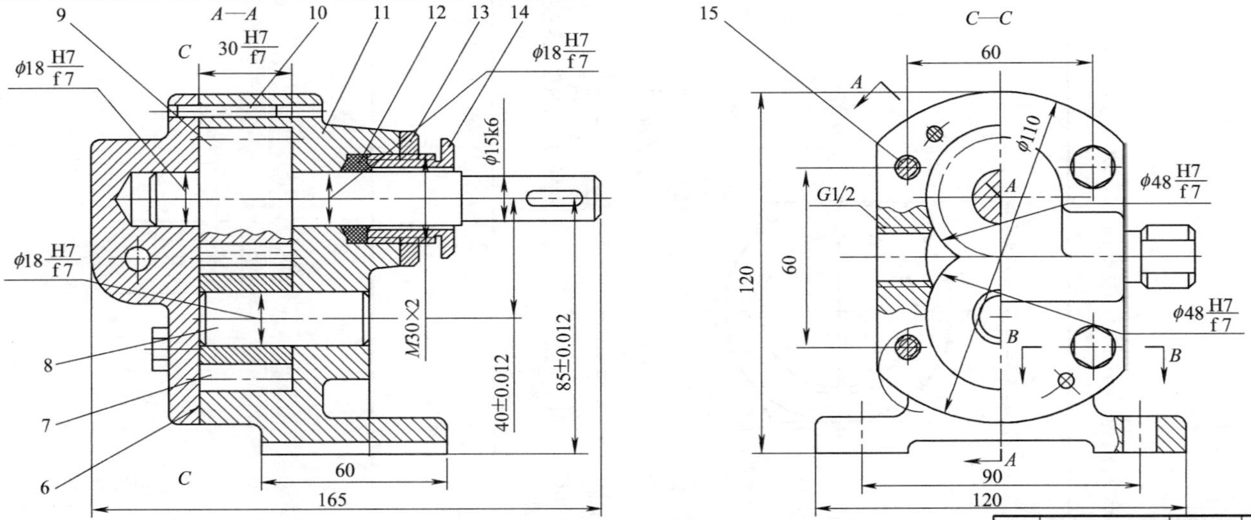

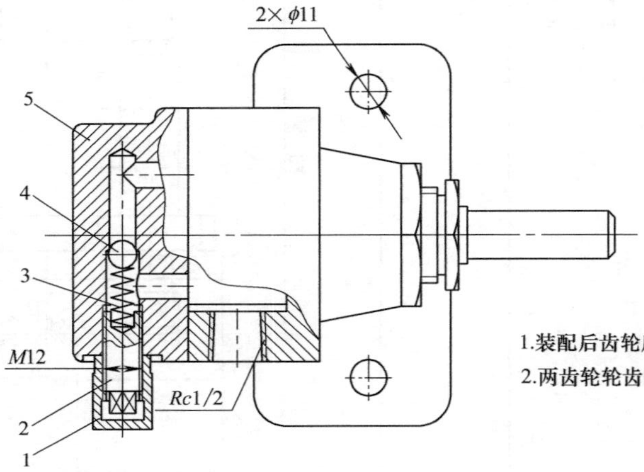

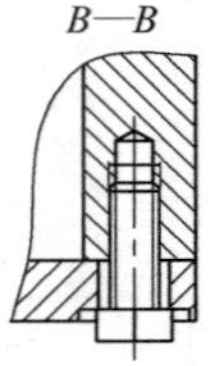

序号	名称	数量	材料	备注
15	螺钉M8×20 GB/T 65—2000	4		
14	压盖	1	Q235-A	
13	螺母	1	Q235-A	
12	填料	1	油毛毡	
11	泵体	1	HT200	
10	销A5×30 GB/T 119—2000	2		
9	齿轮轴	1	45	$m=4$ $z=10$
8	从动轴	1	45	
7	从动齿轮	1	45	$m=4$ $z=10$
6	垫片	1	纸	
5	泵盖	1	HT200	
4	钢球	1	45	
3	弹簧	1	65Mn	
2	调节螺钉	1	Q235-A	
1	防护螺母	1	Q235-A	

代号	齿轮油泵	比例 1:1	共1张 第1张
制图	张微 2009.3.6		
校核			

技术要求

1. 装配后齿轮应运转灵活，各密封处不得有泄漏。
2. 两齿轮齿的啮合齿长度不小于齿宽的3/4。

图6-3-17 填写标题栏、明细栏和技术要求

思考与练习

1. 绘制零件图

① 绘制练习图 6-1 所示螺母的零件图。

② 绘制练习图 6-2 所示芯杆的零件图。

③ 绘制练习图 6-3 所示气阀杆的零件图。

④ 绘制练习图 6-4 所示阀体的零件图。

2. 绘制装配图

绘制练习图 6-5 所示夹线体的装配图，其中夹线体零件图如练习图 6-6 所示。

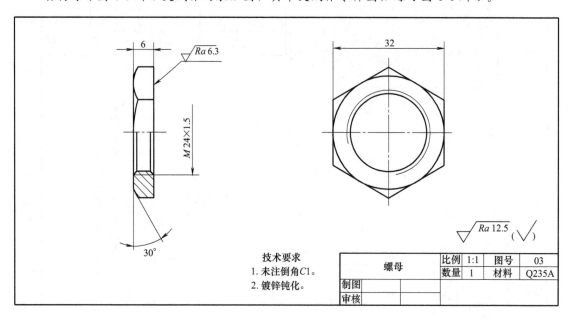

练习图 6-1

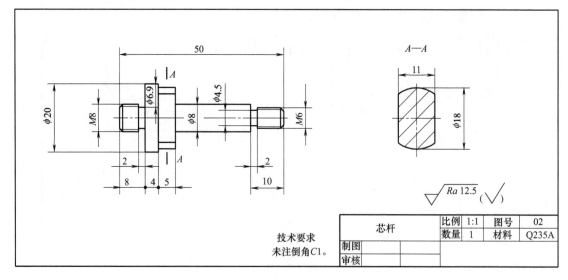

练习图 6-2

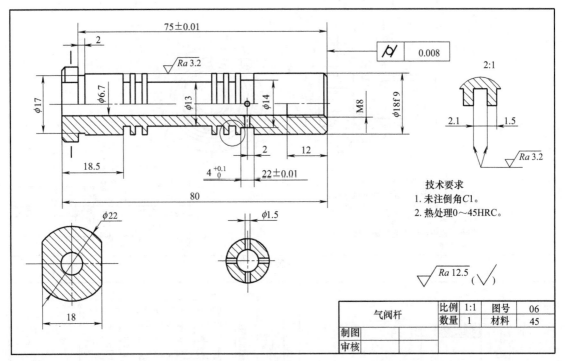

练习图 6-3

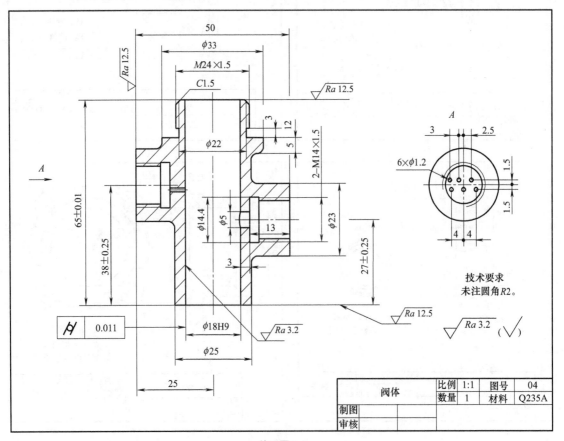

练习图 6-4

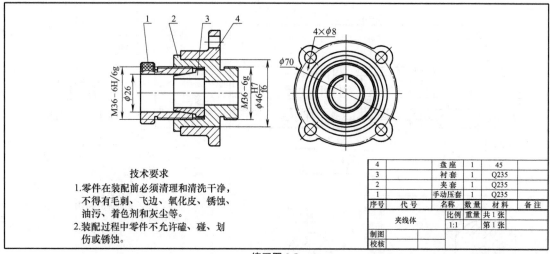

技术要求
1.零件在装配前必须清理和清洗干净，
  不得有毛刺、飞边、氧化皮、锈蚀、
  油污、着色剂和灰尘等。
2.装配过程中零件不允许磕、碰、划
  伤或锈蚀。

4		盘 座	1	45	
3		衬 套	1	Q235	
2		夹 套	1	Q235	
1		手动压套	1	Q235	
序号	代号	名称	数量	材料	备注
夹线体			比例	重量	共1张
			1:1		第1张
制图					
校核					

练习图 6-5

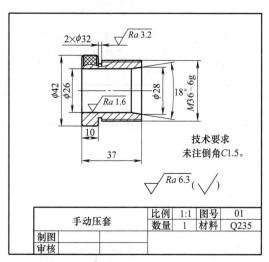

技术要求
未注倒角C1.5。

手动压套		比例	1:1	图号	01
		数量	1	材料	Q235
制图					
审核					

(a)

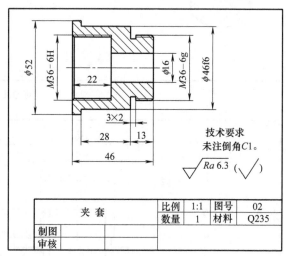

技术要求
未注倒角C1。

夹 套		比例	1:1	图号	02
		数量	1	材料	Q235
制图					
审核					

(b)

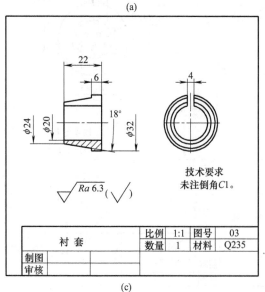

技术要求
未注倒角C1。

衬 套		比例	1:1	图号	03
		数量	1	材料	Q235
制图					
审核					

(c)

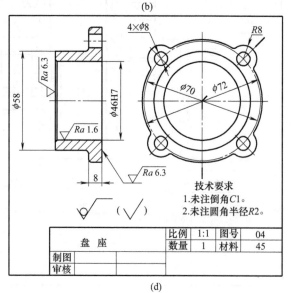

技术要求
1.未注倒角C1。
2.未注圆角半径R2。

盘 座		比例	1:1	图号	04
		数量	1	材料	45
制图					
审核					

(d)

练习图 6-6

第7章

设计中心的应用及图形的输出

7.1 设计中心的应用

AutoCAD 设计中心（AutoCAD Design Center 简称 ADC）为用户提供了一个直观而高效的工具，它有着类似于 Windows 资源管理器的界面，可管理图块、外部参照、光栅图像以及来自其他源文件或应用程序的内容，将位于本地计算机、局域网或因特网上的图块、图层、外部参照和用户定义的图形内容复制并粘贴（或直接拖放）到当前绘图区中。同时，如果在绘图区打开多个文档，还可以通过设计中心在图形之间复制和粘贴（或直接拖放）其他内容来简化绘图过程。粘贴内容除了包含图形本身外，还包含图层定义、线型、字体、布局等内容。总之利用设计中心可以实现已有资源的再利用和共享，提高图形的管理和图形设计的效率。

7.1.1 AutoCAD 设计中心可以进行的操作

① 浏览不同的图形文件，包括当前打开的图形和 Web 站点上的图形库。

② 创建经常访问的图形、文件夹、插入位置及因特网址的快捷方式。

③ 根据不同的查询条件，在本地计算机和网络上查找图形文件，找到后可以将它们直接加载到绘图区或设计中心。

④ 查看块、图层和其他图形文件夹的定义，并将这些图形定义插入到当前图形文件中。

⑤ 通过控制显示方式来控制设计中心设计板的显示效果，还可以在选项板中显示与图形文件相关的描述信息和预览图像。

⑥ 在新窗口中打开图形文件。

⑦ 向图形中添加内容（如外部参照、块和填充）。

7.1.2 AutoCAD 设计中心的启用

启用 AutoCAD "设计中心"有四种方法。

① 在功能区"视图"选项卡"选项板"面板中，单击"设计中心"按钮▨，如图 7-1-1 所示；

② 在菜单栏中，执行"工具>选项板>设计中心"命令；

③ 组合键 Ctrl+2；

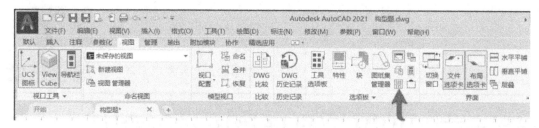

图 7-1-1 "视图"选项卡"选项板"面板"设计中心"按钮

④ 输入命令：ADCENTER。

启用 AutoCAD "设计中心"后，系统显示出如图 7-1-2 所示的"设计中心"选项板。

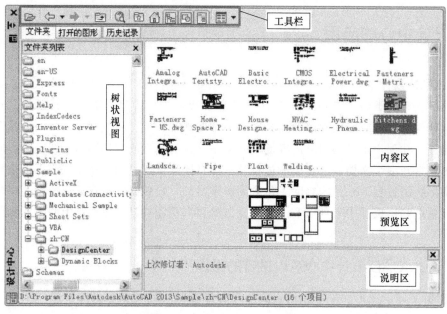

图 7-1-2 "设计中心"选项板

"设计中心"选项板粗略分为两部分，左边为树状视图，可以在树状视图中浏览内容的源。右边为内容区，显示了被选文件的所有内容。还可以在内容区中将项目添加到图形或工具选项板中。

"设计中心"选项板详细分为 6 个组成部分：工具栏、选项卡、树状视图、内容区、预览视图及说明视图，简介如下。

(1) 位于"设计中心"最上部的工具栏

它由 11 个按钮组成，控制了树状视图和内容区中信息的浏览和显示。需要注意的是，当设计中心的选项卡不同时内容区略有不同。各按钮的功能如下。

① 加载：单击"加载"按钮，弹出"加载"对话框，通过对话框选择预加载的图形文件。

② 上一页：将当前页面上移一个页面。

③ 下一页：将当前页面下移一个页面。

④ 上一级：将当前目录上移一级。

⑤ 搜索：单击该按钮，提供类似于 Windows 的查找功能，使用该功能可以查找内容源、

内容类型及内容等。可以指定要搜索的内容类型。指定的内容类型将决定在"搜索"对话框中显示哪些选项卡及其搜索字段。只有在"名称"中选择"图形"选项时，才显示"修改日期"和高级选项卡。还要指定路径名。要输入多个路径，用分号隔开。使用"浏览"从树状图中选择路径。

⑥ 收藏夹：用于在"收藏夹"文件夹中搜索图形。

⑦ 主页：将设计中心所在的目录设置为当前目录。用户可以在树状图中选中一个对象，右击该对象，在弹出的快捷菜单中选择"设置为主页"命令，即可更改默认文件夹。

⑧ 树状图切换：控制显示或隐藏树状图窗口。

⑨ 预览：用于预览图形文件。

⑩ 说明：显示图形的文字描述信息。

⑪ 视图：用不同的显示方式显示控制板中的内容。

(2) 位于工具栏下方的三个选项卡

各选项卡的功能如下。

①"文件夹"选项卡：以树状视图形式显示导航图标的层次结构。选择层次结构中的某一对象，在内容区、预览区和说明区中将会显示该对象的内容信息。

②"打开的图形"选项卡：该选项卡用于在 AutoCAD 设计中心显示当前绘图区打开的所有图形文件，其中包括最小化图形。

③"历史记录"选项卡：单击该选项卡后，可以显示用户最近访问过的图形文件。显示历史记录后，于文件上右击，在弹出的快捷菜单中选择"浏览"命令，可以显示该文件的信息。

7.1.3　查看图形内容

(1) 树状视图

"树状视图"显示本地和网络驱动器上文件夹、打开的图形和历史记录等内容。其显示方式与 Windows 系统的资源管理器类似，为层次结构方式。

(2) 内容区

用户在树状视图中浏览文件、块和自定义内容时，则"内容区"中将显示打开图形及其他文件源中的内容。例如：如果在"树状视图"中选择了一个图形文件，则"内容区"中显示表示图层、块、外部参照和其他图形内容的图标，如图 7-1-3 所示。如果在"树状视图"中选择图形的图层图标，则"内容区"中将显示图形中各个图层的图标，如图 7-1-4 所示。

图 7-1-3　打开的图形及其内容

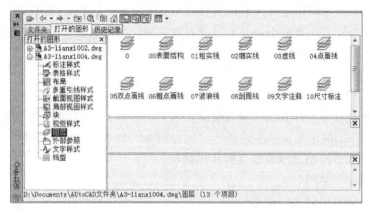

图 7-1-4 "内容区"显示图形中各个图层的图标

(3) 预览视图和说明视图

对于在控制板中选中的项目，"预览视图"和"说明视图"将分别显示其预览图像和说明文字，如图 7-1-5 所示。在 AutoCAD 设计中心不能编辑文字说明，但可以选择并复制。

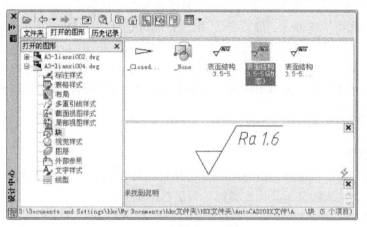

图 7-1-5 预览视图和说明视图

用户可以通过"树状视图"、"内容区"、"预览视图"以及"说明视图"之间的分隔栏来调整其相对大小。

7.1.4 图形内容的搜索

设计中心的搜索功能类似于 Windows 的查找功能，它可在本地磁盘或局域网中的网络驱动器上按指定搜索条件在图形中查找图形、块和非图形对象。

(1) 搜索

利用 AutoCAD 设计中心的搜索功能，可以根据指定条件和范围来搜索图形和其他内容（如图形和块、线型、图层等）。

启用"搜索"命令的方法如下。

① 单击"设计中心"选项板上方工具栏中的"搜索"按钮 即可；

② 在树状视图中单击右键，弹出快捷菜单，选择"搜索"项，弹出"搜索"对话框，如图 7-1-6 所示。

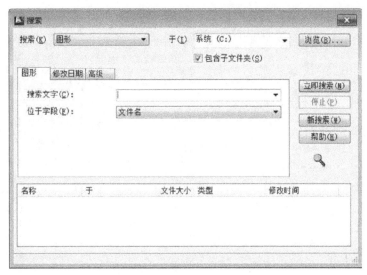

图 7-1-6　"搜索"对话框

"搜索"对话框中的各选项说明如下。

◆"搜索"选项：可以指定要搜索的内容类型（即图层、图形、图形和块、块、图案填充、图案填充文件、外部参照、多重引线样式、局部视图样式、布局、截面视图样式、文字样式、标注样式、线型、表格样式、视觉样式）。指定的内容类型将决定在"搜索"对话框中显示哪些选项卡及其搜索字段。只有在"搜索"下拉列表中选择"图形"选项时，才显示"修改日期"和"高级"选项卡。

◆"于"选项：指定搜索路径名。要输入多个路径，要用分号隔开。用户可以使用"浏览"从树状图中选择路径。

◆"浏览"按钮：在"浏览文件夹"对话框中显示树状图，从中可以指定要搜索的驱动器和文件夹。

三个选项卡说明如下。

◆"图形"选项卡：该选项卡用于显示与"搜索"列表中指定的内容类型相对应的搜索字段。其中的"搜索文字"用于设置在指定字段中搜索的字符串，使用星号" * "和问号"?"通配符可以扩大搜索范围；而"位于字段"用来指定要搜索的特性字段，如主题、标题、作者、关键字、文件名等，如图 7-1-6 所示。

◆"修改日期"选项卡：该选项卡用于查找在一段特定时间内创建或修改的文件。其中"所有文件"选项用来查找满足其他选项卡上指定条件的所有文件，不考虑创建或修改日期；"找出所有已创建的或已修改的文件"选项用于查找在特定时间范围内创建或修改的文件，如图 7-1-7 所示。

◆"高级"选项卡：该选项卡用于查找图形中的内容。其中"包含"用于指定在图形中搜索的文字类型，如块名、块和图形说明、属性标记、属性值等；"包含文字"用于指定搜索所包含的文字；"大小"用于指定文件大小的最小值或最大值，如图 7-1-8 所示。

◆"立即搜索"按钮：按照指定条件开始搜索。

◆"新搜索"按钮：清除"图形"选项卡中"搜索文字"框并将光标放在框中，以便指定新的字符串。

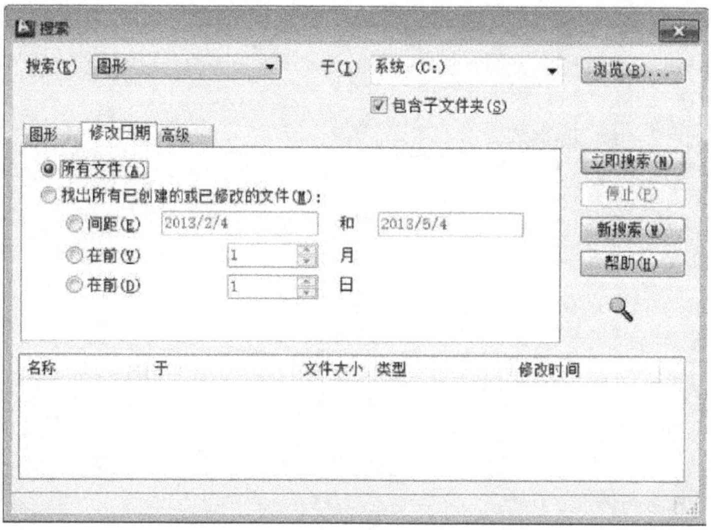

图 7-1-7　使用"修改日期"搜索

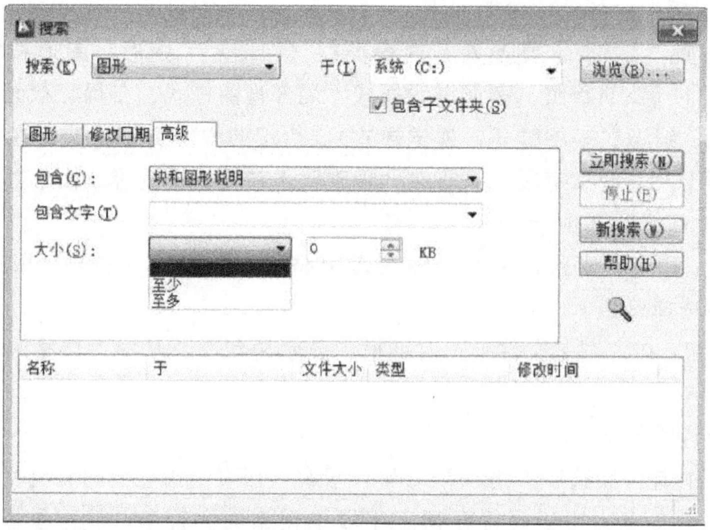

图 7-1-8　使用"高级"搜索

完成对搜索条件的设置后，用户可单击"立即搜索"按钮进行搜索，并可在搜索过程中随时单击"停止"按钮来中断搜索操作。

如果查找到了符合条件的项目，则将显示在对话框下部的搜索结果中。用户可通过以下三种方式将其加载到内容区中。

① 直接双击指定的项目。

② 将指定的项目拖到内容区中。

③ 在指定的项目中单击右键弹出快捷菜单，选择"加载到内容区中"。

(2) 使用收藏夹

在 AutoCAD 设计中心可将常用内容的快捷方式保存在收藏夹中，以便于在下次调用时进行快捷查找。如果选定了图形、文件或其他类型的内容，并单击右键，弹出快捷菜单，选择"添加到收藏夹"，如图 7-1-9 所示，就会在收藏夹中为其创建一个相应的快捷方式。

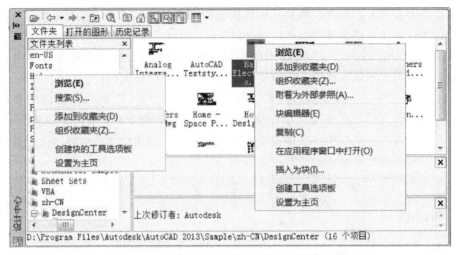

图 7-1-9　在快捷菜单中选择"添加到收藏夹"

用户可以通过如下方式访问收藏夹，查找所需内容。

① 在"设计中心"选项板的工具栏中单击"收藏夹"按钮 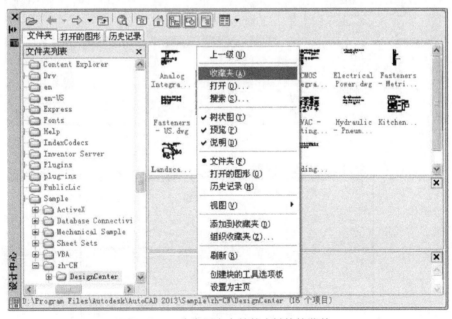 ；

② 在内容区空白处，单击右键，弹出快捷菜单，选择"收藏夹"，如图 7-1-10 所示。

图 7-1-10　内容区空白处的右键快捷菜单

7.1.5　插入图形内容

使用设计中心可以方便地在当前图形中插入块，引用光栅图和外部参照，并在图形之间复制图层、线型、文字样式和标注样式等各种内容。

(1) 插入块

AutoCAD 设计中心为用户提供了很多标准化的图块，用户可以通过设计中心来插入需要的图块。

使用设计中心插入图块时，用户首先在树状图中浏览内容的源，然后在内容区选择要插入的图块，通过以下方法将其插入到绘图区域。

① 通过拖拽插入图块。选择要插入的图块，按住鼠标左键，将其拖至绘图区后释放鼠标，按照系统提示指定插入位置、图形的缩放比例以及旋转角度即可。

② 通过"插入为块"命令插入图块。用户可在"设计中心"选项面板的内容区中，右击所需插入的图块文件，在快捷菜单中选择"插入为块"命令，如图 7-1-11 所示。然后在系统打开的"插入"对话框中，根据需要确定插入基点、插入比例和旋转角度等数值，最后单击"确定"按钮即可完成，如图 7-1-12 所示。

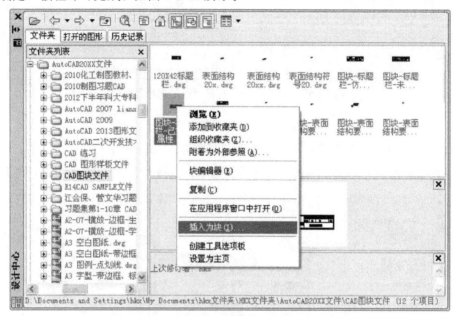

图 7-1-11 快捷菜单中选择"插入为块"命令

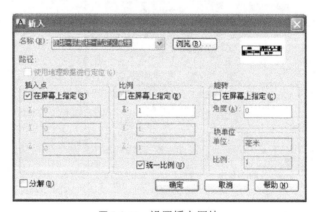

图 7-1-12 设置插入图块

③ 通过复制命令插入图块。右击所需插入的图块文件，在快捷菜单中选择"复制"命令，之后在绘图区内按 Ctrl＋V 组合键即可，如图 7-1-11 所示。同拖拽图块一样，粘贴的时候也会提示用户指定插入位置、图形的缩放比例以及旋转角度。

(2) 引用光栅图像

在 AutoCAD 中除了可向当前图形插入块，还可以将数码照片或其他抓取的图像插入到绘图区中, 光栅图像类似于外部参照, 需按照指定的比例或旋转角度插入。

在"设计中心"选项面板左侧树状图中指定图像的位置, 在右侧内容区域中右击所需图像, 在弹出的快捷菜单中选择"附着图像"命令, 如图 7-1-13 所示。在打开的对话框中根据需要设置插入比例等选项, 最后单击"确定"按钮, 在绘图区中指定好插入点即可, 如图 7-1-14 所示。

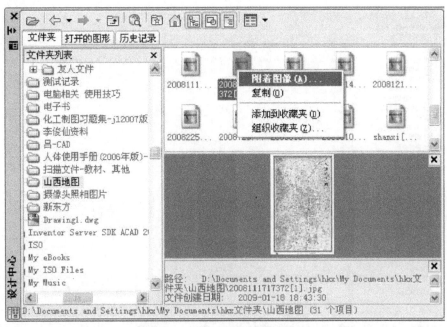

图 7-1-13 选择需要附着的图像

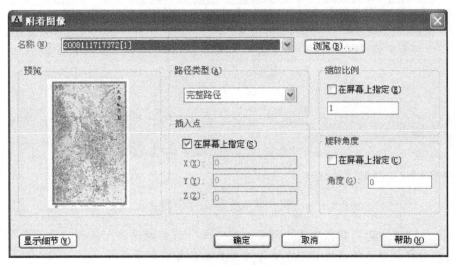

图 7-1-14 设置插入比例等选项

(3) 复制图层

如果使用设计中心复制图层时, 只需通过设计中心将预先定义好的图层拖放至新文件中即可。这样既节省了大量的作图时间, 又能保证图形标准的要求, 也保证了图形间的一致性。还可将图形的线型、尺寸样式、布局等属性进行复制操作。

复制图层的方法是：在"设计中心"选项面板的左侧树状图中，切换至"打开的图形"选项卡，选择所需图形文件，点选"图层"选项，在右侧内容区中选中所有的图层文件，如图 7-1-15 所示。按住鼠标左键并将所选图层文件拖拽至新的空白文件中，释放鼠标即可。此时在该文件中，执行"图层特性"命令，在打开的图层特性管理器中，显示所复制的图层，如图 7-1-16 所示。

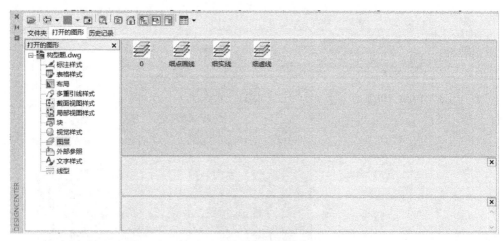

图 7-1-15 选择需要复制的图层文件

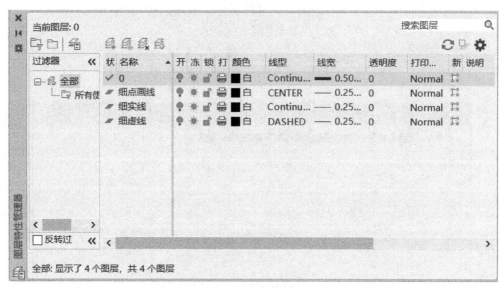

图 7-1-16 完成图层的复制

提示： 亦可在右侧内容区中选中所需的图层文件，右键单击，选择"复制"，随后鼠标移至新的空白文件中，键盘按 Ctrl＋V 即可完成图层复制。

7.1.6 用设计中心编辑块

若需要，可以利用设计中心进行块的编辑，其方法步骤如下。

① 点击"打开的图形"选项卡，在树状图中单击块，内容区中显示所有的块，选择其中需要编辑的块右键单击，选择"块编辑器"命令，如图 7-1-17 所示。

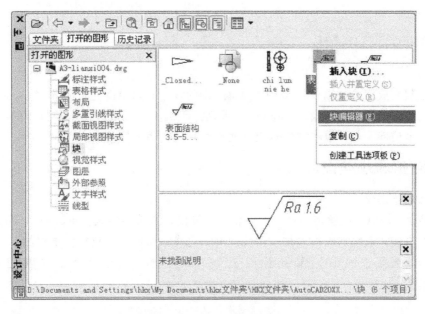

图 7-1-17　执行"块编辑器"命令

　　② 系统打开"块编辑器"工作界面，如图 7-1-18 所示。在其中进行修改编辑，完成后，单击工作界面左上角的"保存块"按钮 即可。

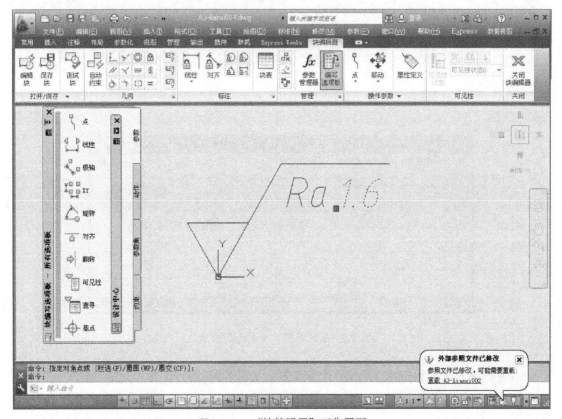

图 7-1-18　"块编辑器"工作界面

7.2 图纸的打印输出

图纸绘制完成后，可以使用多种方式输出图形，AutoCAD 允许使用 Autodesk 打印机管理器中推荐的专用绘图仪及 Windows 的系统打印机，也可以采用电子打印的方式，以便于在因特网上访问。还可以将图纸输出到文件供其他应用程序使用。

7.2.1 绘图仪添加与配置

(1) 添加绘图仪

为了使 AutoCAD 能够使用现有的设备进行输出，有必要将该设备添加到 AutoCAD 中。这项工作可以使用系统自带的添加绘图仪向导来完成。添加绘图仪操作步骤如下。

① 在功能区"输出"选项卡"打印"面板中，点击"绘图仪管理器"按钮 绘图仪管理器 ，如图 7-2-1 所示，在弹出的如图 7-2-2 所示的对话框中点击"添加绘图仪向导"；

图 7-2-1 "输出"选项卡"打印"面板"绘图仪管理器"按钮

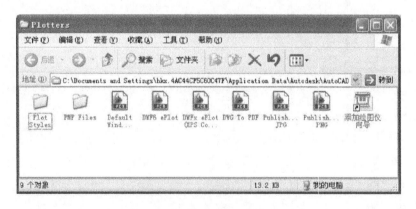

图 7-2-2 系统弹出"Plotters"文件夹

② 系统弹出"添加绘图仪—简介"对话框，如图 7-2-3 所示，单击"下一步"。

③ 系统弹出"添加绘图仪—开始"对话框，如图 7-2-4 所示，选择"系统打印机"，单击"下一步"；

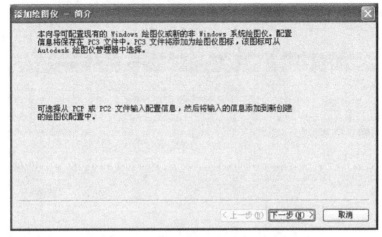

图 7-2-3 "添加绘图仪—简介"对话框

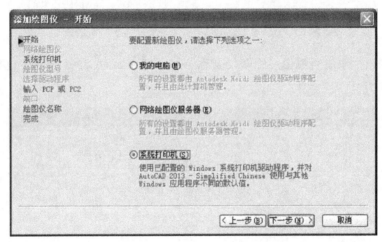

图 7-2-4 "添加绘图仪—开始"对话框

④ 弹出"添加打印机—系统打印机"对话框，如图 7-2-5 所示，选择"Epson LQ-1600K"，单击"下一步"；

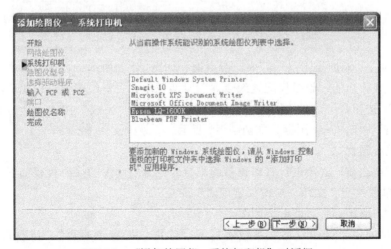

图 7-2-5 "添加绘图仪—系统打印机"对话框

⑤ 系统弹出"添加绘图仪—输入 PCP 或 PC2"对话框，如图 7-2-6 所示，单击"下一步";

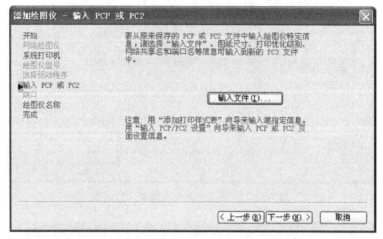

图 7-2-6 "添加绘图仪—输入 PCP 或 PC2"对话框

⑥ 系统弹出"添加绘图仪—绘图仪名称"对话框，如图 7-2-7 所示，比如设置名称为"Epson"，之后单击"下一步";

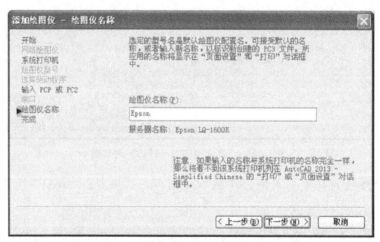

图 7-2-7 "添加绘图仪—绘图仪名称"对话框

⑦ 系统弹出"添加绘图仪—完成"对话框，如图 7-2-8 所示。在其中单击"编辑绘图仪配置"按钮，在弹出的"绘图仪配置编辑器"对话框中，可对绘图仪进行相应的配置；单击"校准绘图仪"按钮，可以对绘图仪进行精确校准。单击"完成"按钮，此时在"Plotters"文件夹中增加了"Epson"图标，如图 7-2-9 所示。

(2) 配置绘图仪

在进行打印之前，必须进行打印设备的配置。配置绘图仪的简要过程如下。

① 在菜单栏执行"文件>绘图仪管理器"命令；

② 弹出"Pbotters"对话框，如图 7-2-10 所示；

③ 从中双击一个打印设备，系统将打开"绘图仪配置编辑器"对话框，如图 7-2-11 所示；

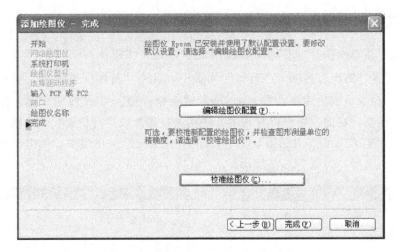

图 7-2-8 "添加绘图仪—完成"对话框

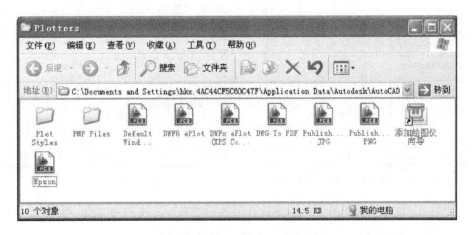

图 7-2-9 增加了"Epson"图标

图 7-2-10 "Pbotters"对话框

④ 对其中的"常规"、"端口"、"设备和文档设置"逐一设置即可。

7.2.2 设置打印参数

在应用程序菜单中执行"打印＞打印"命令，或在快速访问工具栏单击"打印"按钮
，或在功能区"输出"选项卡"打印"面板中，点击"打印"按钮，或在菜单栏执行
"文件＞打印"命令，或使用组合键 Ctrl＋P，或命令行输入 Plot 按回车键，即可打开"打
印—模型"对话框，在此，用户可对其中一些相关打印参数进行设置。具体操作方法如下。

① 打开"打印—模型"对话框，在"打印机/绘图仪"选项组中，单击"名称"下拉按
钮，选择打印机型号，如图 7-2-12 所示。

图 7-2-11 "绘图仪配置编辑器"对话框

图 7-2-12 选择打印机型号

② 在"图纸尺寸"选项组中，选择要打印的图纸尺寸，比如选 A3；在"打印份数"选
项组中，设置打印的份数，此处选择"2"，如图 7-2-13 所示。

③ 在"打印区域"选项组中，单击"打印范围"下拉按钮，选择打印范围为"窗口"，
如图 7-2-14 所示。

④ 按系统要求，利用鼠标在绘图区框选出需打印的范围，如图 7-2-15 所示。

⑤ 返回对话框并勾选"打印偏移"选项组中的"居中打印"复选框，如图 7-2-16 所示。

⑥ 单击"预览"按钮，在预览模式中，可以查看到打印预览的效果，如图 7-2-17 所示。

⑦ 按 Esc 键退出预览模式，返回"打印—模型"对话框，单击"确定"按钮即可进行
打印，如图 7-2-18 所示。

"打印—模型"对话框各选项说明。

◆ "页面设置"选项组：用于设置输出图纸的页面。可以选择＜无＞、＜上一次打印＞、
或将其他文件的页面设置输入至当前，必要时还可以添加设置（单击其后的"添加"按钮即
可）。

◆ "打印机/绘图仪"选项组：列出可用的 PC3 或系统打印机，可以从中进行选择，以打
印当前布局。设备名称前面的图标识别其为 PC3 文件还是系统打印机。

提示： 选择"打印到文件"选项后，系统将打印输出到文件而不是输出到打印机。用户
需指定打印文件名和打印文件存储的路径。

图 7-2-13　选择图纸大小和打印份数

图 7-2-14　选择打印范围

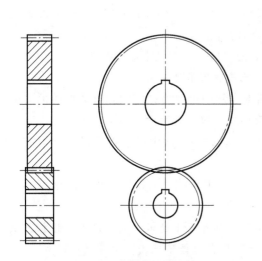

图 7-2-15　框选打印范围

图 7-2-16　设置居中打印

◆ "图纸尺寸"选项组：在下拉列表中确认指定图纸尺寸；显示所选取打印设备可用的图标图纸尺寸。如果未选择绘图仪，将显示全部标准图纸尺寸的列表以供选择。在"打印份数"微调框中确定打印份数。

◆ "打印区域"选项组：指定要打印的图形部分。在"打印范围"下，可以选择要打印的图形区域。打印范围包括显示、范围、窗口、图形界限等四种，具体含义如下。

　　a. "显示"打印"模型"选项卡的当前视口显示的图形。

　　b. "范围"打印当前空间内的所有几何图形。打印前，可能会重新生成图形以重新计算范围。

　　c. "窗口"打印由用户指定区域内的图形。

　　d. "图形界限"打印指定图纸尺寸页边距内的所有对象。

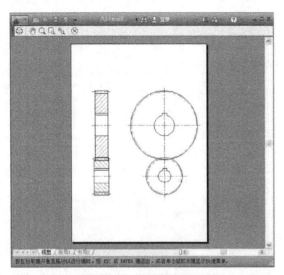

图 7-2-17　打印效果预览

图 7-2-18　完成打印设置

◆ "打印比例"选项组：选项组的"比例"下拉列表中选择标准缩放比例，或在下面的文本框中输入自定义值。

提示：这时的"比例"是指打印布局时的输出比例，与"布局向导"中的比例含义不同，通常选择 $1:1$，即按布局的实际尺寸打印输出。

◆ "打印偏移"选项组：自动计算 X 偏移和 Y 偏移值，在图纸上居中打印。

提示：当"打印区域"设置为"布局"时，此选取项不可用。

◆ "添加"按钮：显示"添加页面设置"对话框，从中可以将"打印"对话框中的当前设置保存到命名页面设置。可以通过"页面设置管理器"修改此页面设置。

◆ "特性"按钮：显示绘图仪配置编辑器（PC3 编辑器），从中可以查看或修改当前绘图仪的配置端口、设备和介质设置。

◆ 精确显示相对于图纸尺寸和可打印区域的有效打印区域。工具提示显示图纸尺寸和可打印区域。

提示：在"打印"对话框中指定要显示的单位是英寸还是毫米。默认设置为根据图纸大小，并会在每次选择新的图纸尺寸时更改。"像素"仅在选择了光栅输出时才可用。

◆ "预览"：按照启动 PREVIEW 命令打印时的显示方式显示图形。要退出打印预览并返回"打印"对话框，请按 ESC 键，或按回车键，或单击鼠标右键，然后单击快捷菜单上的"退出"命令。

◆ "应用到布局"：将当前"打印"对话框设置保存到当前布局。

7.2.3　布局页面打印设置

在 AutoCAD 中，布局空间主要是为了在输出图形时进行图形的布置，查看打印的实际情况。要通过布局空间打印图形，关键是对布局进行页面设置。如果存在多个布局，则每个布局都有其自身的页面设置，在从一个布局移动到另一个布局的过程中，可以快速在这些页面设置中来回切换。

进行页面设置的方法步骤如下。

① 在功能区"布局"选项卡"布局"面板中，单击"页面设置"按钮 ，如图 7-2-19 所示；或在应用程序菜单执行"打印＞页面设置"命令；或在当前图纸空间左下角的布局选项卡上右键单击，在弹出的快捷菜单中选择"页面设置管理器"选项；或在菜单栏执行"文件＞页面设置管理器"命令，打开"页面设置管理器"对话框，如图 7-2-20 所示。

图 7-2-19　"布局"选项卡"布局"面板"页面设置"按钮

提示： 在图 7-2-20 中，勾选"创建新布局时显示"选项后，每当第一次显示一个布局选项卡时，"页面设置管理器"对话框会自动出现。

在"页面设置管理器"对话框中列出用户所有的布局和页面设置。也可以新建页面设置、对已有设置进行修改或者将所选页面设置设定为当前布局的当前页面设置。单击"输入"按钮，可以从其他图形中导入页面设置。

② 单击"新建"按钮 新建(N)...，弹出"新建页面设置"对话框，如图 7-2-21 所示，为页面设置输入一个名称，单击"确定"按钮。

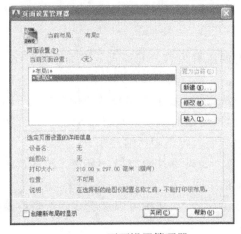

图 7-2-20　页面设置管理器

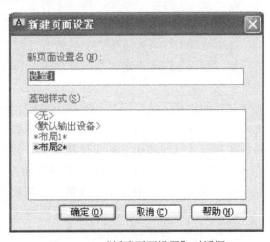

图 7-2-21　"新建页面设置"对话框

③ 打开"页面设置"对话框，如图 7-2-22 所示，根据需要进行相关设置即可完成布局页面设置。

"页面设置"对话框各选项说明。

◆ "打印机/绘图仪"选项组：列出可用的 PC3 或系统打印机，可以从中进行选择，以打印当前布局。设备名称前面的图标识别其为 PC3 文件还是系统打印机。

◆ "图纸尺寸"选项组：在下拉列表中确认指定图纸尺寸；显示所选取打印设备可用的图标图纸尺寸。如果未选择绘图仪，将显示全部标准图纸尺寸的列表以供选择。

◆ "打印区域"选项组：指定要打印的图形部分。默认情况下打印布局，但也可以选择打印当前显示、图形范围或一个指定的窗口，具体含义如下：

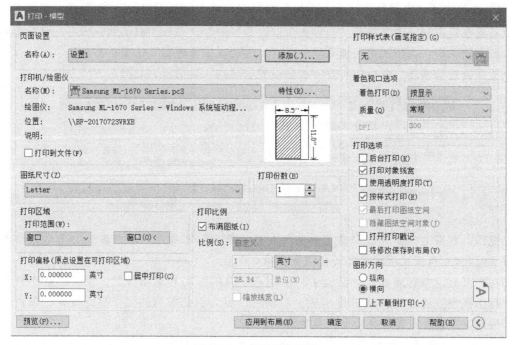

图 7-2-22　修改页面设置

a. "显示"打印"布局"选项卡的当前视口显示的图形。

b. "窗口"打印由用户指定区域内的图形。

c. "范围"打印当前布局中的所有几何图形。

d. "布局"打印指定图纸尺寸的可打印区域内的所有内容，其原点从布局中的（0，0）点计算得出。

◆ "打印比例"选项组：在选项组的"比例"下拉列表中选择标准缩放比例，或在下面的文本框中输入自定义值（通常不必定义布局的比例）。典型的图纸空间布局为1∶1，即按布局的实际尺寸打印输出。如果使用线宽，并要缩放它们，可选中"缩放线宽"选项。

◆ "打印偏移"选项组：指定 X 偏移和 Y 偏移值。如果不打印布局，而只打印某个较小的区域，可选中"居中打印"选项，使其处于图纸的中间。

◆ "特性"按钮：显示绘图仪配置编辑器（PC3 编辑器），从中可以查看或修改当前绘图仪的配置端口、设备和介质设置。

◆ "打印样式表"选项组：可按需要选择一个打印样式表。

◆ "着色视口选项"选项组：该功能可以决定"模型"选项卡显示的效果。选择下列显示选项的一种：按显示、线框、消隐、三维隐藏、三维线框、概念、真实、渲染、草稿、低、中、高或演示。也可以选择一个质量（分辨率）——草稿、预览、常规、演示、最大或自定义。

◆ "打印选项"选项组：该选项组用于决定打印的具体效果。

a. 打印对象线宽：指定是否打印指定给对象和图层的线宽。若使用线宽，但不想线宽被绘制出来，则可以不选中该选项。

b. 使用透明度打印：指定是否打印对象透明度。当打印具有透明对象的图形时，才使用该选项。

提示：出于性能原因的考虑，打印透明对象在默认情况下被禁用。若要打印透明对象，请选中"使用透明度打印"选项。此设置可由 PLOTTRANSPARENCYOVERRIDE 系统变量替代。默认情况下，该系统变量会使用"页面设置"和"打印"对话框中的设置。

c. 按样式打印：指定是否打印应用于对象和图层的打印样式。若对图层或对象指定了打印样式，但不想绘制它们，则不选中"按样式打印"选项。

d. 最后打印图纸空间：指定是否最后打印图纸空间对象。默认情况下该选项被选中。若需要先打印图纸空间几何图形，然后再打印模型空间几何图形，则不选中该选项。

e. 隐藏图纸空间对象：选中该选项可以隐藏在图纸空间中创建的三维对象的线条。

◆ "图形方向"选项组：指定图形在图纸上的打印方向。可以选择纵向或横向，也可选择反向打印。

◆ "预览"：按照执行 PREVIEW 命令时在图纸上打印的方式显示图形。要退出打印预览并返回"打印"对话框，请按 ESC 键，或按回车键，或单击鼠标右键，然后单击快捷菜单上的"退出"命令。

7.2.4 创建电子图纸

用户可以通过 AutoCAD 的电子打印功能将图形保存为 Web 上可用的 dwf 格式文件，此种格式文件属于矢量格式图形，且属于压缩格式文件，便于在 Web 上传输，用户可以使用 Internet 浏览器或 AutoDesk 的 DWF Viewer 软件查看和打印，并能对其进行平移和缩放操作，还可以命名视图等。

系统提供了用于创建 dwf 格式文件的"DWF6 ePlot.pc3"打印机文件，利用它可以生成针对打印和查看而优化的电子图形，这些图形具有白色背景和图纸边界。用户可以修改预定义的"DWF6 ePlot.pc3"文件或通过"绘图仪管理器"的"添加绘图仪"向导创建新的 dwf 格式文件打印机配置。

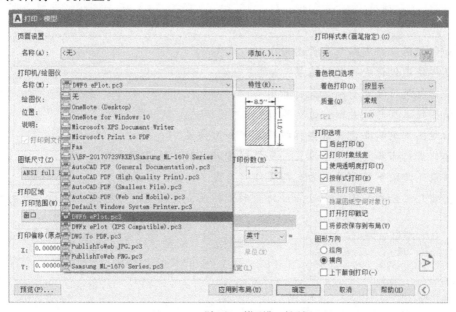

图 7-2-23 "打印—模型"对话框

创建 dwf 格式电子图纸文件的操作步骤如下。

① 功能区 "输出" 选项卡 "打印" 面板中，单击 "打印" 按钮，打开 "打印—模型" 对话框，在 "打印机/绘图仪" 选项组的 "名称" 下拉列表中选择 "DWF6 ePlot. pc3"，如图 7-2-23 所示。

② 设定图纸幅面、打印区域及打印比例等参数，单击 "确定" 按钮，打开 "浏览打印文件" 对话框，通过该对话框指定要生成 dwf 格式文件的名称和位置，如图 7-2-24 所示。

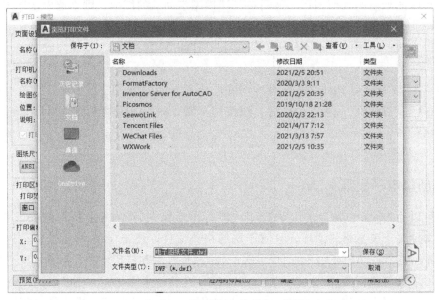

图 7-2-24 "浏览打印文件" 对话框

注意：用户可以根据需要在命令行输入 "EXP" 命令，根据系统提示将 AutoCAD 图形输出为如 BMP、三维 DWF、EPS 等其他格式文件。

思考与练习

1. 如何使用设计中心在当前图形中插入块？

2. 怎样使用设计中心复制图层？

3. 如何利用设计中心浏览及打开图形？

4. 绘图仪添加与配置如何进行操作？

5. 打印图形前需要设置哪些打印参数？如何设置？

6. 如何进行布局页面打印设置？如何创建 dwf 格式电子图纸？

7. 将前几章绘制的零件图的图形文件输出成不同格式的文件。

8. 将前几章绘制的有关齿轮油泵的图形文件调出，设置打印样式及布局，并打印输出。

附 录

附录 1　AutoCAD 常用快捷键

快捷键/组合键	功　能	快捷键/组合键	功　能
F1	显示帮助	Ctrl+A	选择图形中未锁定或冻结的所有对象
F2	实现绘图窗口和文本窗口的切换	Ctrl+B	栅格捕捉模式控制
F3	切换对象捕捉	Ctrl+C	将选择的对象复制到剪贴板
F4	切换三维对象捕捉	Ctrl+V	粘贴剪贴板上的数据
F5	等轴测平面切换	Ctrl+X	剪切所选择的内容
F6	切换动态 UCS	Ctrl+E	在等轴测平面之间循环(与 F5 功能相同)
F7	切换栅格显示	Ctrl+F	打开或关闭对象捕捉(与 F3 功能相同)
F8	切换正交模式	Ctrl+G	栅格显示模式控制(与 F7 功能相同)
F9	切换栅格捕捉模式	Ctrl+J 或 Ctrl+M	重复执行上一步命令
F10	切换极轴追踪模式	Ctrl+K	超级链接
F11	切换对象捕捉追踪模式	Ctrl+N	新建图形文件
F12	切换动态输入模式	Ctrl+O	打开图形文件
Ctrl+0	切换全屏显示	Ctrl+P	打开打印对话框
Ctrl+1	切换特性对话框	Ctrl+S	保存当前图形文件
Ctrl+2	切换设计中心	Ctrl+Shift+S	打开图形另存为对话框
Ctrl+3	切换工具选项卡	Ctrl+U	极轴模式控制(与 F10 功能相同)
Ctrl+6	切换数据库连接管理器	Ctrl+W	选择循环控制
Ctrl+8	切换快速计算器	Ctrl+Y	重做
Ctrl+9	打开或关闭命令行窗口	Ctrl+Z	取消前一步的操作

附录 2　AutoCAD 常用命令一览表

命令范围	简称	命令全称	功能	命令范围	简称	命令全称	功能
绘图命令	PO	POINT	点	绘图命令	POL	POLYGON	正多边形
	L	LINE	直线		REC	RECTANGLE	矩形
	XL	XLINE	射线		C	CIRCLE	圆
	PL	PLINE	多段线		A	ARC	圆弧
	ML	MLINE	多线		DO	DONUT	圆环
	SPL	SPLINE	样条曲线		EL	ELLIPSE	椭圆

续表

命令范围	简称	命令全称	功能	命令范围	简称	命令全称	功能
绘图命令	REG	REGION	面域	标注	DBA	DIMBASELINE	基线标注
	MT	MTEXT	多行文字		DCO	DIMCONTINUE	连续标注
	T	MTEXT	多行文字		D	DIMSTYLE	标注样式
	B	BLOCK	块定义		DED	DIMEDIT	编辑标注
	I	INSERT	插入块		DOV	DIMOOVERRIDE	替换标注变量
	W	WBLOCK	定义写块文件		TEXT	TEXT	单行文字输入
	DIV	DIVIDE	等分		T(MT)	MTEXY	多行文字输入
修改命令	H	BHATCH	填充	对象特性	ADC	ADCENTER	设计中心
	CO	COPY	复制		CH	PROPERTIES	修改特性
	MI	MIRROR	镜像		MA	MATCHPROP	属性匹配
	AR	ARRAY	阵列		ST	STYLE	文字样式
	O	OFFSET	偏移		COL	COLOR	设置颜色
	RO	ROTATE	旋转		LA	LAYER	图层操作
	MO	MOVE	移动		LT	LINETYPE	线形
	E	ERASE	删除		LTS	LTSCALE	线形比例
	X	EXPLODE	分解		LW	LWEIGHT	线宽
	TR	TRIM	修剪		UN	UNITS	图形单位
	EX	EXTEND	延伸		ATT	ATTDEF	属性定义
	S	STRETCH	拉伸		ATE	ATTEDIT	编辑属性
	LEN	LENGTHEN	直线拉长		BO	BOUNDARY	边界创建,包括闭合多段线和面域
	SC	SCALE	比例缩放		AL	ALIGN	对齐
	BR	BREAK	打断		EXIT	QUIT	退出
	CHA	CHAMFER	倒角		EXP	EXPORT	输出其他格式文件
	F	FILLET	倒圆角		IMP	IMPORT	输入文件
	PE	PEDIT	多段线编辑		OP	OPTIONS	自定义 CAD 设置
	ED	DDEDIT	修改文本		PRINT	PLOT	打印
尺寸	DLI	DIMLINEAR	直线标注		PU	PURGE	清除垃圾文件
	DAL	DIMALIGNED	对齐标注		R	REDRAW	重新生成
	DRA	DIMRADIUS	半径标注		REN	RENAME	重命名
	DDI	DIMDIAMETER	直径标注		SN	SNAP	捕捉删格
	DAN	DIMANGULAR	角度标注		DS	DSETTINGS	设置极轴追踪
	DCE	DIMCENTER	中心标注		OS	OSNAP	设置捕捉模式
	DOR	DIMORDINATE	点标注		PRE	PREVIEW	打印预览
	TOL	TOLERANCE	形位公差		TO	TOOLBAR	工具栏
	LE	QLEADER	快速引线标注		V	VIEW	命名视图
					AA	AREA	面积
					DI	DIST	距离
					LI	LIST	显示图形数据信息

续表

命令范围	简称	命令全称	功能	命令范围	简称	命令全称	功能
视窗缩放	P	PAN	平移	三维命令	3A	3DARRAY	三维阵列
	Z	ZOOM	实时缩放		3DO	3DORBIT	三维动态观察器
	Z+P		返回上一视图		3F	3DFACE	三维表面
	Z+F		显示对象最大范围		3P	3DPOLY	三维多义线
					SU	SUBTRACT	差集运算

参考文献

[1] Autodesk，Inc. AutoCAD 2021 官方标准教程. 北京：电子工业出版社，2021.

[2] 王爱兵，胡仁喜. AutoCAD 2021 中文版从入门到精通. 北京：人民邮电出版社，2020.

[3] 天工在线. 中文版 AutoCAD 2021 从入门到精通（实战案例版）. 北京：中国水利水电出版社，2020.

[4] 钟日铭. AutoCAD 2020 中文版完全自学手册. 北京：清华大学出版社，2020.

[5] 郝坤孝，吕安吉，季阳萍. AutoCAD 2013 实用教程. 北京：化学工业出版社，2013.